河南省本科高校新工科新形态教材

化工综合实训

王 琳　谢海泉　汤玉峰　主编

 化 学 工 业 出 版 社

·北 京·

内容简介

　　化工综合实训是化工类专业及其相关专业教学实践的重要环节，旨在系统强化学生的工程实践能力、创新思维与解决复杂工程问题的能力。本教材紧密对接现代化工生产实际与人才培养需求，系统构建了涵盖基础认知、虚拟仿真、实操训练与创新实践的实训体系。全书共分绪论、化工原理综合实验实训（夯实基础理论认知）、化工单元操作 3D 仿真实训（深入理解设备结构与动态过程）、化工单元操作实训（掌握实际设备操作与工艺控制）、拼装式桌面工厂仿真实训（培养工艺流程搭建、系统集成与运行优化能力）五章内容，共计 7 个实验项目、25 个实训项目，每个项目后均配套设置了思考题，以启发学生深入探究。

　　在本书的组织编写过程中，较多地吸收了实际生产操作经验及教学实践经验，注重单元操作的基本技能、故障的处理方法和安全基本知识等内容，注意强化实训过程中学生分析问题和解决问题的能力，力求在体系和内容上有新意。

　　本书可作为化学工程、应用化学、制药工程、生物工程、材料等相关本科专业实训课教材，同时也为从事化工生产操作的工程技术人员提供参考资料。

图书在版编目（CIP）数据

化工综合实训 / 王琳，谢海泉，汤玉峰主编.
北京：化学工业出版社，2025. 8. --（河南省本科高校
新工科新形态教材）. -- ISBN 978-7-122-48092-7

　Ⅰ. TQ06
中国国家版本馆 CIP 数据核字第 2025UR1512 号

责任编辑：吕　尤　　徐雅妮
文字编辑：崔婷婷
责任校对：王　静
装帧设计：关　飞

出版发行：化学工业出版社
　　　　　（北京市东城区青年湖南街 13 号　邮政编码 100011）
印　　装：大厂回族自治县聚鑫印刷有限责任公司
787mm×1092mm　1/16　印张 16　字数 400 千字
2025 年 9 月北京第 1 版第 1 次印刷

购书咨询：010-64518888
售后服务：010-64518899
网　　址：http://www.cip.com.cn
凡购买本书，如有缺损质量问题，本社销售中心负责调换。

定　　价：48.00 元　　　　　　　　版权所有　违者必究

前言

国家在 2015 年出台了《关于引导部分地方普通本科高校向应用型转变的指导意见》，并发布了《关于开展新工科研究与实践的通知》，提出应用型大学的办学思路及推进新工科建设与改革，指出部分大学办学目标应该转向服务地方经济和社会发展，办学形式转向产教融合、校企合作，培养方向转向应用型、技术技能型。因此，不断优化高等教育结构布局，合理配置高等教育资源，必将促进地方高等院校转型发展、办出特色，更好地为地方经济和社会发展服务。通过校企合作，根据企业实际生产过程，在高校建立校内实训实践基地，使用体现现代工厂情境的设备，模拟生产现场，开展相应的实训教学，培养学生发现问题并能分析和解决实际问题的能力，尽快适应企业要求。

随着高等教育改革的不断深入，化工实训教学也面临着新的挑战和机遇。因此，构建一套科学、系统、实用的化工实训教学体系，对于提高化工实训教学质量、培养高素质化工人才具有重要意义，而编写适于本科化工类专业学生综合实训的教材尤为重要。

本书是根据普通本科高等院校向应用技术型转型发展的需要，为深化化工类专业、制药工程类专业及相关专业教学改革，强化工程实践能力而编写的。本书在编写过程中依据化工厂的生产工艺，结合校内实训实践基地建设项目，以化工单元操作岗位工作内容以及天然产物萃取工艺为主线，对课程内容进行整合。注重学生工程实践能力的培养，突出教材的实用性和适用性。

本书主编和编写人员均为多年从事化工实训教学的老师，在编写的过程中，以实训装置为依托，融入多年的教学经验和教改成果，以典型的化工生产装置为载体，以工程实践能力培养为目标，把化工技术、自动化技术、网络通信技术、数据处理等新的成果糅合在一起，实现了工厂模拟现场化，可完成故障模拟、故障报警、网络采集、网络控制等实训任务。

本书特色如下：

（1）虚实结合，梯次递进　通过循序渐进的实训环节（基础实验→3D 虚拟仿真→实体设备操作→桌面工厂系统集成），有效弥合理论教学与工程实践之间的鸿沟。

（2）聚焦核心技能　全面覆盖典型化工单元操作的核心流程、设备操作、工艺参数调控、安全规范与故障诊断处理等关键技能要点。

（3）突出能力培养　着力强化学生在真实或模拟工业环境下的动手操作能力、工艺分析能力、过程优化能力和对突发状况的应变能力。

（4）融入课程思政，强化职业素养　在每一章节紧密结合化工行业特性与实训内容，精心融入了课程思政元素，着力引导学生：树立安全第一、绿色环保、责任关怀的现代化工理念；培养严谨求实、精益求精、团队协作的工匠精神；增强科技报国、产业兴国的家国情怀与职业使命感；提升职业道德、工程伦理与社会责任感。

（5）融合创新元素　特别是"拼装式桌面工厂仿真实训"模块，突破传统实训模式限制，为学生提供了灵活搭建工艺流程、自主探索操作策略、培养工程思维和创新能力的独特平台。

本书的编写分工是：王琳编写文前和第三章，谢海泉编写第一章和第二章的实验五～实验七，王伟编写第二章的实验一～实验四，汤玉峰编写第四章，李旭阳编写第五章。周易、程新峰、李玉珠和张海礁参与了本书的资料收集、整理和视频的拍摄工作。另外，实践基地合作单位南阳市福来生物有限公司的李继海、金海生物科技有限公司的杨书平对本书实训内容的细节进行了指导。南阳蓝海森源医药科技有限公司的廖兴林高工根据公司的生产装置对天然产物提取与分离操作实训的工艺装置设计、操作步骤及视频拍摄提出了许多宝贵的意见。书中二维码链接及化工视频实训素材资源分别由东方仿真科技（北京）有限公司、莱帕克（北京）科技有限公司、浙江中控科教仪器设备有限公司、杭州百子尖科技股份有限公司等提供，第四章天然产物提取实训中的视频素材由编者拍摄提供，在此向参与本书编写和资源制作以及提供素材资源的相关企业表示衷心感谢。

最后感谢 2023 年河南省教育厅"河南省本科高校新工科新形态教材建设项目"、"2021 年河南省高等教育教学改革研究与实践项目（2021SJGLX486）"、2022 年河南省南阳师范学院新工科（应用化学）大学生校外实践教育基地的基金支持！

限于编者水平，书中不妥之处在所难免，敬请读者批评指正。

编者

2025 年 2 月

目录

第一章

绪　论

一、化工实训的意义

化工实训作为化工类专业及其相关专业的重要实践环节，在化学工程与技术领域的教育与培训中占据着举足轻重的地位，其意义深远。以下是化工实训的几个主要意义。

（1）加强理论与实践相结合　化工实训为学生提供了一个将课堂上学到的理论知识应用于实际操作的机会。通过亲身参与化工过程的设计、操作、监控及优化，学生能够更深刻地理解化学反应原理、工艺流程、设备构造及操作要点，增强对专业知识的理解和掌握。

（2）培养技能　在实训过程中，学生需要掌握各种化工设备的操作技能，如反应器、分离器、换热器等的使用与维护，以及化工仪表的读数、调整与故障排除。这些技能的获得，对于未来学生从事化工生产、研发或管理工作至关重要。

（3）提升安全意识　化工生产涉及高温、高压、易燃、易爆、有毒、有害等多种危险因素，因此安全意识的培养是化工实训不可或缺的一部分。通过模拟真实工作环境中的安全操作规范、事故应急处理演练等，学生能够深刻认识到安全生产的重要性，提高自我保护能力和应急处理能力。

（4）培养团队协作与沟通能力　化工实训往往以项目或小组的形式进行，要求学生密切合作，共同完成任务。这有助于培养学生的团队协作精神、沟通协调能力和责任感，为未来的职业生涯奠定良好的基础。

（5）培养创新能力　在实训过程中，学生可能会遇到一些未知的问题或挑战，需要运用所学知识进行创造性思考和解决。这种经历能够激发学生的创新思维和提高解决问题的能力，为未来的科研或技术开发工作提供宝贵的经验。

（6）明确职业导向　通过化工实训，学生可以更加清晰地了解化工行业的实际需求和就业前景，从而更有针对性地规划自己的职业生涯，提高就业竞争力。

综上所述，化工实训对于提升学生的专业素养、技能水平、安全意识、团队协作能力、创新能力以及明确职业导向等方面都具有重要意义。因此，加强化工实训教学是提高化工专业人才培养质量的重要途径。

二、化工实训的基本要求

化工实训的基本要求主要围绕安全、理论知识与实践技能的结合以及实验操作的规范性展开。具体来说，包括但不限于以下几个方面。

（1）安全意识　首要的是树立牢固的安全观念，严格遵守实训室安全规则，正确穿戴个人防护装备，了解并能应对突发事件。

（2）预习准备　在实训前，学生应预先学习相关理论知识，了解实训目的、原理、步骤及可能的风险，以便在实践中更好地理解和应用这些理论知识。

（3）操作规范　掌握并遵循正确的实训操作流程，包括仪器的正确使用、试剂的合理配制与处理、实验数据的准确记录等。

（4）数据处理与分析　能够准确记录实验数据，运用适当的方法进行数据分析，得出科学合理的结论。

（5）环保意识　在实训过程中，注重环境保护，合理处置废弃物，减少对环境的影响。

（6）团队协作　在团队实训项目中，能够有效沟通，合理分工，共同完成实训任务。

（7）报告撰写　实训结束后，根据要求撰写实验报告，内容应包括实训目的、原理、步骤、结果分析及个人体会等，培养良好的科研文档撰写习惯。

（8）自我评估与反思　鼓励学生对自身的实训表现进行评估，反思操作中的不足，提出改进建议。

三、化工实训组织与管理

化工实训的组织与管理是确保实训过程顺利进行、达到预期教学目标的重要环节。以下是对化工实训组织与管理的一些关键方面的归纳。

1. 前期准备

（1）制订实训计划　根据教学大纲和专业要求，制订详细的实训计划，包括实训目标、内容、时间安排、地点选择等。实训计划应充分考虑学生的实际情况和教学资源，确保实训活动的可操作性和有效性。

（2）确定实训场地与设备　选择符合实训要求的场地，确保场地安全、设施齐全、环境整洁。检查并准备实训所需的设备、仪器、试剂等，确保数量充足、质量可靠。

（3）组建实训指导团队　选拔具有丰富实践经验和教学能力的教师担任实训指导教师。对指导教师进行培训，明确实训目的、要求、安全注意事项等。

（4）动员与安全教育　召开实训动员会，向学生阐明实训的目的、意义、内容、要求及安全注意事项等。强调实训纪律和安全规范，提高学生的安全意识和自我保护能力。

2. 实训过程管理

（1）分组与指导　将学生合理分组，每组配备一名指导教师负责具体指导。指导教师应在实训过程中密切关注学生的操作情况，及时纠正错误，解答疑问。

（2）安全监控

① 现场管理：保持实训场所整洁有序，确保安全标识醒目，严格执行安全操作规程。

② 过程管理：实训过程中应设置安全员或安全小组，负责监控实训现场的安全状况。发现安全隐患或违规行为时，应立即采取措施予以消除或纠正。

③ 事故预防与应对：建立健全安全事故应急预案，定期检查消防及急救设施，确保一旦发生事故能快速有效应对。

（3）进度与质量监控　定期检查学生的实训进度和实训质量，确保实训活动按计划有序进行。对实训过程中出现的问题进行及时分析和处理，确保实训目标的顺利实现。

3. 实训总结与评估

（1）实训报告撰写　要求学生撰写实训报告，总结实训过程中的收获、体会及存在的问题。实训报告应真实反映学生的实训情况和实训成果。

（2）成绩评定　根据学生的实训表现、实训报告质量及实训成果等因素进行综合评定。成绩评定应坚持公平、公正、公开的原则，确保评定结果的准确性和可信度。

（3）反馈与改进　组织实训总结会议，让学生分享心得，教师点评，共同讨论改进措施。收集学生、教师及实训单位对实训活动的反馈意见，分析存在的问题和不足。针对问题提出改进措施和建议，为今后的实训活动提供参考和借鉴。

4. 其他注意事项

（1）遵守规章制度　实训过程中应严格遵守学校及实训单位的各项规章制度和管理规定。

（2）注重环保与节约　在实训过程中应注重环保和节约资源，妥善处理废弃物和化学品。

（3）加强校企合作　积极与企业合作开展实训活动，充分利用企业的资源和优势提高学生的实践能力。

通过以上措施的实施，可以确保化工实训活动的有序进行和高质量完成，为学生的专业成长和职业发展奠定坚实的基础。

5. 持续改进

反馈收集：定期收集师生对实训课程的反馈，用于后续课程的优化。

更新资源与技术：跟踪行业动态，适时更新实训内容、方法及设备，保持实训的前沿性和实用性。

四、成绩考核与评定

成绩考核与评定是化工操作实训教学中至关重要的一环，它不仅关系到学生实践能力的评价，还直接影响到教学效果的反馈与提升。以下是对化工操作实训成绩考核与评定的详细阐述。

1. 考核评定的内容

在化工操作实训的成绩考核与评定中，主要关注以下几个方面。

（1）职业道德和素养　考核学生的学习和工作态度、遵守操作规程、安全文明生产实训等职业道德和素养情况。这是化工实训的基本要求，也是培养学生职业素养的重要环节。

（2）技术知识和操作技能　评估学生对相关专业技术知识和操作技能、技巧的理解和运用程度。这包括理论知识在实践中的应用，以及实际操作的熟练度和准确性。

（3）创新精神和团队协作能力　考核学生在实训过程中是否展现出创新精神，以及是否能够与他人有效协作完成任务。这是现代化工产业对人才的重要需求。

（4）解决实际问题的能力　评估学生利用专业技术解决实际问题的综合能力和专业实训

取得的成果。这要求学生能够将所学知识应用于解决实际问题中，并取得一定的成果。

2. 考核评定的原则

在进行化工操作实训的成绩考核与评定时，应遵循以下原则。

（1）经常性和计划性　实训指导教师应坚持经常地、有计划地对实训进行考核，以便及时发现问题并调整教学方法。

（2）客观性和统一性　考核必须采取客观的、统一的标准，防止主观性、偶然性和任意性的评定。这有助于保证考核结果的客观性和统一性。

（3）公正性和准确性　教师评定学生的成绩应当是公正的、准确的，能够真实反映学生的知识和技能水平。同时，应公开评分标准和每个学生的实训课题成绩，以增加考核的透明度。

（4）理论与实践相结合　在技能考核中，教师可结合口头答辩来考核学生的专业理论知识。这有助于全面评估学生的综合素质。

3. 考核评定的方法

化工操作实训的成绩考核与评定通常采用多种方法相结合的方式进行。

（1）实训报告　学生需提交实训报告，以反映实训过程、结果和收获。实训报告的成绩通常占总成绩的一定比例。

（2）学习态度和职业道德素养评价　教师根据学生的日常表现、学习态度、职业道德素养等方面进行评价。

（3）理论测试　通过笔试或在线测试等方式，考核学生对相关理论知识的掌握程度。

（4）实际操作能力评价　在实训现场或模拟环境中，对学生的实际操作能力进行评价。这包括操作的熟练度、准确性、安全性等方面。

（5）综合评价　将上述各项成绩进行综合评定，得出学生的最终实训成绩。同时，对于在实训过程中表现突出的学生或团队，可给予额外的奖励或表彰。

4. 特殊情况处理

在实训过程中，如遇到学生违章操作、违反规章制度、造成安全事故或恶劣影响等情况，教师应根据具体情况给予相应的处理。例如，对于严重违反实训纪律的学生，可酌情降低其实训成绩或给予其他处罚。

总之，化工操作实训的成绩考核与评定是一个系统而复杂的过程，需要教师、学生和学校共同努力，以确保考核结果的公正性、准确性和有效性。

五、化工实训安全

化工实训安全是非常重要的，它涉及多个方面，以确保学生在进行实验和操作时的人身安全及设备安全。

1. 实训安全基本知识

（1）了解实训内容　在实训前，应充分了解实训内容、目的、步骤及可能遇到的风险，掌握相关的化学知识和安全操作规程。

（2）熟悉实训环境　熟悉实训室的布局、设备、安全设施及紧急出口等，确保在紧急情况下能够迅速撤离。

（3）个人防护　根据实训内容，始终穿戴适当的个人防护装备，包括安全眼镜、实验服、耐酸碱手套、防毒面具等，根据实验的具体要求选择合适的装备。

（4）化学品管理　在操作前，熟悉所有化学品的性质、危害及应急措施。严格按照规定进行取用、储存和废弃处理。

（5）用电安全　遵守用电安全规定，不私拉乱接电线，不超负荷使用电器设备，定期检查电器设备的安全性能。

（6）防火防爆　了解易燃易爆物品的特性及防范措施，禁止在实训室内吸烟或使用明火，确保消防设施完好有效。

（7）通风与排气　确保实验室有良好的通风系统，特别是进行可能产生有毒气体的操作时。

（8）应急准备　熟悉实验室的应急预案，包括火灾、泄漏、人员受伤等情况的应对措施。

2.实训安全基本防护措施

应熟悉安全用具（如灭火器材、沙箱以及急救箱）的放置地点、使用方法。了解实训室可能发生的意外事故以及相应的急救措施。安全用具要妥善保管，不准挪作他用。

（1）实训室常用的急救工具

① 消防器材：消防器材包括泡沫灭火器、二氧化碳灭火器、四氯化碳灭火器、毛毡、细沙等。

② 急救药箱：急救药箱中一般配有紫药水、碘酊、红汞、甘油、凡士林、烫伤药膏、70%酒精、3%双氧水、1%乙酸溶液、1%硼酸溶液、1%饱和碳酸钠溶液、绷带、纱布、药棉、药棉签、创可贴、医用镊子、剪刀等。

（2）实训室可能发生的意外事故及急救措施

① 如遇起火，要保持冷静，首先应立即熄灭附近火源并移开附近的易燃物质。少量有机溶剂着火，可用湿布、黄沙扑火，不可用水灭火。局部溶剂或油类物质着火，可用湿布或石棉网盖灭。若火势较大，一定要用泡沫灭火器灭火。电气设备着火时，应先切断电源，再用二氧化碳灭火器灭火。如果无法控制火情，应尽快离开实训室，拨打119报警。

② 衣服着火时，切勿乱跑，会使空气量增加，加重火势。一般用厚衣服熄灭，盖毛毯或用水冲淋灭火，或就地打滚。一般不要对人使用灭火器。

③ 如果被灼伤，轻者可用冷水冲淋，重者需要医生处理或涂以烫伤膏等。

④ 如遇触电事故，首先切断电源，使触电者脱离电源。必要时可对触电者进行人工呼吸。

（3）用电安全基本知识

① 实训前，必须了解室内总电闸与分电闸的位置，出现用电事故时及时切断电源。

② 电气设备维修时必须停电作业，如遇换保险丝，一定要先拉下电闸再进行操作。

③ 电气设备的金属外壳应接地线，并定期检查是否连接良好。

④ 电热器设备在通电前，一定要熟悉其电加热所需的前提条件是否具备。例如，精馏分离时，在接通精馏塔釜电热器前，要检查塔釜液位是否符合要求，在接通空气预热器的电热器前，必须先打开空气鼓风机后，才可给电热器通电。

⑤ 在实训过程中，如发生停电现象，必须切断电闸，以防来电时，无人监视电气设备状态。实训项目结束，切断所有电闸后方可离开。

第二章
化工原理综合实验实训

实验一 综合流体力学实验

一、实验目的

1. 了解实验流程及实验所用到的实验设备、仪器仪表。

2. 了解并掌握流体流经直管阻力系数 λ 的测定方法及变化规律，并将 λ 与 Re（雷诺数）的关系标绘在双对数坐标上。

3. 了解不同管径的直管 λ 与 Re 的关系。

4. 了解突缩管、阀门的局部阻力系数 ζ 与 Re 的关系。

5. 测定孔板流量计、文丘里流量计的流量系数 C_0、C_v 及永久压力损失。

6. 测定单级离心泵在一定转速下的操作特性，作出特性曲线。

7. 测定单级离心泵出口阀开度一定时的管路性能曲线。

8. 了解差压传感器、涡轮流量计的原理及应用方法。

二、实验预习要求

将以下问题回答书写于预习报告中，实验上课前上交指导教师，并由教师随机提问检查预习情况，合格后方可进行实验。

1. 结合流体流动阻力、流体输送及离心泵部分内容，理解实验原理，将实验中已知参数（由测量仪器读出或查表获得）和未知参数（由公式计算获得）书写于预习报告中。

2. 列出伯努利方程在实验中的利用情况。

3. 了解实验装置的流程、设备、仪表和操作方法，列出实验中的主要测量仪表及控制阀门。写明实验步骤，实验上课前上交指导教师，并由教师随机提问检查预习情况，合格后方可进行实验。

三、实验原理

1. 管内流量及 Re 的测定

本实验采用涡轮流量计直接测出流量 q（m^3/h）：

$$u = 4q / (3600\pi d^2) \qquad (2\text{-}1)$$

$$Re = \frac{du\rho}{\mu} \qquad (2\text{-}2)$$

式中　d——管内径，m；

ρ——流体在测量温度下的密度，kg/m^3；

u——流体流速，m/s；

μ——流体在测量温度下的黏度，Pa·s。

2. 直管阻力损失 Δp_f、阻力系数 λ 的测定

流体在管路中流动，由于黏性剪应力的存在，不可避免地会产生机械能损耗。根据范宁（Fanning）公式，流体在圆形直管内做定态稳定流动时的摩擦阻力损失为：

$$\Delta p_f = \lambda \frac{l}{d} \times \frac{\rho u^2}{2} \qquad (2\text{-}3)$$

式中　l——沿直管两测压点间的距离，m；

λ——直管摩擦系数，无量纲。

由式（2-3）可知，只要测得 Δp_f 即可求出直管摩擦系数 λ。根据伯努利方程可知：当两测压点处管径一样，且保证两测压点处速度分布正常时，两点差压 Δp 即为流体流经两测压点处的直管阻力损失 Δp_f。

$$\lambda = \frac{2\Delta p d}{\rho u^2 l} \qquad (2\text{-}4)$$

式中　Δp——差压传感器读数，Pa。

以上对阻力损失 Δp_f、阻力系数 λ 的测定方法适用于粗管、细管的直管段。

3. 局部阻力损失 $\Delta p_f'$、阻力系数 ζ 的测定

流体流经阀门、突缩时，由于速度的大小和方向发生变化，流动受到阻碍和干扰，出现涡流而引起的局部阻力损失为：

$$\Delta p_f' = \zeta \frac{\rho u^2}{2} \qquad (2\text{-}5)$$

式中　ζ——局部阻力系数，无量纲。

对于测定局部管件的阻力，其方法是在管件前后的稳定段内分别有两个测压点。按流向顺序分为 1、2、3、4 点，在 1-4 点和 2-3 点分别连接两个差压传感器，分别测出压差为 Δp_{14}、Δp_{23}。

2-3 点总能耗可分为直管段阻力损失 Δp_{f23} 和阀门局部阻力损失 $\Delta p_f'$，即

$$\Delta p_{23} = \Delta p_{f23} + \Delta p_f' \qquad (2\text{-}6)$$

1-4 点总能耗可分为直管段阻力损失 Δp_{f14} 和阀门局部阻力损失 $\Delta p_f'$，1-2 点距离和 2 点

至管件距离相等，3-4 点距离和 3 点至管件距离相等，因此

$$\Delta p_{14} = \Delta p_{f14} + \Delta p_f' = 2\Delta p_{f23} + \Delta p_f' \tag{2-7}$$

式（2-6）和式（2-7）联立解得：

$$\Delta p_f' = 2\Delta p_{23} - \Delta p_{14} \tag{2-8}$$

在待测管件前后测压点 2-3 间列伯努利方程，得出局部阻力系数：

$$\zeta = \frac{2}{u_2^2}\left(\frac{2\Delta p_{23} - \Delta p_{14}}{\rho} + \frac{u_1^2 - u_2^2}{2}\right) \tag{2-9}$$

对于突缩局部阻力测定式中，u_1 为粗管流速，u_2 为细管流速；

对于球阀阻力系数测定，$u_1 = u_2$，式（2-9）可简化为：

$$\zeta = \frac{2}{u^2} \times \frac{2\Delta p_{23} - \Delta p_{14}}{\rho} \tag{2-10}$$

4. 孔板流量计的标定

孔板流量计是利用动能和静压能相互转换的原理设计的，它是以消耗大量机械能为代价的。孔板的开孔越小、通过孔口的平均流速 u_0 越大，孔前后的压差 Δp 也越大，阻力损失也随之增大。其具体结构如图 2-1 所示。

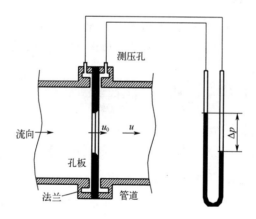

图 2-1　孔板流量计结构图

为了减小流体通过孔口后由于截面突然扩大而引起的大量旋涡能耗，在孔板后开一渐扩形圆角。因此孔板流量计的安装是有方向的。若是反方向安装，则能耗增大，同时其流量系数也将改变。

孔板流量计计算式为（具体推导过程见教材）：

$$q = C_0 A_0 \sqrt{\frac{2\Delta p}{\rho}} \tag{2-11}$$

式中　q——流量，$\mathrm{m^3/s}$；

　　　C_0——流量系数（无量纲，本实验需要标定）；

A_0——孔截面积，m^2；

Δp——压差，Pa；

ρ——管内流体密度，kg/m^3。

（1）在实验中，只要测出对应的流量 q 和压差 Δp，即可计算出其对应的流量系数 C_0。

（2）管内 Re 的计算

$$Re=\frac{du\rho}{\mu}$$

5. 文丘里流量计

仅仅是为了测定流量而引起过多的能耗显然是不合适的，应尽可能设法降低能耗。能耗是起因于孔板的突然缩小和突然扩大，特别是后者。因此，若设法将测量管段制成如图 2-2 所示的渐缩和渐扩管，避免突然缩小和突然扩大，必然降低能耗。这种管称为文氏管流量计或文丘里流量计。

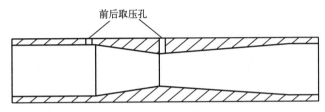

前后取压孔

图 2-2　文丘里流量计结构图

文氏管流量计的工作原理与公式推导过程完全与孔板流量计相同，但以 C_v 代替 C_0。因为在同一流量下，文氏压差小于孔板压差，因此 C_v 一定大于 C_0。

在实验中，只要测出对应的流量 q 和压差 Δp，即可计算出其对应的系数 C_0 和 C_v。

6. 离心泵特性曲线测定

离心泵的特性曲线取决于泵的结构、尺寸和转速。对于一定的离心泵，在一定的转速下，泵的扬程 H 与流量 q 之间存在一定的关系。此外，离心泵的轴功率 P 和效率 η 亦随泵的流量 q 的变化而改变。因此 H-q、P-q 和 η-q 三条关系曲线反映了离心泵的特性，称为离心泵的特性曲线。

（1）流量 q 的测定

本实验装置采用涡轮流量计直接测量泵流量 q'（m^3/h），$q=q'/3600$（m^3/s）。

（2）扬程的计算

根据伯努利方程：

$$H=\frac{\Delta p}{\rho g}\times 10^6 \text{（m液柱）} \tag{2-12}$$

式中　H——扬程，m；

Δp——压差，Pa；

ρ——水在操作温度下的密度，kg/m^3；

g——重力加速度，m/s^2。

（3）泵的总效率

$$\eta = \frac{泵有效功率}{泵的轴功率} = \frac{qH\rho g}{P_{轴}} \times 100\% \quad (2\text{-}13)$$

（4）泵的轴功率 $P_{轴}$

$P_{轴}$ 是由电动机的功率乘以电机的效率计算而得，其中电机功率用三相功率变送器直接测定（kW）。

（5）转速校核

应将以上所测参数校正为额定转速 $n'=2850r/min$ 下的数据来绘制特性曲线图。

$$\frac{q'}{q} = \frac{n'}{n} \qquad \frac{H'}{H} = \left(\frac{n'}{n}\right)^2 \qquad \frac{P'}{P} = \left(\frac{n'}{n}\right)^3 \quad (2\text{-}14)$$

式中　n' ——额定转速，2850r/min；

　　　n ——实际转速。

7. 管路性能曲线

对一定的管路系统，当其中的管路长度、局部管件都确定，且管路上的阀门开度均不发生变化时，其管路有一定的特征性能。根据伯努利方程，最具有代表性和明显的特征是，不同的流量有一定的能耗，对应的就需要一定的外部能量提供。我们根据对应的流量与需提供的外部能量 H（m）之间的关系，可以描述一定管路的性能。

管路系统相对来讲，有高阻管路系统和低阻管路系统。本实验将阀门全开时称为低阻管路，将阀门关闭一定值，称为相对高阻管路。

测定管路性能与测定泵性能的区别是，测定管路性能时管路系统是不能变化的，管路内的流量调节不是靠管路调节阀，而是靠改变泵的转速来实现的。用变频器调节泵的转速来改变流量，测出对应流量下泵的扬程，即可计算管路性能。

四、实验流程与装置

1. 实验流程

该实验流程图见图 2-3。

2. 流程说明

水箱中的流体经过离心泵后，通过调节 VA01 调节管路流量，流经涡轮流量计及可更换管路进行各项实验，液体最终返回计量槽及水箱；层流实验时微调 VA08 使高位槽处于溢流状态，通过调节 VA11 实现不同流量的测量，液体最终返回计量槽及水箱。

3. 设备仪表参数

离心泵：不锈钢材质；电压为 380V；功率为 0.55kW；流量为 6m³/h；扬程为 14m。
循环水箱：PP（聚丙烯）材质，710×490×380mm（长×宽×高），95L。

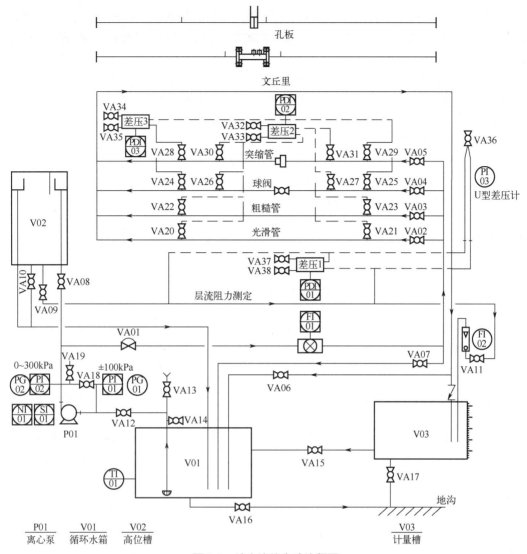

图 2-3　综合流体实验流程图

关于流程图中各符号说明如下：

阀门：VA01——流量调节阀，VA02～VA05——待测管路开关阀，VA06——主管路开关阀，VA07——泵性能曲线实验管路阀门，VA08——高位槽上水阀，VA09——层流管开关阀，VA10——高位槽放净阀，VA11——层流管流量调节阀，VA12——泵入口阀，VA13——灌泵阀，VA14——泵入口排水阀，VA15——计量槽开关阀，VA16——水箱排水阀，VA17——计量槽排水阀，VA18、VA19——离心泵进出口压力测量管排气阀，VA20～VA31——待测管路排气切换阀，VA32、VA33——差压 2 排气阀，VA34、VA35——差压 3 排气阀，VA36——U 型压差计排气阀，VA37、VA38——差压 1 排气阀。

温度：TI01——循环水温度。

差压：PDI01——压差测量 1，PDI02——压差测量 2，PDI03——压差测量 3；PI01——泵入口压力，PI02——泵出口压力。

流量：FI01——涡轮流量计流量，远传显示，0.5～10m³/h；FI02——转子流量计流量，就地显示，4～40L/h。

涡轮流量计：有机玻璃壳体，0.5～10m³/h，精度 0.5%。

转子流量计：4～40L/h，水，宝塔接口。

U 型压差计：±2000Pa。

传感器：差压传感器 1（PDI01）的测量范围是 0～40kPa；差压传感器 2（PDI02）的测

量范围是 0～100kPa；差压传感器 3（PDI03）的测量范围是 0～100kPa；压力表 1（PI02）的测量范围是 0～600kPa；压力表 2（PI01）的测量范围是-100～100kPa；温度传感器采用 Pt100 航空接头。

光滑管测量段尺寸：内径 $\phi15$，透明 PVC（聚氯乙烯），测点长 1000mm。

粗糙管测量段尺寸：内径 $\phi15$，透明 PVC，测点长 1000mm。

阀门测量段尺寸：内径 $\phi15$，PVC 球阀，四个测点。

突缩测量段尺寸：内径 $\phi25$ 转 $\phi15$，透明 PVC，四个测点。

层流管测量段尺寸：内径 $\phi4$，测点长 1000mm。

文丘里流量计测量段尺寸：$d_1=20mm$，$A_0/A_1=0.5625$，透明 PVC。

孔板流量计测量段尺寸：$d_1=20mm$，$A_0/A_1=0.599$，透明 PVC。

五、实验步骤

1. 熟悉

按事先（实验预习时）分工，熟悉流程及各测量传感器的作用。

2. 检查

检查各阀门是否关闭。

3. 模块安装

根据实验内容选择对应的管路模块，通过活连接接入管路系统，使用对应的差压传感器软管正确接入测压点。

注意：①无论进行什么实验，支路上必须保证有管路模块连接；②层流管路使用差压传感器 1，球阀局部阻力及突缩局部阻力使用差压传感器 2 和差压传感器 3，其余管路的测量均使用差压传感器 2。

4. 灌泵

泵的位置高于水面，为防止泵启动发生气缚，应先把泵灌满水。具体灌泵操作如下：打开离心泵进口阀 VA12，离心泵排气阀 VA19，打开灌泵阀 VA13，向泵内加水，当泵的出水口有液面出现时，关闭灌泵排气阀 VA19、灌泵阀 VA13，等待启动离心泵。

5. 开车

依次打开主机电源、控制电源、电脑，启动软件，点击开始实验，启动离心泵，当泵后压力读数明显增加（一般大于 0.15MPa），说明泵已经正常启动，未发生气缚现象，否则需重新进行灌泵操作。

6. 测量

注意：系统内空气是否排尽是保障本实验正确进行的关键操作。

（1）光滑管阻力测定

首先在软件上选择要进行的实验：

① 检查光滑管是否已装入管路，打开此待测管路开关阀。

② 排气：先打开 VA06，启动离心泵，全开 VA01，然后打开光滑管排气切换阀 VA20、VA21，差压传感器上的排气阀 VA32、VA33，约 1min，观察引压管内无气泡，先关

闭差压传感器上的排气阀 VA32、VA33，再关闭 VA01。

③ 逐渐开启流量调节阀 VA01，根据涡轮流量计示数进行调节，采集数据依次控制在 Q（m³/h）=1.2、1.8、2.5、3.5、4.5、5.5、最大。

注意：以下每次测量，管路排气操作后，注意查看差压传感器示数在流量为零时差压显示是否为零，若不为零，点清零键清零后再开始数据记录。

（2）粗糙管阻力测定

首先在软件上选择要进行的实验：

① 检查粗糙管是否已装入管路，打开此待测管路开关阀。

② 排气：先打开 VA06，启动离心泵，全开 VA01，然后打开粗糙管排气切换阀 VA22、VA23，差压传感器上的排气阀 VA32、VA33，约 1min，观察引压管内无气泡，先关闭差压传感器上的排气阀，再关闭 VA01。

③ 逐渐开启流量调节阀 VA01，根据涡轮流量计示数进行调节，采集数据依次控制在 Q（m³/h）=1.2、1.8、2.5、3.5、4.5、最大。

（3）球阀局部阻力测定

在软件上单击与待测管路对应的实验：

① 检查球阀管路是否已装入管路，检查管路测压管是否连接正确：中间测压点接差压传感器 2，两边测压点接差压传感器 3。检查无误后打开此待测管路开关阀。

② 排气：打开 VA06，启动离心泵，全开 VA01，然后打开球阀管排气切换阀 VA24、VA25、VA26、VA27，打开差压传感器 2 和 3 上的排气阀 VA32、VA33、VA34、VA35，约 1min，观察引压管内无气泡，先关闭差压传感器上的排气阀，再关闭 VA01。

③ 逐渐开启流量调节阀 VA01，根据以下流量计示数进行调节。

采集数据依次控制在 Q（m³/h）=2、2.8、3.5、4.5、5、最大。

（4）突缩局部阻力测定

在软件上单击与待测管路对应的实验：

① 检查突缩管路是否已装入管路，检查管路测压管是否连接正确：中间测压点接差压传感器 2，两边测压点接差压传感器 3。检查无误后打开此待测管路开关阀。

② 排气：打开 VA06，启动离心泵，全开 VA01，然后打开突缩管排气切换阀 VA28、VA29、VA30、VA31，打开差压传感器 2 和 3 上的排气阀 VA32、VA33、VA34、VA35，约 1min，观察引压管内无气泡，先关闭差压传感器上的排气阀，再关闭 VA01。

③ 逐渐开启流量调节阀 VA01，根据以下流量计示数进行调节。

采集数据依次控制在 Q（m³/h）=3、4、5、6、最大。

注：更换支路前请开启待更换管路开关阀及管路排液阀 VA07，放净管路内液体。

（5）流量计标定

在软件上单击与待测管路对应的实验：

① 选择文丘里流量计管装入管路，连接差压传感器 2、差压传感器 3。

② 排气：打开 VA06，启动离心泵，全开 VA01，然后打开球阀管排气切换阀 VA28、VA29、VA30、VA31，打开差压传感器 2 和 3 上的排气阀 VA32、VA33、VA34、VA35，约 1min，观察引压管内无气泡，先关闭差压传感器上的排气阀，再关闭 VA01。

③ 启动离心泵，逐渐开启流量调节阀 VA01，根据以下流量计示数进行调节。采集数据依次控制在 Q（m³/h）=2、2.8、3.5、4.5、5、5.5（若无法达到 5.5，在 VA01 全开时记录数

据即可）。

④ 此管做完后，关闭 VA01 和离心泵，更换文丘里管为孔板管，按上述步骤依次进行孔板流量计的测量。孔板流量计实验采集数据依次控制在 Q（m^3/h）=2、2.8、3.5、4.5、5、5.5、最大。

⑤ 进行流量计标定时，将永久压力测量孔连接差压传感器 3，测量流量计永久压力损失。

选做内容：以上步骤做完后，关闭阀门 VA06，管路出口液体排入计量槽，调节阀门 VA01，用秒表计时，记录计量槽一定高度液位变化所用时间及对应差压，由计量槽体积即可计算管路流量。调节阀门 VA01，依次记录不同流量下的差压，代入流量计计算公式，即可由体积法对不同流量计进行标定。

（6）层流管路的测量

在软件上单击与待测管路对应的实验：

① 首先启动离心泵，打开阀门 VA08，确认高位槽注满水后，调节阀门 VA08 维持高位槽稳定溢流。

② 开启层流管开关阀 VA09，U 型压差计排气阀 VA36，待 U 型压差计装满水后，开启层流管流量调节阀 VA11，差压传感器 1 排气阀 VA37，VA38，观察各排气管，待气泡排净后，依次关闭差压传感器 1 排气阀、层流管流量调节阀 VA11、层流管开关阀 VA09，然后缓慢开启层流管流量调节阀 VA11，待 U 型压差计左右水位高度调至 0 时，关闭层流管流量调节阀 VA11，最后关闭 U 型压差计排气阀 VA36。

③ 开启阀门 VA09，逐渐调节阀门 VA11 开始层流管路测量。层流管路的测量采用差压传感器 1，流量由转子流量计直接读数，然后手动输入力控表格，即可自动参与计算。注意在输入数据时进行单位换算，力控数据计算单位为 m^3/h。

（7）离心泵特性曲线测定

在软件上单击离心泵特性实验。

① 打开泵特性实验管路阀门 VA07。

② 排气：先全开 VA01，然后打开压力传感器上的排气阀 VA19 及压力平衡阀 VA18 约 1min，观察引压管内无气泡，关闭排气阀 VA19 及压力平衡阀 VA18。

③ 调节阀门 VA01，每次改变流量，应以涡轮流量计读数 FI01 变化为准。依次调节阀门 VA01，使 FI01 依次在 Q（m^3/h）=0、1、2、3、4、5、6、7、8、9、最大时记录相关实验数据。

④ 实验完成后，关闭离心泵，关闭所有阀门。

（8）管路性能曲线测定

① 低阻管路性能曲线测定：（在软件上单击低阻管路性能实验）。

a. 管路性能测定不用更换管路，只需要打开 VA07 即可。

b. 排气：先全开 VA01，然后打开离心泵进出口压力测量管排气阀 VA18、 VA19 约 1min，观察引压管内无气泡，关闭 VA18 和 VA19。

c. 开启流量调节阀 VA01 至最大；从大到小依次调节离心泵转速来改变流量，转速的确定应以涡轮流量计读数变化为准。

d. 记录不同流量下离心泵进出口压力。

② 高阻管路性能曲线测定：（在软件上单击高阻管路性能实验）。

a. 启动离心泵后将 FI01 流量调节到约 4m^3/h（此后，阀门不再调节）；从大到小依次调节离心泵转速改变流量，转速的确定以涡轮流量计读数变化为准。

b. 记录不同流量下离心泵进出口压力。

c. 实验结束后关闭 VA01，关闭离心泵。

注意：转速下限设置不能低于 800r/min，每次调节转速减小量为 300～400r/min。

7. 停车

实验完毕，关闭所有阀门，停泵，打开各待测管路开关阀 VA02、VA03、VA04、VA05 及泵性能曲线实验管路阀门 VA07、泵入口排水阀 VA14，水箱排水阀 VA16、计量槽排水阀 VA17，最后退出力控，关闭电脑，关闭电柜电源。

8. 注意事项

（1）每次启动离心泵前先检查水箱是否有水（水位是否达到水箱的 2/3），请确认是否灌泵，严禁泵内无水空转。

（2）长期不用时，应将水箱及管道内的水排净，并用湿软布擦拭水箱，防止水垢等杂物粘在水箱上面。

（3）严禁学生打开控制柜，以免发生触电。

（4）冬季室内温度达到冰点时，设备内严禁存水。

（5）操作前，必须将水箱内异物清理干净，需先用抹布擦干净，再往水箱内加水，启动泵让水循环流动冲刷管道一段时间，再将水箱内水排净，重新注入水以准备实验。

六、数据记录

1. 光滑管、粗糙管的直管段阻力损失实验

数据记录见表 2-1，其中光滑管内径 d 为 0.015m，测点长 l 为 1.0m。

表 2-1 光滑管、粗糙管的直管段阻力损失实验数据记录表

实验装置号_____；水温 t _____℃；水密度_____kg/m³，水黏度_____mPa·s

序号	流量 $q/（m^3/h）$	压差 2/kPa	流速/（m/s）	$Re×10^{-4}$	λ
1					
2					
3					
...					

2. 流体流经阀门时局部阻力损失实验

数据记录见表 2-2，其中管内径 d 为 0.015m。

表 2-2 阀门局部阻力损失实验数据记录表

实验装置号_____；水温 t _____℃；水密度_____kg/m³，水黏度_____mPa·s

序号	流量 $q/（m^3/h）$	压差 2/kPa	压差 3/kPa	流速/（m/s）	$Re×10^{-4}$	ζ
1						
2						
3						
...						

3. 突缩管局部阻力损失实验

数据记录见表 2-3，其中粗管内径 d_1 为 0.025m，细管内径 d_2 为 0.015m。

表 2-3　突缩管局部阻力损失实验数据记录表

实验装置号＿＿＿＿＿；水温 t＿＿＿＿＿℃；水密度＿＿＿＿＿kg/m³，水黏度＿＿＿＿＿mPa·s

序号	流量 $q/$（m³/h）	压差 2/kPa	压差 3/kPa	流速 $u_1/$（m/s）	流速 $u_2/$（m/s）	$Re×10^{-4}$	ζ
1							
2							
3							
...							

4. 文丘里流量计标定实验

数据记录见表 2-4，其中管径 d_1 为 0.02m，孔径 d_0 为 0.015m。

表 2-4　文丘里流量计标定实验数据记录表

实验装置号＿＿＿＿＿；水温 t＿＿＿＿＿℃；水密度＿＿＿＿＿kg/m³，水黏度＿＿＿＿＿mPa·s

序号	流量 $q/$（m³/h）	压差 2/kPa	$Re×10^{-4}$	C_v
1				
2				
3				
...				

5. 孔板流量计实验

数据记录见表 2-5，其中管径 d_1 为 0.02m，孔径 d_0 为 0.01549m。

表 2-5　孔板流量计标定实验数据记录表

实验装置号＿＿＿＿＿；水温 t＿＿＿＿＿℃；水密度＿＿＿＿＿kg/m³，水黏度＿＿＿＿＿mPa·s

序号	流量 $q/$（m³/h）	压差 2/kPa	$Re×10^{-4}$	C_0
1				
2				
3				
...				

6. 高阻管路特性实验

数据记录见表 2-6。

表 2-6　高阻管路特性实验数据记录表

实验装置号＿＿＿＿＿；水温 t＿＿＿＿＿℃；水密度＿＿＿＿＿kg/m³，水黏度＿＿＿＿＿mPa·s

序号	流量 $q/$（m³/h）	压力 PI01/kPa	压力 PI02/kPa	压差/kPa	扬程/m
1					
2					
3					
...					

7. 低阻管路特性实验

数据记录见表2-7。

表2-7 低阻管路特性实验数据记录表

实验装置号_____；水温 t_____℃；水密度_____kg/m³，水黏度_____mPa•s

序号	流量 q / (m³/h)	压力 PI01/kPa	压力 PI02/kPa	压差/kPa	扬程/m
1					
2					
3					
...					

8. 层流实验

数据记录见表2-8，其中管径 d 为0.004m，管长 l 为1.3m。

表2-8 层流实验数据记录表

实验装置号_____；水温 t_____℃；水密度_____kg/m³，水黏度_____mPa•s

序号	流量/ (m³/h)	压差 1/kPa	流速/ (m/s)	$Re×10^{-4}$	λ
1					
2					
3					
...					

9. 离心泵性能测定实验

数据记录见表2-9。

表2-9 离心泵性能测定实验数据记录表

实验装置号_____；水温 t_____℃；水密度_____kg/m³，水黏度_____mPa•s

序号	流量 / (m³/h)	压力 PI01 / kPa	压力 PI02 /kPa	压差 /kPa	功率 P /kW	转速 n / (r/min)	泵性能曲线			
							q / (L/s)	H /m	P_0 /kW	η
1										
2										
3										
...										

七、实验报告数据处理与讨论

1. 将实验数据和数据整理结果列在数据表格中，并以其中一组数据为例写出计算过程。

2. 标绘出直管阻力系数 λ 与 Re 关系图、局部阻力系数 ζ 与 Re 的关系图、文丘里流量标定曲线、离心泵在不同条件下流量与扬程的关系图、层流条件下阻力系数 λ 与 Re 关系图以及离心泵性能曲线图。

3.对实验结果进行讨论［包括实验中异常现象发生的原因；实验结果（包括整理后的数据、画的图等）与讲义中理论值产生误差的原因；本实验应如何改进等］。

八、软件操作说明

1.离心泵启停

进入主界面点击"离心泵控制"弹出二级对话框（见图2-4），选择"启动"即可启动离心泵，离心泵启动后可实时查看离心泵转速及电机功率。实验结束需要关闭离心泵时，在"离心泵控制"的二级对话框中点击"停止"即可关闭离心泵。

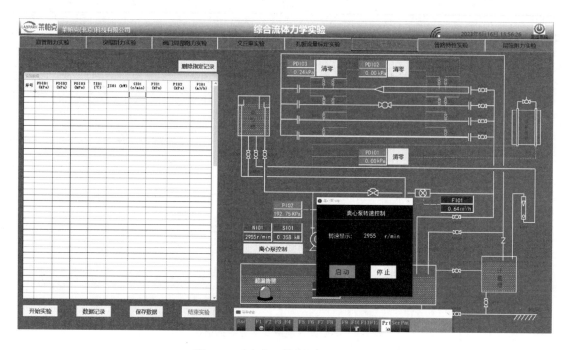

图2-4 "离心泵控制"二级对话框

2.实验内容选择——直管阻力实验为例

界面最上面为各个实验内容，假如当前需要进行直管阻力实验，则需点击界面左侧"直管阻力实验"，选择直管阻力实验管路（光滑管或粗糙管），然后点击数据表格左下角"开始实验"即可开始进行实验，通过调节流量选择合适的测点（具体参考实验操作步骤章节），待测点数据稳定后点击"数据记录"，软件可记录当前流量下的流量和压差值。实验过程中若需要删除某组数据，先选中数据所在行，然后点击"删除指定记录"即可，见图2-5。

3.数据保存

实验数据记录完成后，点击"保存数据"（数据未保存前切勿结束实验，否则数据会清空），输入文件名，单击右侧按钮，选择保存路径，确定，单击开始转换，待出现转换弹窗时，单击确定，在保存路径的文件夹内可找到实验数据文件。

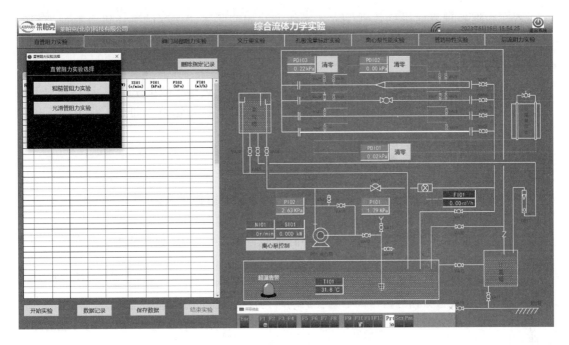

图 2-5 直管阻力实验界面图

4. 数据处理

设备软件自带数据处理功能，若实验老师开放数据处理功能，则在数据记录表的右上角会有"数据处理"字样，待数据记录完成后点击"数据处理"可查看软件自带数据处理结果及图像（见图 2-6）。

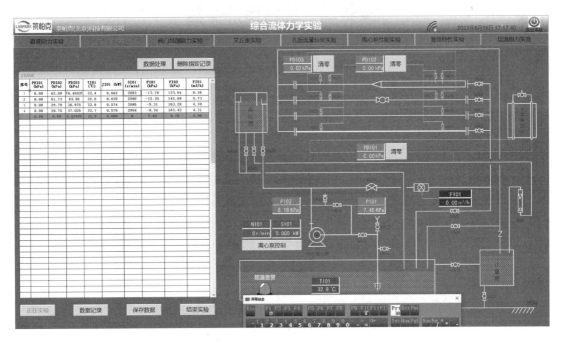

图 2-6 数据处理界面

若在数据处理界面进行数据保存，操作方法如前所述，保存结果还包含数据处理的结果。

5. 结束实验

如需进行其他实验内容需要先结束上一个实验，即先点击"结束实验"，然后在界面最上面选择其他实验内容，在数据记录表格左下角点击"开始实验"即可。软件操作步骤同上。

九、思考题

1. 在圆管内及引压管内可否有积存的空气？如有，会有何影响？
2. 以水作介质所测得的 $\lambda\text{-}Re$ 关系能否适用于其他流体？如何应用？
3. 在不同设备上（包括不同管径），不同水温下测定的 $\lambda\text{-}Re$ 数据能否关联在同一条曲线上？
4. 阻力系数如何随雷诺数和管道的相对粗糙度变化？
5. 试从所测实验数据分析，离心泵在启动时为什么要关闭出口阀门？
6. 启动离心泵之前为什么要引水灌泵？如果灌泵后依然启动不起来，你认为可能的原因是什么？
7. 当改变出口阀门开度时，离心泵吸入口的真空表读数及出口压力表的读数有何变化？规律如何？
8. 为什么在离心泵进口管下安装底阀？从节能观点看，底阀的装设是否有利？

实验二　综合传热实验

一、实验目的

1. 了解实验流程及各设备结构（旋涡气泵、蒸汽发生器、套管换热器）。
2. 用实测法和理论计算法给出管内传热膜系数 $\alpha_{测}$、$\alpha_{计}$、$Nu_{测}$、$Nu_{计}$ 及总传热系数 $K_{测}$、$K_{计}$，分别比较不同的计算值与实测值，并对光滑管与波纹管的结果进行比较。
3. 在双对数坐标纸上标出 $Nu_{测}$、$Nu_{计}$ 与 Re 关系，最后用计算机回归出 $Nu_{测}$ 与 Re 关系，给出回归的精度（相关系数 R），并对光滑管与波纹管的结果进行比较。
4. 比较两个 K 值与 α_i、α_o 的关系。
5. 了解列管换热器的内部结构和总传热系数 K 的测定方法。
6. 通过变换列管换热器换热面积实验测取数据计算总传热系数 K_o，加深对其概念和影响因素的理解。
7. 根据实测的光滑管和波纹管的 $Nu_{测}$，求出光滑管和波纹管 $Nu_{测}$ 强化比，比较强化传热的效果，加深理解强化传热的基本理论和基本方式。

二、实验预习要求

将以下问题回答书写于预习报告中，实验课前上交指导教师，并由教师随机提问检查预习情况，合格后方可进行实验。

1. 结合传热部分内容，理解实验原理，将实验中的已知参数（由测量仪器读出或查表获得）和未知参数（由公式计算获得）书写于预习报告中。

2. 了解实验装置的流程、设备、仪表和操作方法，列出实验中的主要测量仪表及控制阀门。写明实验步骤，实验上课前上交指导教师，并由教师随机提问检查预习情况，合格后方可进行实验。

三、实验原理

1. 管内 Nu、α 的测定计算

（1）管内空气质量流量的计算 G（kg/s）

文丘里流量计的标定条件：p_0=101325Pa，T_0=293K，ρ_0=1.205kg/m^3

文丘里流量计的实际条件：

$$\rho_1 = \frac{p_1 T_0}{p_0 T_1} \rho_0 \tag{2-15}$$

式中　p_1=p_0+PI01，PI01 为进气压力表读数；

T_1=273+TI01，TI01 为进气温度。

则实际风量为：

$$V_1 = C_0 A_0 \sqrt{\frac{2\text{PDI01}}{\rho_1}} \times 3600 \tag{2-16}$$

式中　C_0——流量系数，0.995；

A_0——孔面积，其中 d_0=0.01717m；

PDI01——压差，Pa；

ρ_1——空气实际密度，kg/m^3。

管内空气的质量流量为：

$$G = \frac{V_1 \rho_1}{3600} \tag{2-17}$$

（2）管内雷诺数 Re 的计算

因为空气在管内流动时，其温度、密度、风速均发生变化，而质量流量却为定值，因此，其雷诺数的计算按下式进行：

$$Re = \frac{du\rho}{\mu} = \frac{4G}{\pi d \mu} \tag{2-18}$$

式（2-18）中的物性数据 μ 可按管内定性温度 $t_{定}$=（TI12+TI14）/2 求出。（以下计算均以光滑管为例）

（3）热负荷计算

套管换热器在管外蒸汽和管内空气的换热过程中，管外蒸汽冷凝释放出潜热传递给管内

空气，我们以空气为恒算物料进行换热器的热负荷计算。

根据热量衡算式：

$$q=GC_p\Delta t \tag{2-19}$$

式中　Δt——空气的温升，Δt=TI12−TI14，℃；

　　　C_p——定性温度下的空气定压比热容，kJ/（kg·℃）；

　　　G——空气的质量流量，kg/s。

管内定性温度 $t_{定}$=（TI12+TI14）/2。

（4）$\alpha_{i测}$、努塞尔数 $Nu_{测}$

由传热速率方程：$q=\alpha A\Delta t_m$ 得

$$\alpha_{i测}=\frac{q}{\Delta t_m A} \tag{2-20}$$

式中　A——管内表面积，$A=d_i\pi L$（m²），d_i=18mm，L=1000mm；

　　　Δt_m——管内平均温度差。

$$\Delta t_m=\frac{\Delta t_A-\Delta t_B}{\ln（\Delta t_A/\Delta t_B）} \qquad \begin{aligned}\Delta t_A&=TI15-TI14\\ \Delta t_B&=TI13-TI12\end{aligned}$$

$$Nu_{测}=\frac{\alpha_{测}d}{\lambda} \tag{2-21}$$

（5）$\alpha_{i计}$、努塞尔数 $Nu_{计}$

$$\alpha_{i计}=0.023\frac{\lambda}{d}Re^{0.8}Pr^{0.4} \tag{2-22}$$

式（2-22）中的物性数据 λ、Pr 均按管内定性温度求出。

$$Nu_{计}=0.023\,Re^{0.8}Pr^{0.4} \tag{2-23}$$

（6）$Pr_{计}$

$$Pr_{计}=\frac{C_p\mu}{\lambda} \tag{2-24}$$

2. 管外 α 测定计算

（1）管外 $\alpha_{o测}$

已知管内热负荷 q，管外蒸汽冷凝传热速率方程为：$q=\alpha_o A\Delta t_m$

$$\alpha_{o测}=\frac{q}{\Delta t_m A} \tag{2-25}$$

式中　A——管外表面积，$A=d_o\pi L$ [m²]，d_o=22mm，L=1000mm；

　　　Δt_m——管外平均温度差。

$$\Delta t_m=\frac{\Delta t_A-\Delta t_B}{\ln（\Delta t_A/\Delta t_B）} \qquad \begin{aligned}\Delta t_A&=TI06-TI15\\ \Delta t_B&=TI06-TI13\end{aligned}$$

（2）管外 $\alpha_{o计}$

根据蒸汽在单根水平圆管外按膜状冷凝传热膜系数计算公式计算出：

$$\alpha_{o\text{计}} = 0.725\left(\frac{\rho^2 g \lambda^3 r}{d_o \Delta t \mu}\right)^{\frac{1}{4}} \tag{2-26}$$

上式中有关水的物性数据均按管外膜平均温度查取。

$$t_{\text{定}} = \frac{\text{TI06} + \overline{t_W}}{2} \qquad \overline{t_W} = \frac{\text{TI13} + \text{TI15}}{2} \qquad \Delta t = \text{TI06} - \overline{t_W}$$

3. 总传热系数 K 的测定计算

（1）$K_{\text{测}}$

已知管内热负荷 q，总传热方程：$q = KA\Delta t_m$

$$K_{\text{测}} = \frac{q}{A\Delta t_m} \tag{2-27}$$

式中 A ——管外表面积，m^2，$A = d_o \pi L$；

Δt_m——平均温度差。

$$\Delta t_m = \frac{\Delta t_A - \Delta t_B}{\ln(\Delta t_A / \Delta t_B)} \qquad \Delta t_A = \text{TI06} - \text{TI14} \qquad \Delta t_B = \text{TI06} - \text{TI12}$$

（2）$K_{\text{计}}$（以管外表面积为基准）

$$\frac{1}{K_{\text{计}}} = \frac{d_o}{d_i} \times \frac{1}{\alpha_i} + \frac{d_o}{d_i} \times R_i + \frac{d_o}{d_m} \times \frac{b}{\lambda} + R_o + \frac{1}{\alpha_o} \tag{2-28}$$

式中 R_i，R_o——管内外污垢热阻，可忽略不计；

λ——铜导热系数，$380W/(m \cdot K)$。

由于污垢热阻可忽略，铜管管壁热阻也可忽略（铜导热系数很大且铜不厚，若同学有兴趣完全可以计算出来此项比较），式（2-28）可简化为：

$$\frac{1}{K_{\text{计}}} = \frac{d_o}{d_i} \times \frac{1}{\alpha_i} + \frac{1}{\alpha_o} \tag{2-29}$$

4. 套管换热器（强化管）传热系数、准数关联式及强化比的测定

强化传热技术，可以使初设计的传热面积减小，从而减小换热器的体积和重量，提高了现有换热器的换热能力，达到强化传热的目的。同时换热器能够在较低温差下工作，减小了换热器工作阻力，以减少动力消耗，更合理有效地利用能源。强化传热的方法有多种，本实验装置采用的强化方式，其中钢丝弹簧的结构图如图 2-7 所示，螺旋线圈由直径 3mm 以下的钢丝按一定节距绕成。将金属螺旋线圈插入并固定在紫铜管内，即可构成一种强化传热管。在近壁区域，流体一面由于螺旋线圈的作用而发生旋转，一面还周期性地受到线圈的螺旋金

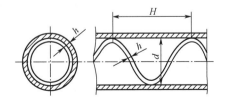

图 2-7 钢丝弹簧强化管内部结构

属丝的扰动，因而可以使传热强化。由于绕制线圈的金属丝直径很细，流体旋流强度也较弱，所以阻力较小，有利于节省能源。钢丝弹簧是以线圈节距 H 与管内径 d 的比值以及管壁粗糙度（$2d/h$）为主要技术参数，且长径比是影响传热效果和阻力系数的重要因素。

科学家通过实验研究总结了形式为 $Nu=A \cdot Re^m$ 的经验公式，其中 A 和 m 的值因强化方式不同而不同。在本实验中，确定不同流量下的 Re 与 Nu，用线性回归方法可确定 A 和 m 的值。

单纯研究强化手段的强化效果（不考虑阻力的影响），可以用强化比的概念作为评判准则，它的形式是：根据实测的光滑管和波纹管的 $Nu_{测}$，求出光滑管和波纹管 $Nu_{测}$ 强化比，它的值越大，强化效果越好。需要说明的是，如果评判强化方式的真正效果和经济效益，则必须考虑阻力因素，阻力系数随着换热系数的增加而增加，从而导致换热性能的降低和能耗的增加，只有强化比较高，且阻力系数较小的强化方式，才是最佳的强化方法。

5. 列管换热器的计算

（1）热负荷计算

根据热量衡算式：

$$q=GC_p\Delta t \tag{2-30}$$

式中 Δt——空气的温升，$\Delta t=TI34-TI32$，℃；

C_p——定性温度下的空气定压比热容，kJ/（kg·℃）；

G——空气的质量流量，kg/s。

管内定性温度 $t_{定}$=（TI32+TI34）/2。

（2）总传热系数 K 的测定

已知管内热负荷 q，总传热方程：$q=KA\Delta t_m$

$$K = q / (A\Delta t_m) \tag{2-31}$$

式中 A——管外表面积，$A=15d_o\pi L$（m²），$d_o=10$mm，$L=600$mm；

Δt_m——平均温度差。

$$\Delta t_m = \frac{\Delta t_A - \Delta t_B}{\ln(\Delta t_A / \Delta t_B)} \quad \Delta t_A = TI06 - TI34$$
$$\quad\quad\quad\quad\quad\quad\quad\quad\quad\quad \Delta t_B = TI06 - TI32$$

6. 管内外物性参数计算

（1）管内物性参数

空气的导热系数与温度的关系式：$\lambda=0.0753\times$管内空气 $t_{定}+24.45$

管内空气黏度与温度的关系式：$\mu=0.0492\times$管内空气 $t_{定}+17.15$ μPa·s

空气的比热容与温度的关系式：60℃以下 $C_p=1005$J/（kg·℃）

$\quad\quad\quad\quad\quad\quad\quad\quad\quad\quad\quad\quad\quad$ 70℃以上 $C_p=1009$J/（kg·℃）

（2）管外物性参数

密度与温度关系：$\rho=0.00002\times$管外水 $t_{定}^3-0.0059\times$管外水 $t_{定}^2+0.0191\times$管外水 $t_{定}+999.99$

导热系数与温度关系：$\lambda=-0.00001\times$管外水 $t_{定}^2+0.0023\times$管外水 $t_{定}+0.5565$

黏度与温度关系：$\mu=$（$0.0418\times$管外水 $t_{定}^2-11.14\times$管外水 $t_{定}+979.02$）/1000

汽化热与温度关系：$r=-0.0019\times$管外水物 $t_{定}^2-2.1265\times$管外水 $t_{定}+2489.3$

四、实验流程与装置

1. 实验流程图

实验流程图见图 2-8，实验装置结构参数见表 2-10。

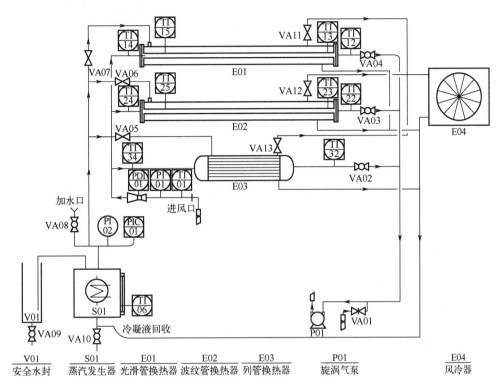

图 2-8 综合传热实验流程图

温度：TI01——空气进口气温（校正用）；TI12——光滑管冷空气出口温度；TI22——波纹管冷空气出口温度；TI13——光滑管冷空气出口截面壁温；TI23——波纹管冷空气出口截面壁温；TI14——光滑管冷空气进口温度；TI24——波纹管冷空气进口温度；TI15——光滑管冷空气进口截面壁温；TI25——波纹管冷空气进口截面壁温；TI32——列管冷空气出口温度；TI34——列管冷空气进口温度；TI06——蒸汽发生器内水温。

阀门：VA01——旁路阀（旋涡气泵放空阀）；VA02——列管冷空气出口阀；VA03——波纹管冷空气出口阀；VA04——光滑管冷空气出口阀；VA05——列管蒸汽进口阀；VA06——波纹管蒸汽进口阀；VA07——光滑管蒸汽进口阀；VA08——加水口阀；VA09——液封排水口阀门；VA10——蒸汽发生器排水口阀门；VA11——光滑管蒸汽出口阀；VA12——波纹管蒸汽出口阀；VA13——列管蒸汽出口阀。

说明：因为蒸汽与大气相通，蒸汽发生器内接近常压，因此 TI06 也可看作管内饱和蒸汽温度。

压力：PIC01——蒸汽发生器压力控制器（控制蒸汽量用）；PI01——进气压力表（校正流量用），PI02——蒸汽发生器压力表。

压差：PDI01——文丘里流量计差压传感器

表 2-10 实验装置结构参数

序号	位号	设备名称	规格、型号
1	E01/E02	套管换热器	紫铜管 $\phi 22 \times 2mm$、管长 $L=1m$
2	E03	列管换热器	不锈钢管 $\phi 19 \times 1.5mm$、管长 $L=600mm$、15 根
3		波纹管强化传热内插物	钢丝弹簧，$\phi 16mm$，间距 12mm
4		文丘里流量计	$C_0=0.995$、$d_0=0.01717m$

序号	位号	设备名称	规格、型号
5	S01	蒸汽发生器	$\phi273\times400$mm，镂空外保温
6		电加热	6kW（2kW×3-220V），304，湿烧，带丝长240mm
7	E04	风冷器	FF05，冷凝量5L/min，220V
8	P01	旋涡气泵	2RB 410-7AH16，三相380V，流量145m³/h，功率850W
9	TI12	温度传感器	Pt100热电阻
10	PDI01	差压传感器	0～10kPa，空气/水
11	PI01	压力表	0～20kPa，空气/水
12	PIC01	压力控制器	0～10kPa，水蒸气/空气
13	PI02	压力表	0～10kPa，水蒸气/空气

2. 流程说明

本装置主体套管换热器内为一根紫铜管，外套管为不锈钢管。两端法兰连接，外套管设置有一对视镜，方便观察管内蒸汽冷凝情况。管内铜管测点间有效长度为1000mm。波纹管换热器内有弹簧螺纹，作为管内强化传热与光滑管内无强化传热进行比较。列管换热器总长600mm，换热管$\phi19$mm，总换热面积0.53694m²。

空气由进口，经文丘里流量计后进入被加热铜管进行加热升温后，经旋涡气泵排出。在空气进出口两个截面上铜管管壁内和管内空气中心分别装有2支热电阻，可分别测出两个截面上的壁温和管中心的温度；一个热电阻TI01可将文丘里流量计前进口的空气温度测出，另一热电阻TI06可将蒸汽发生器内温度测出，如图2-8所示。

蒸汽来自蒸汽发生器，发生器内装有一组6kW加热源，由调压器控制加热电压以便控制加热蒸汽量。蒸汽进入套管换热器的壳程，冷凝释放潜热，为防止蒸汽内有不凝气体，本装置设置有放空口，不凝气体经风冷器冷凝后和冷凝液回流到蒸汽发生器内再利用。

3. 设备仪表参数

套管换热器：内加热紫铜管$\phi22\times2$mm，有效加热长1000mm，外抛光不锈钢套管$\phi76\times2$mm。

列管换热器：不锈钢管$\phi19\times1.5$mm，总长600mm，共15根。

循环气泵：风压16kPa，风量145m³/h，850W。

蒸汽发生器：容积20L，电加热6kW。

压力控制器PIC01：量程为0～10kPa，使用介质为水蒸气，使用温度为耐高温120℃。

压力表PI01：量程为0～20kPa，使用介质为水蒸气，使用温度为常温。

差压传感器PDI01：量程为0～5kPa，使用介质为空气，使用温度为常温。

压力表PI02：量程为0～10kPa。

文丘里流量计：孔径d_0=17.17mm，C_0=0.995。

热电阻传感器：Pt100，精度0.1℃。

五、实验步骤

1. 实验前准备工作

（1）检查水位：通过蒸汽发生器液位计观察蒸汽发生器内水位是否处于液位计的

50%～80%，少于 50%需要补充蒸馏水，此时需开启 VA08，通过加水口补充蒸馏水。玻璃安全液封液位保持 30cm 左右。

（2）检查电源：检查装置外供电是否正常（空开是否闭合等情况）；检查装置控制柜内空开是否闭合（首次操作时需要检查，控制柜内多是电气元件，建议控制柜空开可以长期闭合，不要经常开启控制柜）。

（3）点击装置控制柜上面"总电源"和"控制电源"按钮，启动后，检查触摸屏上的温度、压力等测点是否显示正常。

（4）检查阀门：调节旋涡气泵旁路阀 VA01 处于全开状态，先做光滑管实验时，打开光滑管水蒸气进口阀 VA07，光滑管水蒸气出口阀 VA11，其他阀门处于关闭状态。

2. 开始实验

点击触摸屏面板上蒸汽发生器的"加热控制"按钮，选择加热模式为自动，设置压力 SV 设定 1.0～1.5kPa（建议 1.0kPa）。

待 TI06≥98℃时，打开光滑管冷空气出口阀 VA04，点击监控界面"循环气泵"启动开关，启动循环气泵，调节循环气泵旁路阀门 VA01（做实验过程中旁路阀门 VA01 不能完全关闭，否则会导致旋涡气泵进口温度较高），至监控界面 PDI01 示数到达 0.4kPa，等待光滑管冷空气出口温度 TI12 稳定 5min 左右不变后，点击监控界面"数据记录"记录光滑管的实验数据。然后调节循环气泵旁路阀门 VA01，建议在监控界面 PDI01 示数依次为 0.45、0.5、0.55、0.6、0.8、1.0（kPa）时，重复上述操作，依次记录 7 组实验数据，完成数据记录，实验结束。

完成数据记录后可切换阀门进行波纹管实验，数据记录方式同光滑管实验。

（1）阀门切换

蒸汽转换：全开 VA06，关闭 VA07，等待 2min 后，全开 VA12，同时保持 VA11 开启。

风量切换：全开 VA03，等待 2min 后关闭 VA04。

（2）调节旁路阀 VA01 控制风量至文丘里压差计 PDI01 值到达预定值，等待波纹管冷空气出口温度 TI22 稳定 5min 左右不变后，即可记录数据。

建议风量调节按如下文丘里压差计 PDI01 显示记录：0.4、0.45、0.5、0.55、0.6（kPa），取 5 个点即可。

完成数据记录后可切换阀门进行列管实验，数据记录方式同光滑管实验。

（1）阀门切换

蒸汽转换：全开 VA05，关闭 VA06，等待 2min 后，全开 VA13，同时保持 VA11、VA12 开启。

风量切换：全开 VA02，等待 2min 后关闭 VA03。

（2）调节旁路阀 VA01 控制风量至文丘里压差计 PDI01 值到达预定值，等待列管冷空气出口温度 TI32 稳定 5min 左右不变后，即可记录数据。

建议风量调节按如下文丘里压差计 PDI01 显示记录：1.6、1.8、2.0、2.2、2.4、2.6、2.8（kPa），取 7 个点即可。

完成数据记录后，点击监控界面，停止旋涡气泵，输入堵管数为 7，拆掉列管换热器出气口卡盘，用硅胶塞堵住列管换热器管程出气口，堵管数为 7（堵管时，小心烫伤），探究列管换热器换热面积改变对传热性能的影响，数据记录方式同光滑管实验，此实验为探究性实验，可以选做。

（1）调节旁路阀 VA01 控制风量至文丘里压差计 PDI01 值到达预定值，等待列管冷空气出口温度 TI32 稳定 5min 左右不变后，即可记录数据。

（2）建议风量调节按如下文丘里压差计 PDI01 显示记录：1.6、1.8、2.0、2.2、2.4、2.6、2.8（kPa）取 7 个点即可。

（3）比较换热面积改变对列管换热器换热量 q、空气进出口温差 Δt_m，总换热系数 K 的影响。

3. 实验结束

实验结束时，点击蒸汽发生器"加热控制"按钮，停止加热，点击"循环气泵"按钮，停止气泵。点击退出系统，一体机关机，关闭控制电源，关闭总电源。实验结束后，为防止冷凝后形成真空发生倒吸，需打开蒸汽发生器加水阀平衡压力。实验结束后如超过一个月不使用，需放净蒸汽发生器和液封中的水，并用部分蒸馏水冲洗蒸汽发生器 2～3 次。

4. 注意事项

（1）每组实验前应检查蒸汽发生器内的水位是否处于液位计的 50%，水位过低或无水，电加热会烧坏。电加热是湿式电加热，严禁干烧。

（2）严禁学生打开电柜，以免发生触电。

（3）做实验过程中旁路阀门 VA01 不能完全关闭，否则会导致风机出口温度有较大幅度升高，影响传热效果。

六、数据记录

实验数据记录表见表 2-11、表 2-12，计算结果见表 2-13、表 2-14。其中管内径为 18 mm，管外径为 22mm，管长为 1000mm，大气压为常压：101.325kPa。

表 2-11　光滑管数据记录表

序号	流量计前风压 PI01/kPa	流量计前风温 TI01/℃	文丘里压差 PDI01/kPa	进口风温 TI14/℃	进口壁温 TI15/℃	出口风温 TI12/℃	出口壁温 TI13/℃	蒸汽温度 TI06/℃
1								
2								
3								
...								

表 2-12　波纹管实验数据记录表

序号	流量计前风压 PI01/kPa	流量计前风温 TI01/℃	文丘里压差 PDI01/kPa	进口风温 TI24/℃	进口壁温 TI25/℃	出口风温 TI22/℃	出口壁温 TI23/℃	蒸汽温度 TI06/℃
1								
2								
3								
...								

表 2-13　计算结果

序号	管内有关计算结果					管外		总传热系数		
	Re	$\alpha_{测}$/[W/$(m^2 \cdot K)$]	$Nu_{测}$	$\alpha_{计}$/[W/$(m^2 \cdot K)$]	$Nu_{计}$	$\alpha_{计}$/[W/$(m^2 \cdot K)$]	$\alpha_{测}$/[W/$(m^2 \cdot K)$]	$K_{测}$/[W/$(m^2 \cdot K)$]	$K_{计}$/[W/$(m^2 \cdot K)$]	$K_{测计}$/[W/$(m^2 \cdot K)$]
1										
2										
3										
...										

注：$K_{测计} = \dfrac{1}{\dfrac{d_o}{d_i \alpha_{i测}} + \dfrac{bd_o}{\lambda d_m} + \dfrac{1}{\alpha_{o测}}}$

表 2-14　列管数据（全流通）

序号	流量计数据			冷流体		蒸汽	热负荷	平均温差	总传热系数
	PI01 /kPa	TI01 /℃	PDI01 /kPa	TI34 /℃	TI32 /℃	TI06 /℃	q /W	Δt_m /℃	K/[W/$(m^2 \cdot K)$]
1									
2									
...									

七、实验报告数据处理与讨论

1. 将实验数据和数据整理结果列在数据表格中，并以其中一组数据为例写出计算过程。

2. 标绘出光滑管、波纹管的 $Nu_{测}/Pr^{0.4}$、$Nu_{计}/Pr^{0.4}$ 与 Re 的关系图。

3. 对实验结果进行讨论[包括实验中异常现象及原因；实验结果（包括整理后的数据、画的图等）与理论值产生误差的原因；本实验应如何改进等]。

八、软件操作说明

以光滑管实验为例，波纹管和列管的操作步骤重复光滑管3、4步软件操作步骤。

（1）调节旋涡气泵放空阀 VA01 处于全开状态；先做光滑管实验时，光滑管水蒸气进口阀 VA07、光滑管水蒸气出口阀 VA11、光滑管冷空气出口阀 VA04 处于开启状态，其他阀门处于关闭状态。

（2）点击蒸汽发生器的"加热控制"按钮，选择加热模式为"自动"，SV 设置为 1kPa（建议），如图 2-9 所示。

（3）待 TI06≥98℃时，打开光滑管冷空气出口阀 VA04，点击监控界面"循环气泵"启动开关，启动循环气泵，调节循环气泵旁路阀门 VA01，至监控界面 PDI01 示数到达 0.4kPa 左右，等待光滑管冷空气出口温

图 2-9　蒸汽发生器的加热控制参数设定

度 TI12 稳定 5min 左右不变后，点击监控界面"数据记录"记录光滑管的实验数据。

（4）然后调节旋涡气泵放空阀门 VA01，建议在监控界面 PDI01 示数依次为 0.4、0.45、0.5、0.55、0.6、0.8、1.0（kPa）时，重复上述操作，依次记录 7 组实验数据，完成数据记录，光滑管实验结束，点击"数据处理"按钮，查看数据记录和数据线。

（5）点击数据保存按钮，选择文件存放位置，选择当前表页，点击"开始转换"按钮，导出实验数据 EXCEL 表，如图 2-10 所示。

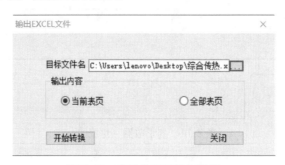

图 2-10　实验数据转换与导出

（6）实验结束时，点击蒸汽发生器"加热控制"按钮，停止加热。点击"循环气泵"按钮，停止气泵，如图 2-11 所示，点击退出系统，一体机关机，关闭控制电源，关闭总电源。

图 2-11　蒸汽发生器和循环气泵的关闭

九、思考题

1. 如何通过实验测定对流传热系数？影响对流传热系数的因素有哪些？

2. 努塞尔数是什么？它如何帮助我们分析对流传热问题？

3. 传热效率如何影响能源消耗？如何通过改进传热过程来提高能源效率？

4. 在蒸汽冷凝时，若存在不凝性气体，你认为将会对实验结果有什么影响？应该采取什么措施？

5. 本实验中所测定的壁面温度是靠近蒸汽侧的温度，还是接近空气侧的温度？为什么？

6. 管内空气流速对传热膜系数有何影响？当空气流速增大时，空气离开热交换器时的温度将升高还是降低？为什么？

7. 环隙间饱和蒸汽的压强如果发生变化，对测量结果是否有影响？

8. 影响总传热系数 K 的因素有哪些？起主导作用的因素有哪些？

9. 分析说明总传热系数 K 接近哪一侧流体的对流传热系数。

10. 若要强化换热器的传热，应从哪几个方面考虑？

实验三　吸收与解吸实验

一、实验目的

1. 了解吸收与解吸装置的设备结构、流程和操作。
2. 学会填料吸收塔流体力学性能的测定方法；了解影响填料塔流体力学性能的因素。
3. 学会吸收塔传质系数的测定方法；了解气速和喷淋密度对吸收总传质系数的影响。
4. 学会解吸塔传质系数的测定方法；了解影响解吸传质系数的因数。
5. 练习吸收解吸联合操作，观察塔釜溢流及液泛现象。

二、实验预习要求

将以下问题回答书写于预习报告中，实验上课前上交指导教师，并由教师随机提问检查预习情况，合格后方可进行实验。

1. 结合吸收内容，理解实验原理，将实验中已知参数（由测量仪器读出或查表获得）和未知参数（由公式计算获得）书写于预习报告中。

2. 了解实验装置的流程、设备、仪表和操作方法，列出实验中的主要测量仪表及控制阀门。写明实验步骤，实验上课前上交指导教师，并由教师随机提问检查预习情况，合格后方可进行实验。

三、实验原理

1. 填料塔流体力学性能测定实验

气体在填料层内的流动一般处于湍流状态。在干填料层内，气体通过填料层的压降与流速（或风量）成正比。

当气液两相逆流流动时，液膜占去了一部分气体流动的空间。在相同的气体流量下，填料空隙间的实际气速有所增加，压降也有所增加。同理，在气体流量相同的情况下，液体流量越大，液膜越厚，填料空间越小，压降也越大。因此，当气液两相逆流流动时，气体通过填料层的压降要比干填料层大。

当气液两相逆流流动，低气速操作时，膜厚随气速变化不大，液膜增厚所造成的附加压降并不显著。此时压降曲线基本与干填料层的压降曲线平行。气速提高到一定值时，由于液膜增厚对压降影响显著，此时压降曲线开始变陡，这些点称之为载点。不难看出，载点的位置不是十分明确的，但它提示人们，自载点开始，气液两相流动的交互影响已不容忽视。

自载点以后，气液两相的交互作用越来越强，当气液流量达到一定值时，两相的交互作用恶性发展，将出现液泛现象，在压降曲线上压降急剧升高，此点称为泛点。

吸收塔中填料的作用主要是增加气液两相的接触面积，而气体在通过填料层时，由于有局部阻力和摩擦阻力而产生压强降。压强降是塔设计中的重要参数，气体通过填料层压强降的大小决定了塔的动力消耗。压强降与气、液流量有关，不同液体喷淋量下填料层压强降 Δp 与气速 u 的关系（双对数坐标）如图 2-12 所示。

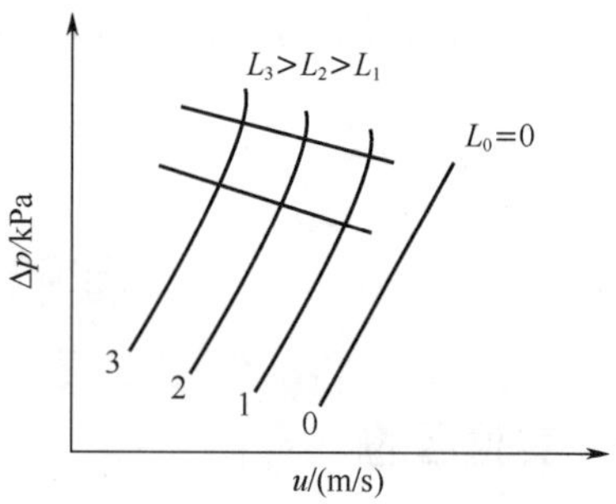

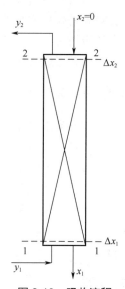

图 2-12　填料层的 Δp-u 关系

$$\text{风速计算：} \quad u = \frac{V}{A} \quad\quad (2\text{-}32)$$

式中　　u——风速，m/h；

V——空气流量，m^3/h；

A——填料塔截面积，m^2。

其中，$A = \pi\left(\dfrac{1}{2}a\right)^2$，$a$ 为填料塔内径，取 $a = 0.1m$。

当无液体喷淋即喷淋量 $L_0 = 0$ 时，干填料的 Δp-u 的关系是直线，如图 2-12 中的直线 0。当有一定的喷淋量时，Δp-u 的关系变成折线，并存在两个转折点，下转折点称为"载点"，上转折点称为"泛点"。这两个转折点将 Δp-u 关系分为三个区段：恒持液量区、载液区与液泛区。

本装置在水量恒定条件下，测出不同风量下的压降。

2. 吸收实验

吸收流程图见图 2-13。根据传质速率方程，在假定 K_{xa} 为常数、等温、低吸收率（或低浓度、难溶等）条件下推导得出吸收速率方程：

$$G_a = K_{xa}V\Delta X_m \quad\quad (2\text{-}33)$$

则：

$$K_{xa} = G_a / (V\Delta X_m) \quad\quad (2\text{-}34)$$

式中　　K_{xa}——体积传质系数，kmol CO_2/（$m^3 \cdot$ h）；

G_a——填料塔的吸收量，kmol CO_2/h；

V——填料层的体积，m^3；

ΔX_m——填料塔的平均推动力。

图 2-13　吸收流程

（1）G_a 的计算

已知可测出：由涡轮流量计和质量流量计分别测得水流量 V_s（m^3/h）、空气流量 V_B（m^3/h）（显示流量为20℃，101.325kPa 标准状态流量）；CO_2 气体进口浓度 y_1，出口浓度 y_2（可由 CO_2 分析仪直接读出）。

将水流量单位进行换算：

$$L_s（\text{kmol/h}） = V_s\rho_{水}/M_{水} \quad\quad (2\text{-}35)$$

式中 L_s——水的摩尔流量，kmol/h；

V_s——水的流量，m^3/h；

$\rho_{水}$——水的密度，20℃时 $\rho_{水}$=998.2kg/m^3；

$M_{水}$——水的摩尔质量，$M_{水}$=18kg/kmol。

将气体流量单位（kmol/h）进行换算：

$$G_B = \frac{V_B \rho_0}{M_{空气}} \tag{2-36}$$

式中 V_B——空气流量，m^3/h；

ρ_0——空气密度，标准状态下 ρ_0=1.205kg/m^3；

$M_{空气}$——空气的摩尔质量，$M_{空气}$=29kg/kmol。

由式（2-35）和式（2-36）可计算出 L_s、G_B。

又由全塔物料衡算：

$$G_a = L_s(X_1 - X_2) = G_B(Y_1 - Y_2) \tag{2-37}$$

在吸收解吸的物料衡算过程中所表述的气体流量为惰性气体流量，因为惰性气体流量在整个过程中稳定不变；相应的所有理论计算过程中采用的气相组分的值均为溶质相对于惰性气体组分的占比。本实验设备在实验中将空气看作惰性气体，气体质量流量计测量空气流量，在计算过程中将二氧化碳实际体积分数转换为相对于惰性组分——空气的体积分数，以进行物料衡算。

$$Y_1 = \frac{y_1}{1 - y_1} \tag{2-38}$$

$$Y_2 = \frac{y_2}{1 - y_2} \tag{2-39}$$

其中，y_1 及 y_2 由二氧化碳检测仪直接读出。

认为吸收剂自来水中不含 CO_2，则 X_2=0，

$$X_1 = \frac{G_B(Y_1 - Y_2)}{L_s} \tag{2-40}$$

由此可计算出 G_a 和 X_1。

（2）ΔX_m 的计算

根据测出的水温可插值求出亨利常数 E（atm），本实验为 p=1（atm），则相平衡常数 $m=E/p$。

$$\Delta X_m = \frac{\Delta X_2 - \Delta X_1}{\ln \dfrac{\Delta X_2}{\Delta X_1}} \tag{2-41}$$

式（2-41）中 ΔX_1、ΔX_2 由下式计算：

$$\Delta X_2 = X_{e2} - X_2 \tag{2-42}$$

$$\Delta X_1 = X_{e1} - X_1 \tag{2-43}$$

式（2-42）和式（2-43）中 X_{e1}，X_{e2} 由下式计算，X_1、X_2 由步骤（1）计算：

$$X_{e2} = \frac{Y_2}{m} \tag{2-44}$$

$$X_{e1} = \frac{Y_1}{m} \tag{2-45}$$

X_{e2} 可以采用下式近似求得:

$$X_{e2} = \frac{x}{1-x} = \frac{\dfrac{y_2}{m}}{1-\dfrac{y_2}{m}} \approx \frac{y_2}{m} \tag{2-46}$$

两种方法都可以。

上式中 Y_1、Y_2 由步骤(1)计算。

不同温度下 CO_2-H_2O 的相平衡常数见表 2-15。

表 2-15 不同温度下 CO_2-H_2O 的相平衡常数

温度/℃	5	10	15	20	25	30	35	40
$m=E/p$	877	1040	1220	1420	1640	1860	2083	2297

3. 解吸实验

解吸流程图见图 2-14。根据传质速率方程,在假定 K_{Ya} 为常数、等温、低解吸率(或低浓、难溶等)条件下推导得出解吸速率方程:

$$G_a = K_{Ya}V\Delta Y_m \tag{2-47}$$

则:

$$K_{Ya} = G_a/(V\Delta Y_m) \tag{2-48}$$

式中 K_{Ya}——体积解吸系数,kmol CO_2/($m^3 \cdot h$);

G_a——填料塔的解吸量,kmol CO_2/h;

V——填料层的体积,m^3;

ΔY_m——填料塔的平均推动力。

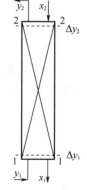

图 2-14 解吸流程

(1) G_a 的计算

已知可测出:由流量计测得 V_s(m^3/h)、V_B(m^3/h),气体进口、出口 CO_2 浓度为 y_1、y_2(体积浓度,可由 CO_2 分析仪直接读出)。

将水流量单位根据式(2-35)进行换算,气体流量单位根据式(2-36)进行换算,因此可计算出 L_s、G_B。

又由全塔物料衡算:

$$G_a = L_s(X_2 - X_1) = G_B(Y_2 - Y_1) \tag{2-49}$$

Y_1、Y_2 可根据式(2-38)、式(2-39)计算求得。默认空气中所含 CO_2 浓度为 0.03,则 y_1=0.03。又因为进塔液体中 X_2 有两种情况,一是直接将吸收后的液体用于解吸,则其浓度即为前吸收计算出来的实际浓度 X_1;二是只作解吸实验,可将 CO_2 充分溶解在液体中,可近似形成该温度下的饱和浓度,其 X_2 可由亨利定律计算。

$$X_2 = \frac{y}{m} = \frac{1}{m} \tag{2-50}$$

则可计算出 G_a 和 X_1。

（2）ΔY_m 的计算

根据测出的水温可插值求出亨利常数 $E[atm]$，本实验为 $p=1[atm]$ 则 $m=E/p$。

$$\Delta Y_m = \frac{\Delta Y_2 - \Delta Y_1}{\ln \dfrac{\Delta Y_2}{\Delta Y_1}} \tag{2-51}$$

式（2-51）中 ΔY_1、ΔY_2 由下式计算：

$$\Delta Y_2 = Y_{e2} - Y_2 \tag{2-52}$$

$$\Delta Y_1 = Y_{e1} - Y_1 \tag{2-53}$$

根据公式

$$Y = \frac{y}{1-y} \tag{2-54}$$

将 y 换算成 Y，上述公式中 Y_{e1}、Y_{e2} 由下式计算：

$$Y_{e2} = mX_2 \tag{2-55}$$

$$Y_{e1} = mX_1 \tag{2-56}$$

上式中 X_1、X_2 由步骤（1）计算。

四、实验流程与装置

1. 实验流程图

本实验是在填料塔中用水吸收混合气中的 CO_2 和用空气解吸富液中的 CO_2，以求取填料塔的吸收传质系数和解吸系数，实验流程图见图 2-15。

2. 流程说明

（1）空气　空气来自风机出口总管，分成两路：一路经流量计 FI01 与来自流量计 FI05 的 CO_2 混合后进入填料吸收塔底部，与塔顶喷淋下来的吸收剂（水）逆流接触吸收，吸收后的尾气从塔顶排出；另一路经流量计 FI03 进入填料解吸塔底部，与塔顶喷淋下来的含 CO_2 水溶液逆流接触进行解吸，解吸后的尾气从塔顶排出。

（2）CO_2　钢瓶中的 CO_2 经减压阀分成两路：一路经调节阀 VA05、流量计 FI05 进入吸收塔；另一路经 FI06、VA15 进入水箱与循环水充分混合可形成饱和 CO_2 水溶液。

（3）水　自来水先进水箱，经过离心泵送入吸收塔顶，吸收液流入塔底，分成两种情况：一是若只做吸收实验，吸收液流经缓冲罐后直接排地沟；二是若做吸收-解吸联合操作实验，可开启解吸泵，将溶液经流量计 FI04 送入解吸塔顶，经解吸后的溶液从解吸塔底流经倒 U 管排入地沟。

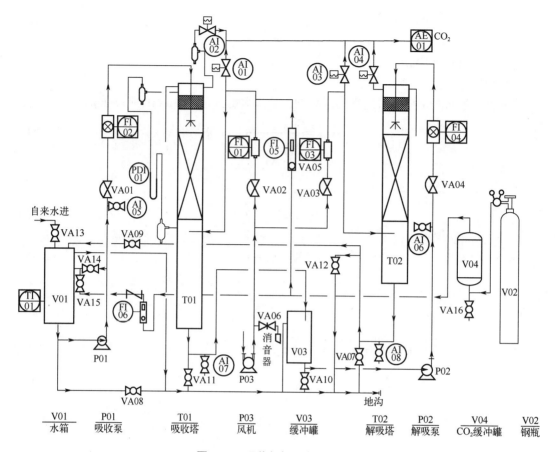

图 2-15　吸收与解吸实验流程图

阀门：VA01——吸收液流量调节阀，VA02——吸收塔空气流量调节阀，VA03——解吸塔空气流量调节阀，VA04——解吸液流量调节阀，VA05——吸收塔 CO_2 流量调节阀，VA06——风机旁路调节阀，VA07——解吸塔放净阀，VA08——水箱放净阀，VA09——解吸液回流阀，VA10——缓冲罐放净阀，VA11——吸收塔放净阀，VA12——解吸液排液阀，VA13——自来水进液阀，VA14——吸收液循环阀，VA15——水箱 CO_2 流量调节阀，VA16—— CO_2 缓冲罐放空阀，AI01——吸收塔进气采样阀，AI02——吸收塔出气采样阀，AI03——解吸塔进气采样阀，AI04——解吸塔出气采样阀，AI05——吸收塔塔顶液体采样阀，AI06——解吸塔塔顶液体采样阀，AI07——吸收塔塔底液体采样阀，AI08——解吸塔塔底液体采样阀。

设备：V01——水箱，T01——吸收塔，T02——解吸塔，V02—— CO_2 钢瓶，V03——缓冲罐，V04—— CO_2 缓冲罐。

流量：FI01——吸收空气流量，FI02——吸收液流量，FI03——解吸空气流量，FI04——解吸液流量，FI05——吸收塔 CO_2 气体流量，FI06——水箱 CO_2 气体流量。

差压：PDI01——U 型压差计。

（4）取样　在吸收塔气相进口设有取样点 AI01，出口上设有取样点 AI02，在解吸塔气体进口设有取样点 AI03，出口有取样点 AI04，气体从取样口进入二氧化碳分析仪进行含量分析。

3. 设备仪表参数

吸收塔：塔内径 100mm，填料层高 550mm，填料为 ϕ10mm 陶瓷拉西环，丝网除沫。

解吸塔：塔内径 100mm，填料层高 550mm，填料为 ϕ6mm 不锈钢 θ 环，丝网除沫。

风机：旋涡气泵，16kPa，145m³/h。

吸收泵：扬程 14m，流量 3.6m³/h。

解吸泵：扬程 14m，流量 3.6m³/h。

水箱：PE 材质，50L。

缓冲罐：透明有机玻璃材质，9L。

温度传感器：Pt100 传感器，精度 0.1℃。

水涡轮流量计：200～1000L/h，0.5%FS。

气体质量流量计：0～18m³/h，±1.5%FS（FI01）；0～1.2m³/h，±1.5%FS（FI03）。

气体转子流量计：0.3～3L/min。

二氧化碳检测仪：量程 20%（体积分数），分辨率 0.01%（体积分数）。

U 型压差计：±2000Pa。

五、实验步骤

1. 实验前的准备工作

（1）实验前应检查所有阀门是否处于关闭状态。

（2）检查二氧化碳气瓶与设备上二氧化碳流量计连接是否密闭。

2. 填料塔流体力学性能测定实验

（1）开启自来水进液阀 VA13 向水箱加入蒸馏水或去离子水至水箱液位 75%，关闭 VA13，依次开启实验装置的总电源、控制电源，开启电脑，运行控制软件，进入吸收与解吸实验操控界面。

（2）打开吸收泵，调节吸收液流量调节阀 VA01 至适当的水流量，对吸收塔填料润湿 5min，调节 VA01 至指定水流量，全开风机旁路阀 VA06，关闭解吸塔空气流量调节阀 VA03，全开吸收塔空气流量调节阀 VA02，开启风机吹干吸收塔填料层的水分，逐渐关小 VA06。

（3）通过调节吸收塔空气流量调节阀 VA02，使 FI01 依次在 2、3、4、5、6、7、8、9m³/h 时记录 U 型压差计示数，即干填料的塔压降；若 VA02 全开仍旧无法满足实验气量，可关小风机旁路调节阀 VA06，增大空气流量。

（4）测定完毕后，关闭 VA01，VA02，关闭吸收泵，关闭风机。

（5）在对实验数据进行分析处理后，在对数坐标纸上以空塔气速 u 为横坐标，单位高度的压降（$\Delta p/Z$）为纵坐标，标绘干填料层（$\Delta p/Z$）-u 关系曲线。

3. 单吸收实验

（1）开启自来水进液阀 VA13 向水箱加入蒸馏水或去离子水至水箱液位 75%，关闭 VA13，依次开启实验装置的总电源、控制电源，开启电脑，运行控制软件，进入吸收与解吸实验操控界面。

（2）进入单吸收实验，开启吸收泵，打开吸收液流量调节阀 VA01，待吸收塔底有一定的液位时，调节 VA01 使 FI02 数值为实验所需流量（200L/h），开启缓冲罐放净阀 VA10，将吸收后的水排放，全开风机旁路阀 VA06，关闭解吸塔空气流量调节阀 VA03，全开吸收塔空气流量调节阀 VA02，开启风机，逐渐关小 VA06，可微调 VA02 使 FI01 风量在 0.7m³/h 左右，实验过程中维持此风量不变。

（3）关闭水箱 CO_2 流量调节阀 VA15 和水箱 CO_2 气体流量 FI06，开启吸收塔 CO_2 流量 FI05（即打开 CO_2 流量调节阀 VA05），确认减压阀处于关闭状态后开启 CO_2 钢瓶总阀，微开减压阀，根据 CO_2 流量计读数可微调 VA05 使 CO_2 流量在 1～2L/min，从钢瓶中经减压释

放出来的 CO_2，其流量稳定约需 30min。实验过程中维持此流量不变。

（4）当各流量维持一定时间后，打开吸收塔进气采样阀 AI01（电磁阀），在线分析吸收塔进口 CO_2 浓度，等待 2min，检测数据稳定后采集数据，再打开吸收塔出气采样阀 AI02（电磁阀），等待 2min，检测数据稳定后采集数据。同时从吸收塔塔顶液体采样阀 AI05 采样，吸收塔塔底液体采样阀 AI07 采样。取样检测液相 CO_2 浓度。

（5）调节水量（按 200、350、500、650L/h 调节水量），每个水量稳定后，按上述步骤依次取样。

（6）实验完毕后，应先关闭 CO_2 钢瓶总阀，等 CO_2 流量计无流量后，关闭减压阀，关闭风机和吸收泵。

4. 吸收解吸联合实验

（1）开启自来水进液阀 VA13 向水箱加入蒸馏水或去离子水至水箱液位 75%，关闭 VA13，依次开启实验装置的总电源、控制电源，开启电脑，运行控制软件，进入吸收与解吸实验操控界面。

（2）进入吸收解吸联合实验，开启吸收泵，开启吸收液流量调节阀 VA01，使吸收液流量 FI02 数值维持在 200L/h，确保吸收塔底有一定的液位，关闭缓冲罐放净阀 VA10，待缓冲罐有一定液位时，开启解吸液流量调节阀 VA04，灌泵，然后关闭 VA04，启动解吸泵，调节 VA04 使解吸塔中解吸液流量 FI04 也维持在 200L/h 左右，打开解吸液回流阀 VA09 将解吸塔底部出液溢流至水箱中作为吸收液循环使用（实验过程中需注意循环水罐中的液位，保持进水，防止抽干。可打开解吸液排液阀 VA12，解吸塔底部出液由塔底的倒 U 管直接排入地沟，特别说明的是解吸液循环使用实验效果不如新鲜的水源）。

（3）全开风机旁路阀 VA06，打开吸收塔空气流量调节阀 VA02 和解吸塔空气流量调节阀 VA03，启动风机，逐渐关小 VA06，微调 VA02 使 FI01 风量在 $0.7m^3/h$ 左右，实验过程中维持此风量不变。

（4）开启 CO_2 钢瓶总阀，微开减压阀，开启吸收塔 CO_2 气体流量 FI05 向吸收塔内通入 CO_2，根据 CO_2 流量计读数可微调 CO_2 流量调节阀 VA05 使 CO_2 流量在 $1\sim2L/min$，从钢瓶中经减压释放出来的 CO_2，其流量稳定约需 30min。实验过程中维持此流量不变。

（5）当各流量维持一定时间后，依次打开采样点阀门（吸收塔进气、出气采样阀——A01、A02；解吸塔进气、出气采样阀——A03、A04），在线分析 CO_2 浓度，注意每次要等待检测数据稳定后（每个检测数据稳定均需 $2\sim5min$）再采集数据。同时分别从吸收塔塔顶液体采样阀 A05、吸收塔塔底液体采样阀 AI07 采样、解吸塔塔顶液体采样阀 A06 和解吸塔塔底液体采样阀 A08 采样。取样检测液相 CO_2 浓度。

（6）实验完毕后，关闭 CO_2 钢瓶总阀，等 CO_2 流量计无流量后，关闭减压阀，关闭风机，关闭解吸泵和吸收泵。

液相二氧化碳浓度检测方法：用移液管取浓度约 0.1mol/L $Ba(OH)_2$ 溶液 10mL 于锥形瓶中，用另一支移液管取 20mL 待测液加入盛有 $Ba(OH)_2$ 溶液的锥形瓶中，用橡胶塞塞好并充分振荡，然后加入 2 滴甲酚红指示剂，用浓度约 0.1mol/L HCl 溶液滴定待测溶液由深红色变为黄色。按下式计算得出溶液中二氧化碳的浓度：

$$C_{CO_2} = \frac{2C_{Ba(OH)_2}V_{Ba(OH)_2} - C_{HCl}V_{HCl}}{2V_{溶液}} \tag{2-57}$$

注意：

① 在启动风机前，确保风机旁路阀处于打开状态，防止风机因憋压而剧烈升温。

② 泵是机械密封，严禁泵内无水空转。

③ 泵是离心泵，开启和关闭泵前，先关闭泵的出口阀。

④ 长期（超过一个月）不用或者室内温度达到零摄氏度时应将设备内的水放净。

⑤ 严禁学生打开电柜，以免发生触电。

⑥ 单吸收、吸收解吸联合和单解吸实验中，空气流量如出现轻微下降应重新调节空气流量调节阀使流量恢复至实验值。

六、数据记录

原始数据记录、计算结果表格见表 2-16～表 2-20。

表 2-16　流体力学数据测定记录表

水量=0L/h		水量=200L/h		水量=300L/h		水量=400L/h	
流量计风量/（m³/h）	全塔压差DP/Pa	流量计风量/（m³/h）	全塔压差DP/Pa	流量计风量/（m³/h）	全塔压差DP/Pa	流量计风量/（m³/h）	全塔压差DP/Pa
3		2		2		2	
4		3		3		3	
5		4		4		4	
6		5		5		5	
7		6		6			
8		7		6.5			
9		8					
10		8.3					

注：每套装置的液泛流量存在差异，以上表格仅作为样例，具体数据请以实际数据为准。

表 2-17　单吸收实验

水温=＿＿＿＿　空气流量=＿＿＿＿　CO_2 流量=＿＿＿＿　空气进口组成=＿＿＿＿

序号	V_s/（L/h）	气相组成		G_a/（kmol/h）	ΔX_m	L_s'/（kmol/h）	K_{xa}/[kmol/（m³·h）]	备注
		y_1	y_2					
1	200							
2	350							
3	500							
4	650							

表 2-18　联合实验（吸收）

水温=＿＿＿＿　空气流量=＿＿＿＿　CO_2 流量=＿＿＿＿　空气进口组成=＿＿＿＿

序号	V_s/（L/h）	气相组成		G_a/（kmol/h）	ΔX_m	L_s'/（kmol/h）	K_{xa}/[kmol/（m³·h）]	备注
		y_1	y_2					
1	200							吸收

表 2-19　联合实验（解吸）

水温=_____　空气流量=_____　CO₂流量=_____　空气进口组成=_____

序号	V_s / (L/h)	气相组成		G_a / (kmol/h)	ΔY_m	L_s' / (kmol/h)	K_{Ya} /[kmol/ (m³·h)]	备注
		y_1	y_2					
1	200							解吸

表 2-20　单解吸实验

水温=_____　空气流量=_____　CO₂流量=_____　空气进口组成=_____

序号	V_s / (L/h)	气相组成		G_a / (kmol/h)	ΔY_m	L_s' / (kmol/h)	K_{Ya} /[kmol/ (m³·h)]	备注
		y_1	y_2					
1	200							

七、实验报告数据处理与讨论

1. 将实验数据和数据整理结果列在数据表格中，并以其中一组数据为例写出计算过程。

2. 标绘出填料塔 Δp-u 的关系图（双对数坐标）、吸收塔及解析塔的操作线。

3. 对实验结果进行讨论[包括实验中异常现象发生的原因；实验结果（包括整理后的数据、画的图等）与讲义中理论值产生误差的原因；本实验应如何改进等]。

八、软件操作说明

进入吸收与解吸实验控制界面，见图 2-16。

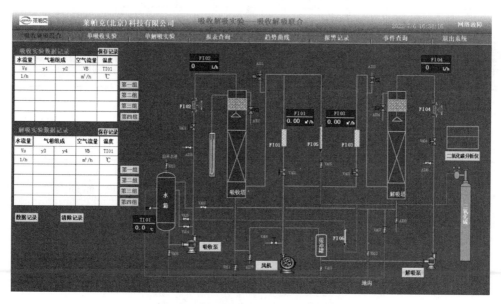

图 2-16　吸收与解吸实验控制界面

1. 流体力学实验

（1）开启风机测定吸收塔干填料的塔压降，开启风机，按 2、4、6、8、10、12m³/h 调节（为建议值），并手动记下空气流量、塔压降。

（2）开动吸收泵，然后把水流量调节到指定流量（一般为0、200、300、400L/h）。

2. 单吸收实验

（1）单击单吸收实验按钮 ▊▊▊▊▊▊，开始单吸收实验。

（2）调节实验水、气流量，开启吸收塔采样电磁阀AI01，AI02。

数据记录界面见图2-17。

图2-17 吸收实验数据记录界面

（3）调节水流量，依次点击第二、三、四组进行实验，重复上述步骤。

（4）点击底部数据处理按钮 ▊数据处理▊ ▊保存记录▊，进行数据处理（图2-18）。

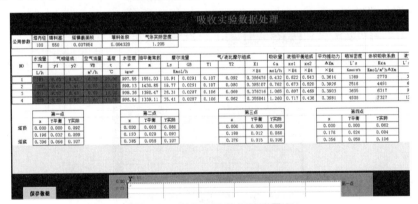

图2-18 吸收实验数据处理界面

（5）单击保存数据，在弹出窗口中输入文件名，单击右侧 ▭ 按钮，选择保存路径，确定（图2-19）。

图2-19 吸收实验数据转换保存

单击开始转换，等待转换完成；保存数据和保存记录的方式一样，后续不再赘述。

3. 吸收解吸联合实验

（1）单击联合实验按钮 吸收解吸联合 ，进行吸收解吸联合实验。

（2）调节水、气流量，待水、气流量稳定后，依次开启采样电磁阀 AI01、AI02、AI03、AI04，数据记录界面见图 2-20。

图 2-20　吸收解吸联合实验数据记录界面

4. 单解吸实验

（1）单击单解吸实验按钮 单解吸实验 ，开始单解吸实验。

（2）调节水、气流量，待水、气流量稳定后，开启解吸塔采样电磁阀 AI03、AI04，数据记录界面见图 2-21。

水流量	气相组成		空气流量	温度
Vs	y3	y4	VB	TI01
1/h			m³/h	℃
				保存记录

图 2-21　解吸实验数据记录界面

九、思考题

1. 影响吸收效率的因素有哪些？讨论温度和压力如何影响吸收和解吸过程。

2. 如何确定吸收和解吸的平衡条件？试讨论吸收和解吸的动力学模型。

3. 讨论吸收和解吸在哪些工业过程中起关键作用，当前吸收和解吸领域的最新研究技术及这些新技术可能如何改变未来的工业实践。

4. 为什么二氧化碳吸收过程属于液膜控制？

5. 当气体温度和液体温度不同时，应用什么温度计算亨利系数？

实验四 筛板精馏实验

一、实验目的

1. 熟悉板式精馏塔的结构、流程及各部件的作用。

2. 了解精馏塔的正确操作，学会正确处理各种异常情况。

3. 用作图法和计算法确定精馏塔部分回流时的理论板数，并计算出全塔效率。

二、实验预习要求

将以下问题回答书写于预习报告中，实验上课前上交指导教师，并由教师随机提问检查预习情况，合格后方可进行实验。

1. 结合精馏内容，理解实验原理，将实验中已知参数（由测量仪器读出或查表获得）和未知参数（由公式计算获得）书写于预习报告中。

2. 了解实验装置的流程、设备、仪表和操作方法，列出实验中的主要测量仪表及控制阀门。写明实验步骤，实验上课前上交指导教师，并由教师随机提问检查预习情况，合格后方可进行实验。

三、实验原理

蒸馏技术原理是利用液体混合物中各组分挥发度不同而达到分离目的。此项技术现已广泛应用于石油、化工、食品加工及其他领域，其主要目的是将混合液进行分离。根据料液分离的难易、分离的纯度，此项技术又可分为一般蒸馏、普通精馏及特殊精馏等。本实验是属于针对乙醇-水系统的普通精馏验证性实验。

根据纯验证性（非开发型）实验要求，本实验只做全回流和某一回流比下的部分回流两种情况下的实验。

1. 乙醇-水系统特征

乙醇-水系统平衡数据见表 2-21，相图见图 2-22。

表 2-21　乙醇-水系统平衡数据表

序号	t	x	y	序号	t	x	y
1	100.0	0.00	0.00	9	81.50	32.73	58.26
2	95.50	1.90	17.00	10	80.70	39.65	61.22
3	89.00	7.21	38.91	11	79.80	50.79	65.64
4	86.70	9.66	43.75	12	79.70	51.98	65.99
5	85.30	12.38	47.04	13	79.30	57.32	68.41
6	84.10	16.61	50.89	14	78.74	67.63	73.85
7	82.70	23.37	54.45	15	78.41	74.72	78.15
8	82.30	26.08	55.80	16	78.15	89.43	89.43

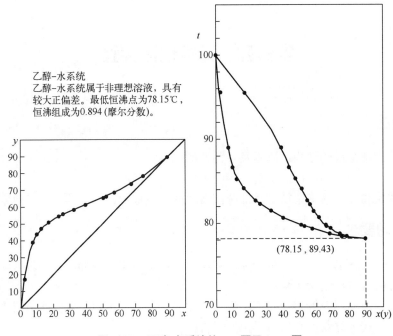

乙醇-水系统
乙醇-水系统属于非理想溶液，具有较大正偏差。最低恒沸点为78.15℃，恒沸组成为0.894(摩尔分数)。

图 2-22　乙醇-水系统的 *x-y* 图及 *t-x-y* 图

结论：（1）普通精馏塔顶组成 $x_D<0.894$，若要得到高纯度酒需采用其他特殊精馏方法；（2）乙醇-水系统为非理想体系，平衡曲线不能用 $y=f(\alpha,x)$ 来描述，只能用原平衡数据。

2. 全回流操作

乙醇-水系统理论板图解见图 2-23。

特征：

（1）塔与外界无物料流（不进料，无产品）；

（2）操作线 $y=x$（每板间上升的气相组成=下降的液相组成）；

（3）x_D-x_W 最大化（即理论板数最小化）。

在实际工业生产中应用于设备的开停车阶段，使系统运行尽快达到稳定。

3. 部分回流操作

可以测出以下数据。

温度/℃：t_D、t_F、t_W

组成/（摩尔分数）：x_D、x_F、x_W

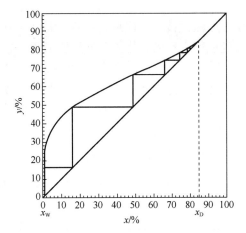

图 2-23　乙醇-水系统理论板图解

流量/（L/h）：F、D、L（塔顶回流量）

回流比 R：

$$R=L/D \tag{2-58}$$

精馏段操作线：

$$y=\frac{R}{R+1}x+\frac{x_D}{R+1} \tag{2-59}$$

进料热状况 q：根据 x_F 在 t-x（y）相图中可分别查出露点温度 t_V 和泡点温度 t_L。

$$q = \frac{I_V - I_F}{I_V - I_L} = \frac{\text{1kmol原料变成饱和蒸汽所需的热量}}{\text{原料的摩尔汽化热}} \quad (2-60)$$

I_V 是在 x_F 组成、露点 t_V 下，饱和蒸汽的焓。

$$I_V = x_F I_A + (1-x_F)I_B = x_F[C_{pA}(t_V - 0) + r_A] + (1-x_F)[C_{pB}(t_V - 0) + r_B] \quad (2-61)$$

式中，C_{pA}、C_{pB} 是乙醇和水在定性温度 $t=(t_V+0)/2$ 下的比热容，kJ/(kmol·K)；r_A、r_B 是乙醇和水在露点温度 t_V 下的汽化热，kJ/kmol；I_L 是在 x_F 组成、泡点 t_L 下，饱和液体的焓。

$$I_L = x_F I_A + (1-x_F)I_B = x_F[C_{pA}(t_L - 0)] + (1-x_F)[C_{pB}(t_L - 0)] \quad (2-62)$$

式中，C_{pA}、C_{pB} 是乙醇和水在定性温度 $t=(t_L+0)/2$ 下的比热容，kJ/(kmol·K)。

我们实验的进料是常温下（冷液）进料，$t_F < t_L$。

$$I_F = x_F I_A + (1-x_F)I_B = x_F[C_{pA}(t_F - 0)] + (1-x_F)[C_{pB}(t_F - 0)] \quad (2-63)$$

式中，C_{pA}、C_{pB} 是乙醇和水在定性温度 $t=(t_F+0)/2$ 下的比热容，kJ/(kmol·K)；I_F 是在 x_F 组成、实际进料温度 t_F 下，原料实际的焓。

q 线方程：

$$y_q = \frac{q}{q-1} x_q - \frac{x_F}{q-1} \quad (2-64)$$

d 点坐标：根据精馏段操作线方程和 q 线方程可解得其交点坐标 (x_d, y_d)，见图 2-24。

提馏段操作线方程：

根据 (x_W, x_W)、(x_d, y_d) 两点坐标，利用两点式可求得提馏段操作线方程。

根据以上计算结果，作出相图。

根据作图法或逐板计算法可求出部分回流下的理论板数 N。

根据以上求得的全回流或部分回流的理论板数，可求得其全塔效率 E_T：

$$E_T = \frac{N_{理论} - 1}{N_{实际}} \times 100\% \quad (2-65)$$

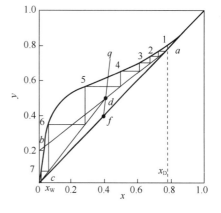

图 2-24　塔体操作线

四、实验流程与装置

1. 装置流程图

精馏实验装置流程图见图 2-25。

2. 流程说明

进料：进料泵 P01 从原料罐 V02 内抽出原料液，经过进料转子流量计 FI04 后由塔体中间进料口进入塔体。

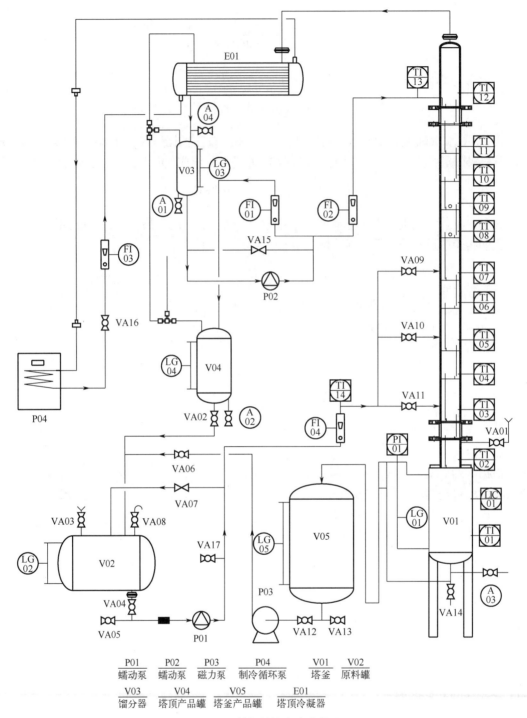

图 2-25　筛板精馏实验流程图

P01	P02	P03	P04	V01	V02
蠕动泵	蠕动泵	磁力泵	制冷循环泵	塔釜	原料罐

V03	V04	V05	E01		
馏分器	塔顶产品罐	塔釜产品罐	塔顶冷凝器		

塔顶出料：塔内蒸汽上升至冷凝器 E01，蒸汽走壳程，冷却水走管程，蒸汽冷凝成液体，流入馏分器 V03，经回流泵后分为两路，一路经回流转子流量计 FI02 回流至塔内，另一路经塔顶采出转子流量计 FI01 流入塔顶产品罐 V04。

塔釜出料：塔釜液经溢流流入塔釜产品罐 V05。

循环冷却水：冷却水来自制冷循环泵 P04，经冷却水流量计 FI03 控制，流入冷凝器 E01，冷却水走管程，蒸汽走壳程，热交换后冷却水循环返回制冷循环泵 P04。

阀门：VA01——塔釜加料阀，VA02——塔顶产品罐放料阀，VA03——原料罐加料阀，VA04——原料罐放料阀，VA05——原料罐取样阀，VA06——塔釜产品倒料阀，VA07——原料罐循环搅拌阀，VA08——原料罐放空阀，VA09——塔体进料阀1，VA10——塔体进料阀2，VA11——塔体进料阀3，VA12——塔釜产品罐出料阀，VA13——塔釜产品罐取样阀，VA14——塔釜放净阀，VA15——回流泵旁路调节阀，VA16——循环水出口阀，VA17——原料取样阀，A01——馏分器取样阀，A02——塔顶产品罐取样阀，A03——塔釜取样阀，A04——塔顶实时取样阀。

温度：TI01——塔釜温度，TI02——塔身下段温度1，TI03——进料段温度1，TI04——塔身下段温度2，TI05——进料段温度2，TI06——塔身中段温度，TI07——进料段温度3，TI08——塔身上段温度1，TI09——塔身上段温度2，TI10——塔身上段温度3，TI11——塔身上段温度4，TI12——塔顶温度，TI13——回流温度，TI14——进料温度。

流量：FI01——塔顶采出流量计，FI02——回流流量计，FI03——冷却水流量计，FI04——进料流量计。

3. 设备仪表参数

精馏塔：塔内径 $D=68\text{mm}$，塔内采用筛板及圆形降液管，共有12块板，普通段塔板间距 $H_T=100\text{mm}$，进料段塔板间距 $H_T=150\text{mm}$，视盅段塔板间距 $H_T=70\text{mm}$，塔板：筛板开孔 $d=2.8\text{mm}$，筛孔数 $N=40$ 个，开孔率9.44%。塔釜加热功率为3.0kW。

进料泵、回流泵：蠕动泵。

倒料泵：磁力泵，流量7L/min，扬程4m。

进料流量计：10～100mL/min。

回流流量计：25～250mL/min。

塔顶采出流量计：2.5～25mL/min。

冷却水流量计：1～11L/min。

压力表：0～10kPa。

温度传感器：Pt100，直径3mm。

五、实验步骤

1. 开车

（1）开启装置总电源、控制电源，打开触控一体机。

（2）打开原料罐加料阀 VA03，放空阀 VA08，将配好的原料液[约30%（体积分数）的乙醇水溶液]15L 左右加至原料罐 V02，分析出实际浓度。

注： 放空阀 VA08 在实验过程中需一直处于开启状态。

（3）打开塔釜加料阀 VA01，将配好的约10%（体积）的原料乙醇水溶液加至塔釜内，釜内液位要高于塔釜电加热同时低于塔釜出料口，塔釜加料完成后关闭 VA01。

注： 塔釜设置有液位保护，液位必须高于电加热，否则电加热无法启动，同时低于塔釜出料口。

（4）操作界面内启动制冷循环泵，打开循环水出口阀 VA16，在制冷循环泵面板上设置制冷循环泵 P04 制冷循环温度为 10℃，开启制冷循环泵 P04 循环功能，开启制冷循环泵 P04 制冷功能，调节冷却水流量计 FI03 至最大，流量约 7L/min（详见软件操作说明）。

（5）循环水浴参数设置好后，点击监控界面"塔釜加热器控制"设定功率百分比，点击"启动"，然后微调百分比，将功率调节至 1500～2000W 范围，可参考软件操作说明部分。

（6）塔釜液沸腾后，观察馏分器 V03 液位上升至中部时，全开 FI02 流量计旋钮，启动回流泵 P02，调节阀门 VA15 开度（设定好开度后在后续操作中不能关闭，需保持此阀门开度），使流量计读数达到 200mL/min，并保持 VA15 开度，然后微调回流流量计 FI02 旋钮，使回流流量与冷凝量保持一致，进行全回流操作。全回流流量的大小要确保馏分器内的液位高度保持不变。

注：VA15 为回流泵旁路开关，设定好开度后在后续操作中不能关闭，需保持此开度。

2. 进料稳定阶段

（1）当塔顶有回流后，维持全回流 5～10min。

（2）全回流操作稳定一定时间后，打开塔体进料阀门 VA10，原料罐罐底阀门 VA04，启动进料泵 P01，调节 VA07 开度，使进料流量计 FI04 能维持在 100mL/min，并保持阀门 VA07 开度（设定好开度后在后续操作中不能关闭，需保持此阀门开度），然后微调进料流量计 FI04，调节转子流量计 FI04 旋钮使进料流量稳定在 60mL/min。

（3）维持塔顶温度、塔底温度、馏分器液位不变后操作才算稳定。

注：进料位置根据原料液浓度进行选择，40%左右（体积）的原料乙醇水溶液使用 VA09 进料阀，30%左右（体积）的原料乙醇水溶液使用 VA10 进料阀，20%左右（体积）的原料乙醇水溶液使用 VA11 进料阀。

3. 部分回流

（1）调节塔顶采出流量计 FI01 进行部分回流操作，一般情况下回流比控制在 4～8 范围（此范围可根据自己实验情况来定）。

（2）待塔顶、塔釜温度稳定后，分别读取塔顶、塔釜、进料的温度，取样检测酒度，记录相关数据，塔顶使用 A01 取样阀取样、塔釜使用 A03 取样阀取样，塔釜样品需冷却至 40℃以下再使用酒度计检测。

（3）塔身上部设置有塔板取样口，当需测单板效率时，使用取样针在塔身上端预留的取样口抽取样品，样品使用气相色谱进行成分检测。

注：

① 乙醇-水体系可通过酒度比重计测得乙醇浓度，操作简单快捷，但精度较低，若要实现高精度的测量，需要使用气相色谱进行浓度分析。

② 酒度-温度换算表温度范围为 0～40℃，塔釜产品温度高，因此塔釜取样后需将样品冷却至 40℃以下后再使用酒度计检测。

4. 非正常操作（非正常操作种类，选做）

（1）回流比过小（塔顶采出量过大）引起的塔顶产品浓度降低。

（2）进料量过大，引起降液管液泛。

（3）塔釜压力过低，容易引起塔板漏液。

（4）塔釜压力过高，容易引起塔板过量雾沫夹带甚至液泛。

5. 停车

实验结束时，点击监控界面"进料泵"按钮，点击停止。关闭进料转子流量计 FI04，点击"塔釜加热器按钮"，点击停止，停止塔釜加热，参照软件操作说明部分。关闭采出转子流量计 FI01，维持全回流状态约 5min 后，点击监控界面"回流泵"按钮，点击停止，关闭回流转子流量计 FI02。待视盅内塔板上无气液时，在制冷循环泵操作面板上关闭电源，点击监控界面"制冷泵"按钮，停止制冷循环泵 P04，关闭冷却水转子流量计 FI03。关闭全部阀门，点击"退出系统"，触控一体机关机；关闭控制电源，关闭总电源。

注：

① 每组实验前应观察塔釜液位是否合适，液位过低或无液，电加热会烧坏。因为电加热是湿式，液体必须掩埋住电加热管才能启动电加热，否则，会烧坏电加热。

② 长期不用时，应将设备内水放净。在冬季室内温度达到冰点时，设备内严禁存水。

③ 严禁学生打开电柜，以免发生触电。

④ 制冷循环泵应在加热前打开，保证实验开始后有足够的冷源循环冷却。

六、数据记录

记录有关实验数据，用逐板计算法和作图法求得理论板数，完成表 2-22～表 2-24。

表 2-22　部分回流时，测定样品酒精温度 t 时的酒度 V_t、20℃酒度 V_{20} 及组成 x 数据表

塔顶产品				进料				塔釜产品			
t	V_t	V_{20}	x_D	t	V_t	V_{20}	x_F	t	V_t	V_{20}	x_W

表 2-23　部分回流时，色谱检测数据记录表

进料温度	进料浓度/x_F	塔顶温度	塔顶浓度/x_D	塔顶温度	塔底浓度/x_W	回流比

表 2-24　乙醇和水在常压的比热容 C_p 与温度关系

温度	0℃	10℃	20℃	30℃	40℃	50℃	60℃	70℃	80℃	90℃	100℃
乙醇/[kJ/（kg·K）]	2.265	2.332	2.403	2.483	2.575	无	2.784	无	3.023		
水/[kJ/（kg·K）]	4.216	4.191	4.183	4.178	4.178	4.178	4.183	4.187	4.195	4.204	4.212

七、实验报告数据处理与讨论

（1）将实验数据和数据整理结果列在数据表格中，并以其中一组数据为例写出计算过程。

（2）计算精馏段、提馏段以及 q 线方程，通过绘图法求得理论板数。

（3）对实验结果进行讨论[包括实验中异常现象发生的原因；实验结果（包括整理后的

数据、画的图等）与讲义中理论值产生误差的原因；本实验应如何改进等]。

八、软件操作说明

（1）开始实验时，首先双击力控软件图标启动软件，软件启动后自动进入装置自检。

（2）待自检完成后，点击"进入"按钮，进入软件操作界面（图2-26）。

图2-26　筛板精馏实验软件操作界面

（3）实验开始前，首先点击监控界面"制冷循环泵控制"按钮，然后弹出如下图框（图2-27）。

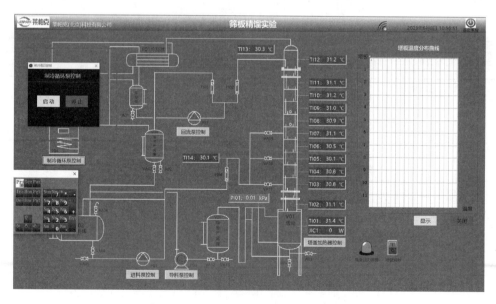

图2-27　"制冷循环泵控制"启动界面

图框中点击"启动"启动制冷循环泵，然后在制冷循环泵面板上设置制冷循环泵P04制冷循环温度为10℃，开启制冷循环泵P04循环功能，开启制冷循环泵P04制冷功能，最后在装置上调节制冷流量计流量。

（4）实验开始后点击"塔釜加热器控制"后弹出如下图框（图2-28）。

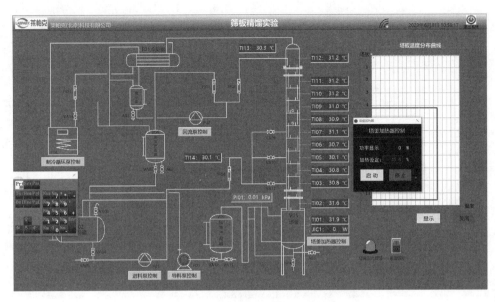

图2-28　"塔釜加热器控制"启动界面

图框中点击设定功率百分比，点击启动，然后微调百分比，将功率调节至1500～2000W范围。

（5）实验全回流开始后，需要启动回流泵，点击软件界面"回流泵控制"，然后弹出如下图框（图2-29）。

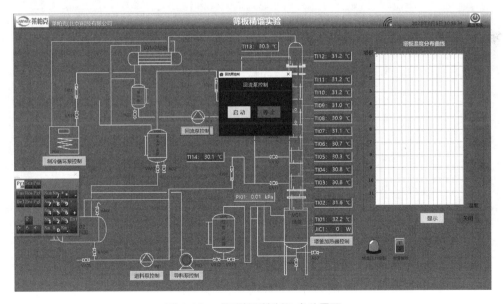

图2-29　"回流泵控制"启动界面

图框点击"启动"，根据实验需要调节回流流量计FI02具体示数。

（6）连续操作过程需要进料时，点击软件界面"进料泵控制"，弹出如下图框（图

2-30）。

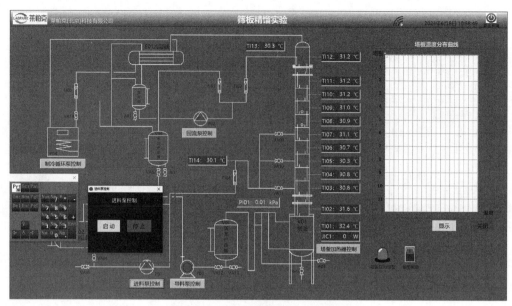

图 2-30　"进料泵控制"启动界面

图框中点击"启动"，根据实验需要调节进料流量计 FI04 具体示数。

（7）导料泵是实验结束后导料用，需要用导料泵时，点击软件界面"导料泵控制"，在弹出的图框中点击"启动"，导料泵即开始运行，见图 2-31。

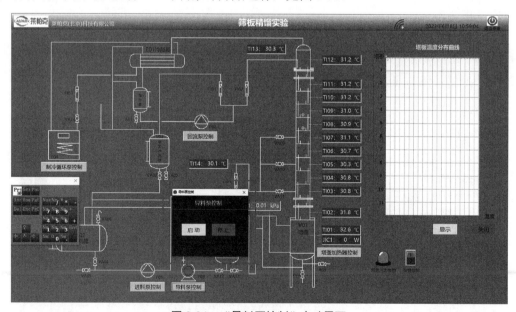

图 2-31　"导料泵控制"启动界面

实验结束后，分别点选"塔釜加热器控制""回流泵控制""进料泵控制"及"制冷循环泵控制"，在弹出的图框中分别点击"停止"，最后点击软件界面右上角"退出系统"即可关闭操作软件，然后一体机关机，关闭设备控制电源、总电源。

九、思考题

1. 讨论质量传递和热量传递在精馏过程中的作用，并分析塔内温度和浓度分布对传递过程的影响。

2. 讨论塔的设计参数（如塔径、塔高、塔板间距等）对操作效率的影响，并描述如何通过实验数据来优化塔的设计。

3. 在进行筛板精馏实验时需要注意哪些安全措施？描述如何处理实验中可能出现的紧急情况。

4. 测定全回流和部分回流总板效率（或等板高度）与单板效率时各需测几个参数？取样位置在何处？

5. 全回流时测得板式塔上第 n、$n-1$ 层液相组成，如何求得 x_n^*？部分回流时，又如何求 x_n^*？

6. 在全回流时，测得板式塔上第 n、$n-1$ 层液相组成后，能否求出第 n 层塔板上的以气相组成变化表示的单板效率？

实验五　板框恒压过滤实验

一、实验目的

1. 熟悉板框压滤机的构造和操作方法。
2. 通过恒压过滤实验，验证过滤基本理论。
3. 学会测定过滤常数 K、q_e、τ_e 及压缩性指数 s 的方法。
4. 了解过滤压力对过滤速率的影响。

二、实验预习要求

将以下问题回答书写于预习报告中，实验上课前上交指导教师，并由教师随机提问检查预习情况，合格后方可进行实验。

1. 结合过滤内容，理解实验原理，将实验中已知参数（由测量仪器读出或查表获得）和未知参数（由公式计算获得）书写于预习报告中。

2. 了解实验装置的流程、设备、仪表和操作方法，列出实验中的主要测量仪表及控制阀门。

3. 以一个样品为例，写明实验步骤的注意事项。

三、实验原理

过滤是以某种多孔物质为介质来处理悬浮液以达到固、液分离的一种操作过程，即在外力的作用下，悬浮液中的液体通过固体颗粒层（即滤渣层）及多孔介质的孔道而固体颗粒被截留下来形成滤渣层，从而实现固、液分离。因此，过滤操作本质上是流体通过固体颗粒层的流动，而这个固体颗粒层（滤渣层）的厚度随着过滤的进行而不断增加，故在恒压过滤操作中，过滤速率不断降低。

过滤速率 u 定义为单位时间、单位过滤面积内通过过滤介质的滤液量。影响过滤速率的主要因素除过滤推动力（压强差）Δp、滤饼厚度 L 外，还有滤饼和悬浮液的性质、悬浮液温度、过滤介质的阻力等。

过滤时滤液流过滤渣和过滤介质的流动过程基本上处在层流流动范围内，因此，可利用流体通过固定床压降的简化模型，寻求滤液量与时间的关系，可得过滤速率计算式：

$$u = \frac{dV}{Ad\tau} = \frac{dq}{d\tau} = \frac{A\Delta p^{1-s}}{\mu rC(V+V_e)} = \frac{A\Delta p^{1-s}}{\mu r'C'(V+V_e)} \tag{2-66}$$

式中　u ——过滤速率，m/s；

$\quad$ V ——通过过滤介质的滤液量，m^3；

$\quad$ A ——过滤面积，m^2；

$\quad$ τ ——过滤时间，s；

$\quad$ q ——通过单位面积过滤介质的滤液量，m^3/m^2；

$\quad$ Δp ——过滤压力（表压），Pa；

$\quad$ s ——滤渣压缩性系数；

$\quad$ μ ——滤液的黏度，Pa·s；

$\quad$ r ——滤渣比阻，$1/m^2$；

$\quad$ C ——单位滤液体积的滤渣体积，m^3/m^3；

$\quad$ V_e ——过滤介质的当量滤液体积，m^3；

$\quad$ r' ——滤渣比阻，m/kg；

$\quad$ C' ——单位滤液体积的滤渣质量，kg/m^3。

对于一定的悬浮液，在恒温和恒压下过滤时，μ、r、C 和 Δp 都恒定，为此令：

$$K = \frac{2\Delta p^{(1-s)}}{\mu rC} \tag{2-67}$$

于是式（2-66）可改写为：

$$\frac{dV}{d\tau} = \frac{KA^2}{2(V+V_e)} \tag{2-68}$$

式中　K——过滤常数，由物料特性及过滤压差所决定，m^2/s。

将式（2-68）分离变量积分，整理得：

$$\int_{V_e}^{V+V_e}(V+V_e)d(V+V_e) = \frac{1}{2}KA^2\int_0^\tau d\tau \tag{2-69}$$

即　　　　　　　　　　　$$V^2 + 2VV_e = KA^2\tau \tag{2-70}$$

将式（2-69）的积分极限改为从 0 到 V_e 和从 0 到 τ_e 积分，则：

$$V_e^2 = KA^2\tau_e \tag{2-71}$$

将式（2-70）和式（2-71）相加，可得：

$$(V+V_e)^2 = KA^2(\tau+\tau_e) \tag{2-72}$$

式中　τ_e——虚拟过滤时间，相当于滤出滤液量 V_e 所需时间，s。

再将式（2-72）微分，写成差分形式，则

$$\frac{\Delta\tau}{\Delta q} = \frac{2}{K}\bar{q} + \frac{2}{K}q_e \tag{2-73}$$

式中　Δq——每次测定的单位过滤面积滤液体积（在实验中一般等量分配），m^3/m^2；

$\Delta\tau$——每次测定的滤液体积 Δq 所对应的时间，s；

$\bar{q}$——相邻两个 q 值的平均值，m^3/m^2。

以 $\Delta\tau/\Delta q$ 为纵坐标，$\bar{q}$ 为横坐标将式（2-73）标绘成一直线，可得该直线的斜率和截距，令斜率为 S，截距为 I，则分别可以求出过滤常数 K、q_e 和 τ_e，其中 $K=2/S$，m^2/s；$q_e = KI/2 = I/S$，m^3；$\tau_e = q_e^2/K = I^2/(KS^2)$，s。

改变过滤压差 Δp，可测得不同的 K 值，由 K 的定义式（2-67）两边取对数得：

$$\lg K = (1-s)\lg(\Delta p) + B \tag{2-74}$$

在实验压差范围内，若 B 为常数，则 $\lg K$-$\lg(\Delta p)$ 的关系在直角坐标上应是一条直线，斜率为（$1-s$），可得滤饼压缩性系数 s。

四、实验流程与装置

本实验装置由空气压缩机、配料罐、压力料槽、板框压滤机等组成，其流程示意如图 2-32 所示。

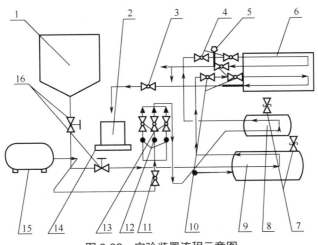

图 2-32　实验装置流程示意图

1—配料罐；2—清水罐；3—滤液出口阀；4—反清洗液进口阀；5—压力变送器；6—板框压滤机；7—安全阀；8—反清洗罐；9—压力料槽；10—滤液进口阀；11—空气进口阀；12—电磁阀；13—球阀；14—电子天平；15—空气压缩机；16—料液进口阀

$CaCO_3$ 的悬浮液在配料罐内配制一定浓度后，利用压差送入压力料槽中，用压缩空气加以搅拌使 $CaCO_3$ 不致沉降，同时利用压缩空气的压力将滤浆送入板框压滤机过滤，滤液流

入量筒计量，压缩空气从压力料槽上的排空管排出。

板框压滤机的结构尺寸：框厚度 20mm，每个框过滤面积 $0.0127m^2$，框数 2 个。

空气压缩机规格型号：风量 $0.06m^3/min$，最大气压 0.8MPa。

五、实验步骤

1. 实验准备

（1）配料：在配料罐内配制含 $CaCO_3$10%～30%（质量分数）的水悬浮液，碳酸钙事先由天平称重，水位高度按标尺示意，筒身直径 350mm。配制时，应将配料罐底部阀门关闭。

（2）搅拌：开启空压机，将压缩空气通入配料罐（空压机的出口小球阀保持半开，进入配料罐的两个阀门保持适当开度），使 $CaCO_3$ 悬浮液搅拌均匀。搅拌时，应将配料罐的顶盖合上。

（3）设定压力：分别打开进压力料槽的三路阀门，空压机过来的压缩空气经各定值调节阀分别设定为 0.1MPa、0.2MPa 和 0.3MPa（出厂已设定，每个间隔压力大于 0.05MPa。若欲作 0.3MPa 以上压力过滤，需调节压力料槽安全阀）。设定定值调节阀时，压力罐泄压阀可略开。

（4）装板框：正确装好滤板、滤框及滤布。滤布使用前用水浸湿，滤布要绷紧，不能起皱。滤布紧贴滤板，密封垫贴紧滤布。

注意：用螺旋压紧时，千万不要把手指压伤，先慢慢转动手轮使板框合上，然后再压紧。

（5）灌清水：向清水罐通入自来水，液面达视镜 2/3 高度左右。灌清水时，应将安全阀处的泄压阀打开。

（6）灌料：在压力罐泄压阀打开的情况下，打开配料罐和压力料槽间的进料阀门，使料浆自动由配料罐流入压力罐至其视镜 1/2～2/3 处，关闭进料阀门。

2. 过滤过程

（1）鼓泡：通压缩空气至压力料槽，使容器内料浆不断搅拌。压力料槽的排气阀应不断排气，但又不能喷浆。

（2）过滤：将中间双面板下通孔切换阀开到通孔通路状态。打开进板框前料液进口的两个阀门，打开出板框后清液出口球阀。此时，压力表指示过滤压力，清液出口流出滤液。

（3）对于数字型，实验应在滤液从汇集管刚流出的时候作为开始时刻，每收集 800mL 左右滤液时采集一下数据，记录相应的过滤时间 $\Delta\tau$。每个压力下，测量 8～10 个读数即可停止实验。若欲得到干而厚的滤饼，则应每个压力下做到没有清液流出为止。

（4）量筒交换接滤液时不要流失滤液，等量筒内滤液静止后读出 ΔV 值。

注意：ΔV 约 800mL 时替换量筒，这时量筒内滤液量并非正好 800mL。要事先熟悉量筒刻度，不要打碎量筒。此外，要熟练双秒表轮流读数的方法；对于数字型，由于滤液已基本澄清，故可视作密度等同于水，则可以用带通信的电子天平读取对应计算机计时器下的瞬时重量的方法来确定过滤速率。

（5）每次滤液及滤饼均收集在小桶内，滤饼弄细后重新倒入料浆桶内搅拌配料，进入下一个压力实验。注意若清水罐水不足，可补充一定水源，补水时仍应打开该罐的泄压阀。

3. 清洗过程

（1）关闭板框过滤机的进出阀门；将中间双面板下通孔切换阀开到通孔关闭状态。

（2）打开清洗液进入板框的进出口阀门（板框前两个进口阀，板框后一个出口阀）。此时，压力表指示清洗压力，清液出口流出清洗液。清洗液流出速率比同压力下过滤速率小很多。

（3）清洗液流动约 1min，可观察浑浊变化判断是否结束实验。一般物料可不进行清洗过程。结束清洗过程，也是关闭清洗液进出板框的阀门，关闭定值调节阀后的进气阀门。

4. 实验结束

（1）先关闭空压机出口球阀，关闭空压机电源。

（2）打开安全阀处泄压阀，使压力罐和清水罐泄压。

（3）冲洗滤框、滤板，滤布不要折，应当用刷子刷洗。

（4）将压力罐内物料反压到配料罐内以备下次实验使用，或将该两罐物料直接排空后用清水冲洗。

六、数据记录

一定条件下，过滤常数测定的原始数据见表 2-25。

表 2-25　过滤常数测定实验数据

液温=_____　　　　压力=_____　　　　滤浆浓度=_____

序号	H /mm	Δh /mm	$\Delta \tau$ /s	ΔV /L	Δq /(L/m²)	q /(L/m²)	$\Delta \tau / \Delta q$ /(L·s/m²)	备注
1								
2								
...								

七、实验报告数据处理与讨论

1. 将实验数据和数据整理结果列在数据表格中，并以其中一组数据为例写出计算过程。

2. 作出一定条件下 $\Delta \tau / \Delta q$ 与 q 的关系图，从图中得到其斜率和截距，计算出过滤常数 K 和虚拟滤液流量 q_e。

3. 分析不同条件（压力、温度、浓度、助滤剂等）可能对过滤过程带来的影响（本实验建议只探究压力影响），在条件许可情况下应做正交实验。

八、思考题

1. 板框压滤机的优缺点是什么？适用于什么场合？

2. 板框压滤机的操作分哪几个阶段？

3. 为什么过滤开始时，滤液常常有点浑浊，而过段时间后才变清？

4. 影响过滤速率的主要因素有哪些？你在某一恒压下所测得的 K、q_e、τ_e 值，若将过滤压强提高一倍，问上述三个值将有何变化？

实验六　转盘萃取塔实验

一、实验目的

1. 了解转盘萃取塔的基本结构、操作方法及萃取的工艺流程。
2. 观察转盘转速变化时，萃取塔内轻、重两相流动状况，了解萃取操作的主要影响因素，研究萃取操作条件对萃取过程的影响。
3. 掌握每米萃取高度的传质单元数 N_{OR}、传质单元高度 H_{OR} 和萃取率 η 的实验测法。

二、实验预习要求

将以下问题回答书写于预习报告中，实验上课前上交指导教师，并由教师随机提问检查预习情况，合格后方可进行实验。

1. 结合萃取内容，理解实验原理，将实验中已知参数（由测量仪器读出或查表获得）和未知参数（由公式计算获得）书写于预习报告中。
2. 了解实验装置的流程、设备、仪表和操作方法，列出实验中的主要测量仪表。

三、实验原理

萃取是分离和提纯物质的重要单元操作之一，是利用混合物中各个组分在外加溶剂中的溶解度的差异而实现组分分离的单元操作。使用转盘塔进行液-液萃取操作时，两种液体在塔内作逆流流动，其中一相液体作为分散相，以液滴形式通过另一种连续相液体，两种液相的浓度则在设备内作微分式的连续变化，并依靠密度差在塔的两端实现两液相间的分离。当轻相作为分散相时，相界面出现在塔的上端；反之，当重相作为分散相时，则相界面出现在塔的下端。

1. 传质单元法的计算

计算微分逆流萃取塔的塔高时，主要是采取传质单元法。即以传质单元数和传质单元高度来表征，传质单元数表示过程分离程度的难易，传质单元高度表示设备传质性能的好坏。

$$H = H_{OR} N_{OR} \tag{2-75}$$

式中　H——萃取塔的有效接触高度，m；
　　　H_{OR}——以萃余相为基准的总传质单元高度，m；
　　　N_{OR}——以萃余相为基准的总传质单元数，无量纲。
　　　按定义，N_{OR} 计算式为

$$N_{OR} = \int_{x_R}^{x_F} \frac{dx}{x - x^*} \tag{2-76}$$

式中　x_F——原料液的质量组成，kg A/kg S；
　　　x_R——萃余相的质量组成，kg A/kg S；

x——塔内某截面处萃余相的组成，kg A/kg S；

x^*——塔内某截面处与萃取相平衡时的萃余相组成，kg A/kg S。

当萃余相浓度较低时，平衡曲线可近似为过原点的直线，操作线也可简化为直线处理，如图 2-33 所示。

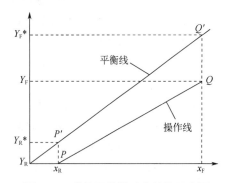

图 2-33 萃取平均推动力计算示意图

则积分式（2-76）得

$$N_{OR} = \frac{x_F - x_R}{\Delta x_m} \qquad (2-77)$$

其中，Δx_m 为传质过程的平均推动力，在操作线、平衡线作直线近似的条件下为

$$\Delta x_m = \frac{(x_F - x^*) - (x_R - 0)}{\ln \dfrac{(x_F - x^*)}{(x_R - 0)}} = \frac{(x_F - y_E / k) - x_R}{\ln \dfrac{(x_F - y_E / k)}{x_R}} \qquad (2-78)$$

式中 k——分配系数，对于本实验的煤油苯甲酸相-水相，$k = 2.26$；

y_E——萃取相的组成，kg A/kg S。

对于 x_F、x_R 和 y_E，分别在实验中通过取样滴定分析而得，y_E 也可通过如下的物料衡算而得

$$F + S = E + R \qquad (2-79)$$

$$Fx_F + S \times 0 = Ey_E + Rx_R \qquad (2-80)$$

式中 F——原料液流量，kg/h；

S——萃取剂流量，kg/h；

E——萃取相流量，kg/h；

R——萃余相流量，kg/h。

对稀溶液的萃取过程，因为 $F = R, S = E$，所以有

$$y_E = \frac{F}{S}(x_F - x_R) \qquad (2-81)$$

本实验中，取 $F / S = 1/1$（质量流量比），则式（2-81）简化为

$$y_E = x_F - x_R \qquad (2-82)$$

2. 萃取率的计算

萃取率 η 为被萃取剂萃取的组分 A 的量与原料液中组分 A 的量之比。

$$\eta = \frac{Fx_F - Rx_R}{Fx_F} \qquad (2-83)$$

对稀溶液的萃取过程，因为 $F = R$，所以有

$$\eta = \frac{x_F - x_R}{x_F} \qquad (2-84)$$

3. 组成浓度的测定

对于煤油苯甲酸相—水相体系，采用酸碱中和滴定的方法测定进料液组成 x_F、萃余液组成 x_R 和萃取液组成 y_E，即苯甲酸的质量分数，具体步骤如下：

（1）用移液管量取待测样品 25mL，加 1～2 滴溴百里酚蓝指示剂；

（2）用 KOH-CH$_3$OH 溶液滴定至终点，则所测浓度为

$$x = \frac{c\Delta V \times 122}{25 \times 0.8} \tag{2-85}$$

式中　c——KOH-CH$_3$OH 溶液的摩尔浓度，mol/mL；

　　　ΔV——滴定用去的 KOH-CH$_3$OH 溶液量，mL。

此外，苯甲酸的分子量为 122 g/mol，煤油密度为 0.8g/mL，样品量为 25mL。

（3）萃取相组成 y_E 也可按式（2-85）计算得到。

四、实验流程与装置

实验流程见图 2-34，本装置操作时应先在塔内灌满连续相——水，然后开启分散相——煤油（含有饱和苯甲酸），待分散相在塔顶凝聚一定厚度的液层后，通过连续相的∏管闸阀调节两相的界面于一定高度，对于本装置采用的实验物料体系，凝聚是在塔的上端进行（塔的下端也设有凝聚段）。本装置外加能量的输入，可通过直流调速器来调节中心轴的转速。

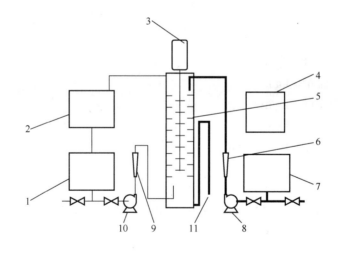

图 2-34　萃取流程示意图

1—轻相槽；2—萃余相（回收槽）；3—电机搅拌系统；4—电器控制箱；5—萃取塔；
6—水流量计；7—重相槽；8—水泵；9—煤油流量计；10—煤油泵；11—萃取相导出

五、实验步骤

（1）将煤油配制成含苯甲酸的混合物（配制成饱和或近饱和），然后把它灌入轻相槽内。注意：勿直接在槽内配制饱和溶液，防止固体颗粒堵塞煤油输送泵的入口。

（2）接通水管，将水灌入重相槽内，用磁力泵将它送入萃取塔内。注意：磁力泵切不可

空载运行。

（3）通过调节转速来控制外加能量的大小，在操作时转速逐步加大，中间会跨越一个临界转速（共振点），一般实验转速可取 500r/min。

（4）水在萃取塔内搅拌流动，连续运行 5min 后，开启分散相——煤油管路，调节两相的体积流量一般在 20~40L/h 范围内，根据实验要求将两相的质量流量比调为 1:1。

注：在进行数据计算时，对煤油转子流量计测得的数据要校正，即煤油的实际流量应为 $V_{校} = \sqrt{\dfrac{1000}{800}} V_{测}$，其中 $V_{测}$ 为煤油流量计上的显示值。

（5）待分散相在塔顶凝聚一定厚度的液层后，再通过连续相出口管路中 Π 形管上的阀门开度来调节两相界面高度，操作中应维持上集液板中两相界面的恒定。

（6）通过改变转速来分别测取效率 η 或 H_{OR} 从而判断外加能量对萃取过程的影响。

（7）取样分析。采用酸碱中和滴定的方法测定进料液组成 x_F、萃余液组成 x_R 和萃取液组成 y_E，即苯甲酸的质量分率，具体步骤如下。

① 用移液管量取待测样品 25mL，加 1~2 滴溴百里酚蓝指示剂；

② 用 KOH-CH$_3$OH 溶液滴定至终点，则所测浓度为按照式（2-85）计算；

③ 萃取相组成 y_E 也可按式（2-85）计算得到。

六、数据记录

1. 原始数据

以煤油为分散相，水为连续相，进行萃取过程的操作。测定不同转速下的萃取效率、传质单元高度，原始数据记录见表 2-26。

表 2-26　萃取实验数据记录

氢氧化钾的摩尔浓度 c_{KOH} = _____mol/mL

序号	原料 F/（L/h）	溶剂 S/（L/h）	转速 n	F（ΔV_F）/mL（KOH）	R（ΔV_R）/mL（KOH）	S（ΔV_s）/mL（KOH）
1						
2						
3						
...						

2. 数据处理

数据处理结果见表 2-27。

表 2-27　萃取实验数据处理

序号	转速 n	萃余相浓度 x_R	萃取相浓度 y_E	平均推动力 Δx_m	传质单元数 N_{OR}	传质单元高度 H_{OR}	效率 η
1							
2							
3							
...							

七、实验报告数据处理与讨论

1. 将实验数据和数据整理结果列在数据表格中，求出传质单元数 N_{OR}（图解积分），按萃取相计算的传质单元高度 H_{OR} 和按萃取相计算的体积总传质系数，并以其中一组数据为例写出计算过程。

2. 对实验结果进行讨论[可包括实验中异常现象发生的原因；你做出来的结果（包括整理后的数据、画的图等）与讲义中理论值产生误差的原因；本实验应如何改进等]。

八、思考题

1. 萃取塔在开启时，应注意哪些问题？
2. 液液萃取设备与气液传质设备有何区别？
3. 什么是萃取塔的液泛？在操作时，液泛速率是怎样确定的？
4. 对液-液萃取过程来说，是否外加能量越大越有利？
5. 萃取过程适宜分离哪些体系？

实验七　流化床干燥器的操作及其干燥速率曲线的测定

一、实验目的

1. 了解流化床干燥装置的基本结构、工艺流程和操作方法。
2. 学习测定物料在恒定干燥条件下干燥特性的实验方法。
3. 掌握根据实验干燥曲线求取干燥速率曲线以及恒速阶段干燥速率、临界含水量、平衡含水量的实验分析方法。
4. 实验研究干燥条件对于干燥过程特性的影响。

二、实验预习要求

将以下问题回答书写于预习报告中，实验上课前上交指导教师，并由教师随机提问检查预习情况，合格后方可进行实验。

1. 结合干燥内容，理解实验原理，将实验中已知参数（由测量仪器读出或查表获得）和未知参数（由公式计算获得）书写于预习报告中。

2. 了解实验装置的流程、设备、仪表和操作方法，列出实验中的主要测量仪表及控制阀门。

三、实验原理

在设计干燥器的尺寸或确定干燥器的生产能力时，被干燥物料在给定干燥条件下的干燥速率、临界湿含量和平衡湿含量等干燥特性数据是最基本的技术依据参数。由于实际生产中被干燥物料的性质千变万化，因此对于大多数具体的被干燥物料而言，其干燥特性数据常常需要通过实验测定而取得。

按干燥过程中空气状态参数是否变化，可将干燥过程分为恒定干燥条件操作和非恒定干燥条件操作两大类。若用大量空气干燥少量物料，则可以认为湿空气在干燥过程中温度、湿度均不变，再加上气流速度以及气流与物料的接触方式不变，则称这种操作为恒定干燥条件下的干燥操作。

1.干燥速率的定义

干燥速率定义为单位干燥面积（提供湿分汽化的面积）、单位时间内所除去的湿分质量，即

$$U = \frac{\mathrm{d}W}{A\mathrm{d}\tau} = -\frac{G_C\mathrm{d}X}{A\mathrm{d}\tau} \qquad (2\text{-}86)$$

式中　U——干燥速率，又称干燥通量，$kg/(m^2 \cdot s)$；

　　　A——干燥表面积，m^2；

　　　W——汽化的湿分量，kg；

　　　τ——干燥时间，s；

　　　G_C——绝干物料的质量，kg；

　　　X——物料湿含量，kg 湿分/kg 干物料。

2.干燥速率的测定方法

方法一

（1）将电子天平开启，待用。

（2）将快速水分测定仪开启，待用。

（3）准备 0.5～1kg 的湿物料，待用。

（4）开启风机，调节风量至 40～60m^3/h，打开加热器加热。待热风温度恒定后（通常可设定在 70～80℃），将湿物料加入流化床中，开始计时，每过 4min 取出 10g 左右的物料，同时读取床层温度。将取出的湿物料放在快速水分测定仪中测定，得初始质量 G_i 和终了质量 G_{iC}。则物料中瞬间含水率 X_i 为：

$$X_i = \frac{G_i - G_{iC}}{G_{iC}} \qquad (2\text{-}87)$$

方法二（数字化实验设备可用此法）

利用床层的压降来测定干燥过程的失水量。

（1）准备 0.5～1kg 的湿物料，待用。

（2）开启风机，调节风量至 40～60m^3/h，打开加热器加热。待热风温度恒定后（通常可设定在 70～80℃），将湿物料加入流化床中，开始计时，此时床层的压差将随时间的变化而减小，实验至床层压差（Δp_e）恒定为止。则物料中瞬间含水率 X_i 为：

$$X_i = \frac{\Delta p - \Delta p_e}{\Delta p_e} \qquad (2\text{-}88)$$

式中　Δp——时刻 τ 时床层的压差。

计算出每一时刻的瞬间含水率 X_i，然后将 X_i 对干燥时间 τ_i 作图，如图 2-35 所示，即

为干燥曲线。

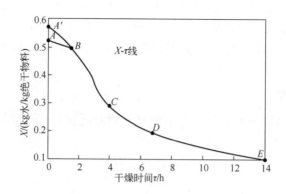

图 2-35　恒定干燥条件下的干燥曲线

上述干燥曲线还可以变换得到干燥速率曲线。由已测得的干燥曲线求出不同 X_i 下的斜率 $\dfrac{\mathrm{d}X_i}{\mathrm{d}\tau_i}$，再由式（2-86）计算得到干燥速率 U，将 U 对 X 作图，就是干燥速率曲线，如图 2-36 所示。

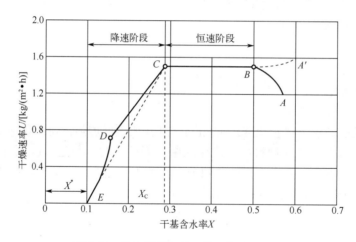

图 2-36　恒定干燥条件下的干燥速率曲线

将床层的温度对时间作图，可得床层的温度与干燥时间的关系曲线。

3. 干燥过程分析

预热段　见图 2-35、图 2-36 中的 *AB* 段或 *A'B* 段。物料在预热段中，含水率略有下降，温度则升至湿球温度 t_W，干燥速率可能呈上升趋势变化，也可能呈下降趋势变化。预热段经历的时间很短，通常在干燥计算中忽略不计，有些干燥过程甚至没有预热段。

恒速干燥阶段　见图 2-35、图 2-36 中的 *BC* 段。该段物料水分不断汽化，含水率不断下降。但由于这一阶段去除的是物料表面附着的非结合水分，水分去除的机理与纯水的相同，故在恒定干燥条件下，物料表面始终保持为湿球温度 t_W，传质推动力保持不变，因而干燥速率也不变。于是，在图 2-36 中，*BC* 段为水平线。

只要物料表面保持足够湿润，物料的干燥过程中总处于恒速阶段。而该阶段的干燥速率大小取决于物料表面水分的汽化速率，亦即取决于物料外部的空气干燥条件，故该阶段又称为表面汽化控制阶段。

降速干燥阶段　随着干燥过程的进行，物料内部水分移动到表面的速度低于表面水分的汽化速率，物料表面局部出现"干区"，尽管这时物料其余表面的平衡蒸气压仍与纯水的饱和蒸气压相同，但以物料全部外表面计算的干燥速率因"干区"的出现而降低，此时物料中的含水率称为临界含水率，用 X_c 表示，对应图 2-36 中的 C 点，称为临界点。过 C 点以后，干燥速率逐渐降低至 D 点，C 至 D 阶段称为降速第一阶段。

干燥到点 D 时，物料全部表面都成为干区，汽化面逐渐向物料内部移动，汽化所需的热量必须通过已被干燥的固体层才能传递到汽化面；从物料中汽化的水分也必须通过这一干燥层才能传递到空气主流中。干燥速率因热、质传递的途径加长而下降。此外，在点 D 以后，物料中的非结合水分已被除尽。接下来所汽化的是各种形式的结合水，因而平衡蒸气压将逐渐下降，传质推动力减小，干燥速率也随之快速降低，直至到达点 E 时，速率降为零。这一阶段称为降速第二阶段。

降速阶段干燥速率曲线的形状随物料内部的结构而异，不一定都呈现前面所述的曲线 CDE 形状。对于某些多孔性物料，可能降速两个阶段的界限不是很明显，曲线好像只有 CD 段；对于某些无孔性吸水物料，汽化只在表面进行，干燥速率取决于固体内部水分的扩散速率，故降速阶段只有类似 DE 段的曲线。

与恒速阶段相比，降速阶段从物料中除去的水分量相对少许多，但所需的干燥时间却长得多。总之，降速阶段的干燥速率取决于物料本身结构、形状和尺寸，而与干燥介质状况关系不大，故降速阶段又称物料内部迁移控制阶段。

四、实验流程与装置

1. 实验流程

本装置流程如图 2-37 所示。

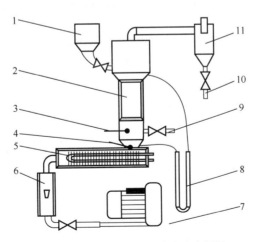

图 2-37　流化床干燥实验装置流程图

1—加料斗；2—床层（可视部分）；3—床层测温点；4—进口测温点；5—加热器；6—转子流量计；
7—风机；8—U 型压差计；9—取样口；10—排灰口；11—旋风分离器

2. 主要设备及仪器

（1）鼓风机：BYF7122，370W；

（2）电加热器：额定功率2.0kW；

（3）干燥室：ϕ100mm×750mm；

（4）干燥物料：耐水硅胶；

（5）床层压差：SP0014型差压传感器，或U型压差计。

五、实验步骤

1. 实验步骤

（1）开启风机。

（2）打开仪表控制柜电源开关，加热器通电加热，床层进口温度要求恒定在70～80℃。

（3）将准备好的耐水硅胶/绿豆加入流化床进行实验。

（4）每隔4min取样5～10g分析或由差压传感器记录床层压差，同时记录床层温度。

（5）待干燥物料恒重或床层压差一定时，即为实验终了，关闭仪表电源。

（6）关闭加热电源。

（7）关闭风机，切断总电源，清理实验设备。

2. 注意事项

必须先开风机，后开加热器，否则加热管可能会被烧坏，破坏实验装置。

六、数据记录

流化床干燥实验数据记录见表2-28。

已知塔径：140mm，床层高度：160mm，烘箱温度：120.00℃，物料：变色硅胶，物料尺寸：45目，空气相对湿度：84.00%，空气流量：15.00m³/h，室温：20℃。

表2-28　流化床干燥实验数据记录

序号	时间间隔/min	床层温度/℃	床层压差/Pa	空气进口温度/℃	空气出口温度/℃
1					
2					
...					

七、实验报告数据处理与讨论

1. 将实验数据和数据整理结果列在数据记录表格中，并以其中一组数据为例写出计算过程。

2. 根据在一定干燥条件下测得的实验数据，标绘出干燥曲线。

3. 由干燥曲线标绘干燥速率曲线。

4. 对实验结果进行讨论[可包括实验中异常现象发生的原因；你做出来的结果（包括整理后的数据、画的图等）与讲义中理论值产生误差的原因；本实验应如何改进等]。

八、思考题

1.什么是恒定干燥条件？本实验装置中采用了哪些措施来保持干燥过程在恒定干燥条件下进行？

2.控制恒速干燥阶段速率的因素是什么？控制降速干燥阶段干燥速率的因素又是什么？

3.为什么要先启动气泵，再启动加热器？实验过程中干、湿球温度计或者流化床床层温度是否有变化？为什么？如何判断实验已经结束？

4.若提高热空气流量，干燥速率曲线有何变化？恒速干燥速率、临界湿含量又如何变化？为什么？

第三章
化工单元操作 3D 仿真实训

一、总体介绍

1. 仿真软件的工业背景

虚拟现实技术是近年来出现的高新技术，是利用电脑模拟产生一个三维空间的虚拟世界，为使用者提供关于视觉、听觉等感官的模拟，让使用者如同身临其境一般，可以及时、不加限制地观察三维空间内的事物。

虚拟现实技术的引入，将显著革新企业和学校在员工及学生培训方面的理念与手段，使之更契合社会发展需求。该技术创造了"自主学习"的环境，推动学习方式从传统的"以教促学"模式向通过与信息环境交互主动获取知识、技能的新模式转变。

目前，虚拟现实已经被世界上越来越多的大型企业、学校广泛地应用于职业教学培训，它在提高培训效率、增强员工及学生的分析与处理能力、减少决策失误、降低机构风险等方面发挥着重要作用。利用虚拟现实技术构建的虚拟实训基地，其"设备"与"部件"多是虚拟的，可按需动态创建新的装置。培训内容可随时更新，确保实践训练紧跟技术发展步伐。同时，虚拟现实的强交互性使学员能在虚拟环境中扮演特定角色，全身心投入学习过程，极大促进技能训练。由于虚拟训练系统完全规避了真实操作风险，学员可反复练习直至熟练掌握操作技能为止。

化工单元 CSTS 虚拟现实 3D 仿真软件（新工科版）经过以真实的石油、化工装置为原型重新优化设计，包括 3D 虚拟现场和中控的 DCS 操作界面，模拟真实工艺流程和工厂环境，再现工厂运行的各个生产环节。

2. 仿真软件的设计理念

本软件能让学员真实地感受现代石油、化工的工厂运行环境和生产运行的各个环节，建立现代化工厂的概念和掌握石油、化工行业的基本技能。同时，为更紧密结合新工科建设的理念，软件实现了多专业融合，覆盖化工工艺、安全、设备、经济等专业的概念；也为更加突出化工类专业本科教学大纲的特点，弱化操作过程，强化对化工原理的理解和掌握，重点考查学员利用化工原理分析问题和解决问题的能力。

二、各部分介绍

本软件包含安全意识培训、工业技术能力培训、单元操作实验培训三部分。

1. 安全意识培训

（1）任务目的　让学员了解石油化工工厂基本安全规范和技术要求，培养学员的安全意识。

（2）任务内容　包括练习和考核两部分，首先对 3D 仿真工厂中的 10 处一直高亮闪烁的不符合安全规范和要求的部位进行学习，再进行考核，找出 5 处不符合安全规范和要求的部位，见图 3-1、图 3-2。

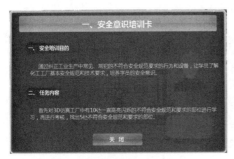

图 3-1　安全意识培训卡　　　　　　　图 3-2　安全培训仿真界面

2. 工业技术能力培训

本模块主要包括装置投运、正常操作、装置停车以及事故应急处理四个操作模块。以此达到培训和提高学员工业技术能力的目的。

（1）装置投运　通过培训使学员掌握正确的开车操作流程，见图 3-3。

（2）正常操作　正常工况下，系统会随机对部分工艺参数进行扰动，使之产生波动。学员需密切观察参数变化情况，根据变化情况进行工艺调整，达到稳定状态，通过此工况培训，提高学员解决工业问题的能力，见图 3-4。

图 3-3　装置投运任务卡　　　　　　　图 3-4　正常操作任务卡

（3）装置停车　通过培训使学员掌握正确的停车操作流程，见图 3-5。

（4）事故应急处理　学员需根据工艺参数变化情况，判断出故障原因，并采取处理措施，使工艺参数恢复正常，见图 3-6。

图 3-5　装置停车任务卡

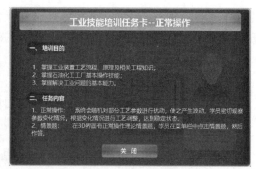

图 3-6　事故应急处理任务卡

3. 单元操作实验培训

以离心泵单元为例进行介绍。

此模块包括调整方案一和调整方案二两个实验模块，学员操作完成，点击生成实验报告，完成培训。实验任务如下。

某公司，由于工艺调整或者操作不当，离心泵的运行工艺条件发生变化。公司要求在不影响离心泵安全运转的前提下，尽可能确保离心泵工艺负荷稳定。

（1）调整方案一　由于下游装置工艺调整，输送泵出口终端压力从 0.7MPa 下降到 0.5MPa，公司要求下游装置的原料供应量维持稳定。本调整方案要求在确保油品中间罐液位不变的前提下，使泵输送流量维持在 20t/h。

（2）调整方案二　由于上游装置操作不当，造成油品大量带水，油品中含水量从 1% 增加至 40%，输送泵轴功率及运行电流增加，已知泵正常运转时安全运行的最大允许电流为 55A，公司要求保证泵的安全运转。本调整方案要求在确保油品中间罐液位不变的前提下，使泵在不超过最大允许电流的情况下安全运转。

请你根据所学知识，对调整前后的数据进行对比分析，结合调整方案一的操作情况，总结流量变化对泵轴功率的影响。结合调整方案二的操作情况，总结密度变化对泵轴功率和特性曲线的影响。

同时，结合调整方案一和调整方案二的工艺区别，明确在实际装置中工艺发生变化时离心泵的调节原则，即为了确保工艺负荷不受影响以及确保泵设备安全运转，判断哪种选择更有利于当前工艺。

最后完成实验结论及分析，具体过程见图 3-7~图 3-10。

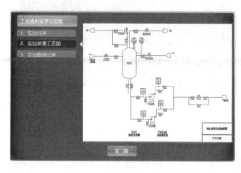

图 3-7　试验工艺流程

图 3-8　实验数据记录

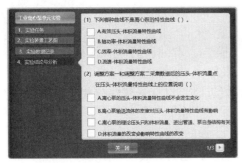

图 3-9　实验结论与分析

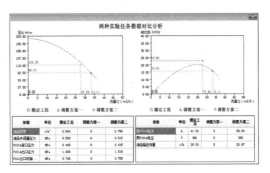

图 3-10　两种方案数据对比分析

三、总体功能介绍

1. 启动方式

（1）双击图标启动软件

（2）启动界面

① 练习：输入姓名、学号、教师指令站地址，选择"单机练习"运行软件。

② 考试（听从考场老师安排）：输入姓名、学号、教师指令站地址，选择"局域网模式"运行软件，见图 3-11。

（3）点击"进入软件"进入软件。

2. 软件运行界面

以间歇反应釜 3D 仿真软件为例进行介绍，运行界面见图 3-12。

图 3-11　启动界面

图 3-12　3D 场景仿真系统运行界面

3. 3D 场景仿真系统介绍

（1）移动方式

① 按住 W、S、A、D 键可控制当前角色向前后左右移动；

② 按住 Shift 键可以切换为跑步。

（2）视野调整　用户在操作软件过程中，所能看到的场景都是由摄像机拍摄，摄像机跟随当前控制角色（如培训学员）。所谓视野调整，即摄像机位置的调整。

① 按住鼠标右键，移动鼠标可旋转视角；

② 滑动鼠标滚轮向前或向后，可调整摄像机与角色之间的距离。

（3）操作阀门　当控制角色移动到目标阀门附近时，鼠标悬停在阀门上，此时阀门会闪烁，代表可以操作阀门。

① 左键单击闪烁阀门，可进入操作界面；

② 在操作界面上方有操作框，点击后进行开关操作，同时阀门手轮或手柄会相应转动；

③ 点击关闭按钮，退出阀门操作界面。

（4）查看仪表　当控制角色移动到目标仪表附近时，鼠标悬停在仪表上，此仪表会闪烁，说明可以查看仪表。

① 左键单击闪烁仪表，可进入操作界面；

② 在仪表界面上有相应的实时数据显示，如温度、压力、液位等。

（5）操作电源控制面板　电源控制面板位于设备旁，可根据设备位号找到该设备的电源面板。

① 在操作面板界面上"开"按钮，开启相应设备，同时绿色按钮会变亮；

② 在操作面板界面上"关"按钮，关闭相应设备，同时绿色按钮变暗。

4. 功能按钮

软件中设置了查找、设置、帮助、退出四个功能按钮。

（1）查找按钮　点击"查找"按钮，弹出查找界面，见图 3-13。输入阀门或操作面板位号，比如需要查找"阀门 V10"，输入 V10。如果再点击人物图标，就会出现路线指引，按照指引可查找到阀门。如果点击定位图标，可跳转至阀门附近。

图 3-13　查找界面

（2）设置按钮　点击"设置"按钮，可弹出声音设置界面。对背景声量、UI 音量、泵音量进行调节或者静音，如图 3-14 所示。

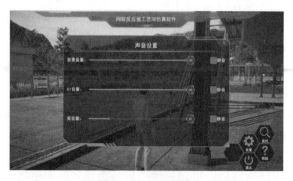

图 3-14　设置界面

（3）帮助按钮　点击"帮助"按钮，弹出操作帮助界面，查看软件基本操作信息，见图3-15。

图 3-15　帮助界面

（4）退出按钮　点击"退出"按钮，可关闭软件，见图3-16。

图 3-16　退出界面

实训二　离心泵单元 3D 虚拟现实仿真实训

一、工艺流程说明

1. 离心泵工作原理基础

在工业生产和国民经济的许多领域，常需对液体进行输送或加压，能完成此类任务的机械称为泵。而其中靠离心作用的称为离心泵。由于离心泵具有结构简单、性能稳定、检修方便、操作容易和适应性强等特点，在化工生产中应用十分广泛，据统计超过液体输送设备的80%。所以，离心泵的操作是化工生产中最基本的操作。

离心泵的装置简图如图 3-17 所示，泵体的主要部件为高速旋转的叶轮和固定的泵壳。由若干个后弯叶片组成的叶轮紧固于泵轴上，并随泵轴由电动机驱动高速旋转。叶轮是离心泵中使液体接受外加能量的部件。泵轴的作用是把电动机的能量传递给叶轮。泵壳是通道截面积逐渐扩大的蜗形壳体，它将液体限定在一定的空间里，并将液体大部分动能转化为静压能。密封装置的作用是防止液体泄漏或空气倒吸入泵内。吸入管路的底部装有单向底阀以防止液体倒流，排出管道装有阀门调节管路流量。

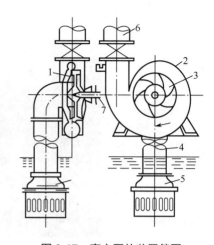

图 3-17　离心泵的装置简图

1—叶轮；2—泵壳；3—叶片；4—吸入管；
5—底阀；6—排出管；7—泵轴

离心泵的工作原理是依靠高速旋转的叶轮使叶片的液体在惯性离心力的作用下自叶轮中心甩向外周并获得能量，表现为静压能的提高。在液体自叶轮中心甩向外周的同时，叶轮中心形成低压区，在贮槽液面和叶轮中心总势能差的作用下，液体被吸入叶轮中心，依靠叶轮的不断旋转，液体被连续地吸入和排出。

离心泵的操作中有两种现象应当避免：气缚和汽蚀。

气缚是指在启动泵前泵内没有灌满被输送的液体，或在运转过程中泵内渗入了空气，因为气体的密度小于液体，产生的离心力小，无法把空气甩出去，导致叶轮中心所形成的真空度不足以将液体吸入泵内，尽管此时叶轮在不停地旋转，却由于离心泵失去了自吸能力而无法输送液体。

汽蚀是指当贮槽液面的压力一定时，叶轮中心的压力降低到等于被输送液体当前温度下的饱和蒸气压，叶轮进口处的液体会出现大量的气泡，这些气泡随液体进入高压区后又迅速溃灭，气泡所在空间形成真空，周围的液体质点以极大的速度冲向气泡中心，造成瞬间冲击压力，从而使得叶轮部分很快损坏，同时伴有泵体振动，发出噪声，泵的流量、扬程和效率明显下降。

2. 工艺说明

本工艺为单独培训离心泵而设计，其工艺流程见图 3-18。

从上游装置来的约 40℃油品，经调节阀 LV101 进入油品中间罐 V101，罐液位由液位控制器 LIC101 通过调节 V101 的进料量来控制；罐内压力由 PIC101 分程控制，PV101A、PV101B 分别调节进 V101 和出 V101 的氮气量，从而保持罐压恒定在 0.5MPa（表）。罐内液体由泵 P101A/B 抽出，泵出口流量由流量调节器 FIC101 的控制，输送到下游装置。

3. 本单元复杂控制方案说明

V101 的压力由调节器 PIC101 分程控制，调节阀 PV101 的分程动作示意图如图 3-19 所示。

补充说明：本单元现场图中现场阀旁边的实心红色圆点代表高点排气和低点排液的指示标志，当完成高点排气和低点排液时，实心红色圆点变为绿色。

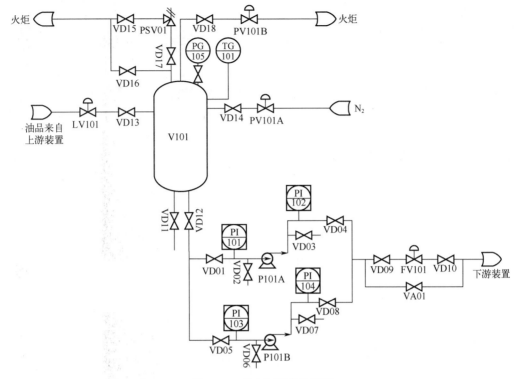

图 3-18 离心泵工艺流程图

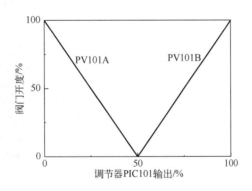

图 3-19 调节阀 PV101 的分程动作

4. 设备一览

V101：油品中间罐；P101A：离心泵 A；P101B：离心泵 B（备用泵）。

二、离心泵单元操作规程

1. 冷态开车操作规程

（1）准备工作

① 盘车；

② 核对吸入条件；

③ 调整填料或机械密封装置。

（2）罐 V101 充液、充压

① 向罐 V101 充液

a. 打开 V101 进口隔断阀 VD13；

b. 打开 LIC101 调节阀，开度约为 30%，向 V101 罐充液；

c. 当 LIC101 达到 50% 时，LIC101 设定 50%，投自动。

② 向罐 V101 充压

a. 打开压力安全阀前阀 VD17；

b. 打开压力安全阀后阀 VD15；

c. 打开 V101 氮气充压隔断阀 VD14；

d. 打开 V101 泄压隔断阀 VD18；

e. 待 V101 罐液位 >5% 后，缓慢打开分程压力调节阀 PV101A 向 V101 罐充压；

f. 当压力升高到 0.5MPa 时，PIC101 设定 0.5MPa 投自动。

（3）启动泵前准备工作

① 灌泵。待 V101 罐充压充到正常值 0.5MPa 后，打开 P101A 泵入口阀 VD01，向离心泵充液。

② 排气

a. 打开 P101A 泵后排空阀 VD03 排放泵内不凝性气体；

b. 观察 P101A 泵后排空阀 VD03 的出口，当有液体溢出时，显示标志变为绿色，标志着 P101A 泵已无不凝气体，关闭 P101A 泵后排空阀 VD03，启动离心泵的准备工作已就绪。

（4）启动离心泵

① 启动 P101A（或 B）泵。

② 流体输送

a. 待 PI102 指示压力比入口压力大 1.5～2 倍后，打开 P101A 泵出口阀（VD04）；

b. 将 FIC101 调节阀的前阀、后阀打开；

c. 逐渐加大调节阀 FIC101 的开度，使 PI101、PI102 趋于正常值。

③ 调整操作参数。微调 FV101 调节阀，在测量值与给定值相对误差 5% 范围内且较稳定时，FIC101 设定到正常值，投自动。

2. 正常操作规程

（1）正常工况操作参数

① P101A 泵出口压力 PI102：1.2MPa；

② V101 罐液位 LIC101：50.0%；

③ V101 罐内压力 PIC101：0.5MPa；

④ 泵出口流量 FIC101：20t/h。

（2）负荷调整　可任意改变泵、按键的开关状态，手操阀的开度及液位调节阀、流量调节阀、分程压力调节阀的开度，观察其现象。

P101A 泵功率正常值：15kW；FIC101 正常值：20t/h。

3. 停车操作规程

（1）V101 罐停进料　LIC101 置手动，并手动关闭调节阀 LV101，停 V101 罐进料。

（2）停泵

① 待罐 V101 液位小于 10%时，关闭 P101A（或 B）泵的出口阀（VD04）；

② 停 P101A 泵；

③ 关闭 P101A 泵前阀 VD01；

④ FIC101 置手动并关闭调节阀 FV101 及其前、后阀（VD09、VD10）。

（3）P101A 泄液　打开泵 P101A 泄液阀 VD02，观察 P101A 泵泄液阀 VD02 的出口，当不再有液体泄出时，显示标志变为红色，关闭 P101A 泵泄液阀 VD02。

（4）V101 罐泄压、泄液

① 待罐 V101 液位小于 10%时，打开 V101 罐泄液阀 VD11；

② 待 V101 罐液位小于 5%时，打开 PIC101 泄压阀；

③ 观察 V101 罐泄液阀 VD11 的出口，当不再有液体泄出时，显示标志变为红色，待罐 V101 液体排净后，关闭泄液阀 VD11，关闭 PIC101 泄压阀。

三、主要仪表

主要仪表见表 3-1。

表 3-1　主要仪表一览表

位 号	说明	类型	正常值	量程上限	量程下限	单位	高报	低报
FIC101	离心泵出口流量	PID	20.0	40.0	0.0	t/h		
LIC101	V101 液位控制系统	PID	50.0	100.0	0.0	%	80.0	20.0
PIC101	V101 压力控制系统	PID	0.5	1.0	0.0	MPa（G）		0.2
PI101	泵 P101A 入口压力	AI	0.4	2.0	0.0	MPa（G）		
PI102	泵 P101A 出口压力	AI	1.2	3.0	0.0	MPa（G）	1.3	
EI101A	泵 P101A 电流	AI	41.26	100.0	0.0	A		
VI101A	泵 P101A 电压	AI	380	500.0	0.0	V		
PI103	泵 P101B 入口压力	AI	0.4	2.0	0.0	MPa（G）		
PI104	泵 P101B 出口压力	AI	1.2	3.0	0.0	MPa（G）	1.3	
EI101B	泵 P101B 电流	AI	41.26	100.0	0.0	A		
VI101B	泵 P101B 电压	AI	380	500.0	0.0	V		
TI101	进料温度	AI	40.0	100.0	0.0	℃		

四、装置事故及处理

1.P101A 泵坏操作规程

（1）事故现象

① P101A 泵出口压力急剧下降；

② FIC101 流量急剧减小。

（2）处理方法　切换到备用泵 P101B。

① 全开 P101B 泵入口阀 VD05，向泵 P101B 灌液，全开排空阀 VD07 排 P101B 的不凝气，当显示标志为绿色后，关闭 VD07；

② 灌泵和排气结束后，启动 P101B；

③ 待泵 P101B 出口压力升至入口压力的 1.5～2 倍后，打开 P101B 出口阀 VD08，同时缓慢关闭 P101A 出口阀 VD04，以尽量减少流量波动；

④ 待 P101B 进出口压力指示正常，按停泵顺序停止 P101A 运转，关闭泵 P101A 入口阀 VD01，并通知维修工。

2. 调整方案一

工业现象：输送泵出口终端压力从 0.7MPa 下降到 0.5MPa。

处理方法：调节 FIC101 开度，使泵输送流量维持在 20t/h。

数据采集：点击 3D 界面"实验"按钮，弹出相应实验任务卡，进入"实验数据记录"，待倒计时结束，点击"采集数据"按钮即可。

3. 调整方案二

工业现象：油品中含水量从 1% 增加至 40%，导致输送泵轴功率及运行电流增加。

处理方法：调节 FIC101 开度，改变泵输送流量，使泵在不超过最大允许电流 55A 的情况下安全运转。

数据采集：点击 3D 界面"实验"按钮，弹出相应实验任务卡，进入"实验数据记录"，待倒计时结束，点击"采集数据"按钮即可。

实验结论与分析：进入实验任务卡中"实验结论与分析"界面，完成选择题的作答，选择题一共 3 页，点击下一页按钮即可。

生成实验报告：做完实验分析题，在实验分析题第 3 页上有"生成实验报告"按钮，点击即可生成实验报告，点击报告左上角"提交"按钮，完成提交。

五、仿真界面

离心泵单元 3D 仿真系统运行界面见图 3-20～图 3-22。

图 3-20 离心泵单元 3D 仿真系统场景运行界面

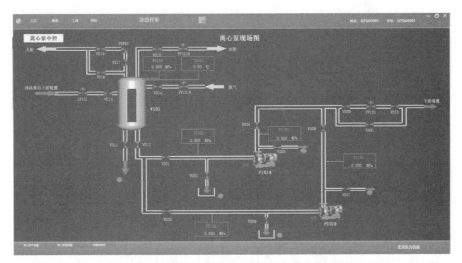

图 3-21　离心泵单元 3D 仿真系统现场工艺界面

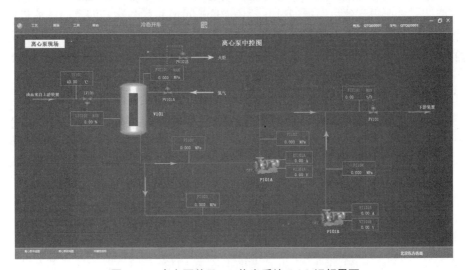

图 3-22　离心泵单元 3D 仿真系统 DCS 运行界面

六、思考题

1. 请简述离心泵的工作原理和结构。

2. 什么叫汽蚀现象？发生汽蚀现象的原因有哪些？如何防止汽蚀现象的发生？

3. 为什么启动前一定要将离心泵灌满被输送液体？

4. 离心泵在启动和停止运行时泵的出口阀应处于什么状态？为什么？

5. 泵 P101A 和泵 P101B 在进行切换时，应如何调节其出口阀 VD04 和 VD08，为什么要这样做？

6. 一台离心泵在正常运行一段时间后，流量开始下降，可能是由哪些原因导致？

7. 若两台性能相同的离心泵串联操作，其输送流量和扬程与单台离心泵相比有什么变化？若两台性能相同的离心泵并联操作，其输送流量和扬程与单台离心泵相比有什么变化？

一、工艺流程说明

1. 装置概况

CO_2压缩机单元是将合成氨装置的原料气 CO_2 经本单元压缩做功后送往下一工段——尿素合成工段，采用的是以汽轮机驱动的四级离心压缩机。其机组主要由压缩机主机、驱动机、润滑油系统、控制油系统和防喘振装置组成。

（1）离心式压缩机工作原理　离心式压缩机的工作原理和离心泵类似，气体从中心流入叶轮，在高速转动的叶轮的作用下，随叶轮作高速旋转并沿半径方向甩出来。叶轮在驱动机的带动下旋转，把所得到的机械能通过叶轮传递给流过叶轮的气体，即离心压缩机通过叶轮对气体做了功。气体一方面受到旋转离心力的作用增加了气体本身的压力，另一方面又得到了很大的动能。气体离开叶轮后，这部分动能能在通过叶轮后的扩压器、回流弯道的过程中转变为压力能，进一步使气体的压力提高。

离心式压缩机中，气体经过一个叶轮压缩后压力的升高是有限的。因此在要求升压较高的情况下，通常都有许多级叶轮连续地进行压缩，直到最末一级出口达到所要求的压力为止。压缩机的叶轮数越多，所产生的总压头也愈大。气体经过压缩后温度升高，当要求压缩比较高时，常常将气体压缩到一定的压力后，从缸内引出，在外设冷却器冷却降温，然后再导入下一级继续压缩。这样依冷却次数的多少，将压缩机分成几段，一个段可以是一级或多级。

（2）离心式压缩机的喘振现象及防止措施　离心压缩机的喘振是操作不当，进口气体流量过小产生的一种不正常现象。当进口气体流量不适当地减小到一定值时，气体进入叶轮的流速过低，气体不再沿叶轮流动，在叶片背面形成很大的涡流区，甚至充满整个叶道而把通道塞住，气体只能在涡流区打转而流不出来。这时系统中的气体自压缩机出口倒流进入压缩机，暂时弥补进口气量的不足。虽然压缩机似乎恢复了正常工作，重新压出气体，但当气体被压出后，由于进口气体仍然不足，上述倒流现象重复出现。这样一种在出口处时而倒吸时而吐出的气流，引起出口管道低频、高振幅的气流脉动，并迅速波及各级叶轮，于是整个压缩机产生噪声和振动，这种现象称为喘振。喘振对机器是很不利的，过度振动会产生局部过热，时间过久甚至会造成叶轮破碎等严重事故。

当喘振现象发生后，应设法立即增大进口气体流量。方法是利用防喘振装置，将压缩机出口的一部分气体经旁路阀回流到压缩机的进口，或打开出口放空阀，降低出口压力。

（3）离心式压缩机的临界转速　由于制造原因，压缩机转子的重心和几何中心往往是不重合的，因此在旋转的过程中产生了周期性变化的离心力。这个力的大小与制造的精度有关，而其频率就是转子的转速。如果产生离心力的频率与轴的固有频率一致，就会由于共振而产生强烈振动，严重时会使机器损坏。这个转速就称为轴的临界转速。临界转速不只有一个，分别称为第一临界转速、第二临界转速等。

压缩机的转子不能在接近各临界转速下工作。一般离心泵的正常转速比第一临界转速低，这种轴叫作刚性轴。离心压缩机的工作转速往往高于第一临界转速而低于第二临界转速，这种轴称为挠性轴。为了防止振动，离心压缩机在启动和停车过程中，必须较快地越过临界转速。

（4）离心式压缩机的结构　离心式压缩机由转子和定子两大部分组成。转子由主轴、叶轮、轴套和平衡盘等部件组成。所有的旋转部件都安装在主轴上，除轴套外，其他部件用键固定在主轴上。主轴安装在径向轴承上，以利于旋转。叶轮是离心式压缩机的主要部件，其上有若干个叶片，用以压缩气体。

气体经叶片压缩后压力升高，因而每个叶片两侧所受到气体压力不一样，产生了方向指向低压端的轴向推力，可使转子向低压端窜动，严重时可使转子与定子发生摩擦和碰撞。为了消除轴向推力，在高压端外侧装有平衡盘和止推轴承。平衡盘一边与高压气体相通，另一边与低压气体相通，用两边的压力差所产生的推力平衡轴向推力。

离心式压缩机的定子由汽缸、扩压室、弯道、回流器、隔板、密封、轴承等部件组成。汽缸也称机壳，分为水平剖分和垂直剖分两种形式。水平剖分就是将机壳分成上下两部分，上盖可以打开，这种结构多用于低压。垂直剖分就是筒型结构，由圆筒形本体和端盖组成，多用于高压。汽缸内有若干隔板，将叶片隔开，并组成扩压器和弯道、回流器。

为了防止级间窜气或向外漏气，都设有级间密封和轴密封。

离心式压缩机的辅助设备有中间冷却器、气液分离器和油系统等。

（5）汽轮机的工作原理　汽轮机又称为蒸汽透平，是用蒸汽做功的旋转式原动机。进入汽轮机的高压、高温蒸汽，由喷嘴喷出，经膨胀降压后，形成的高速气流按一定方向冲击汽轮机转子上的动叶片，带动转子按一定速率均匀地旋转，从而将蒸汽的能量转变成机械能。

由于能量转换方式不同，汽轮机分为冲动式和反动式两种，在冲动式汽轮机中，蒸汽只在喷嘴中膨胀，动叶片只受到高速气流的冲动力。在反动式汽轮机中，蒸汽不仅在喷嘴中膨胀，而且还在叶片中膨胀，动叶片既受到高速气流的冲动力，同时也受到蒸汽在叶片中膨胀时产生的反作用力。

根据汽轮机中叶轮级数不同，可分为单级或多级两种。按热力过程不同，汽轮机可分为背压式、凝气式和抽气凝气式。背压式汽轮机的蒸汽经膨胀做功后以一定的温度和压力排出汽轮机，可继续供工艺使用；凝气式蒸汽轮机的进气在膨胀做功后，全部排入冷凝器凝结为水；抽气凝气式汽轮机的进气在膨胀做功时，一部分蒸汽在中间抽出去作为他用，其余部分继续在汽缸中做功，最后排入冷凝器冷凝。

2. 工艺流程简述

（1）CO_2 流程说明　来自合成氨装置的原料气 CO_2 压力为 150kPa（A），温度为 38℃，流量由 FR8103 计量，进入 CO_2 压缩机入口分离器 V111，在此分离出 CO_2 气相中夹带的液滴后进入 CO_2 压缩机的一段入口，经过一段压缩后，CO_2 压力上升为 0.38MPa（A），温度194℃，进入一段冷却器 E119 用循环水冷却到 43℃，为了保证尿素装置防腐所需氧气，在 CO_2 进入 E119 前加入适量来自合成氨装置的空气，流量由 FRC8101 调节控制，CO_2 气中氧含量为 0.25%～0.35%，在一段分离器 V119 中分离出液滴后进入二段进行压缩，二段出口 CO_2 压力为 1.866MPa（A），温度为 227℃。然后进入二段冷却器 E120 冷却到 43℃，并经二段分离器 V120 分离出液滴后进入三段。

在三段入口设置有段间放空阀。便于低压缸CO_2压力控制和快速泄压，CO_2经三段压缩后压力升到8.046 MPa（A），温度为214℃，进入三段冷却器E121中冷却。为防止CO_2过度冷却而生成干冰，在三段冷却器冷却水回水管线上设置有温度调节阀TV8111，用此阀来控制四段入口CO_2温度在50～55℃之间。冷却后的CO_2进入四段压缩后压力升到15.5MPa（A），温度为121℃，进入尿素高压合成系统。为防止CO_2压缩机高压缸超压、喘振，在四段出口管线上设置有防喘振阀HV8162（即HIC8162）。

（2）蒸汽流程说明　主蒸汽压力5.882MPa，温度450℃，流量82t/h，进入透平做功，其中一大部分在透平中部被抽出，抽汽压力2.598MPa，温度350℃，流量55.4t/h，送至框架，另一部分通过中压调节阀进入透平后汽缸继续做功，做完功后的乏汽进入蒸汽冷凝系统。

3. 工艺仿真范围

（1）工艺范围　CO_2气路系统、蒸汽透平及油系统。

（2）边界条件　所有各公用工程部分：水、电、汽、风等均处于正常平稳状况。

（3）现场操作　现场手动操作的阀、机、泵等，根据开车、停车及事故设定的需要等进行设置。调节阀的前后截止阀不进行仿真。

4. 主要设备列表

（1）CO_2气路系统　E119、E120、E121、V111、V119、V120、V121、K101。

（2）蒸汽透平及油系统　DSTK101、油箱、油温控制器、油泵、油冷器、油过滤器、盘车油泵、稳压器、速关阀、调速器、调压器。

（3）设备说明（E：换热器；V：分离器）　设备说明见表3-2。

表3-2　设备说明表

流程图位号	主要设备
U8001	E119（CO_2一段冷却器）；E120（CO_2二段冷却器） E121（CO_2三段冷却器）；V119（CO_2一段分离器） V120（CO_2二段分离器）；V121（CO_2三段分离器）
U8002	DSTK101（CO_2压缩机组透平） DSTK101：油箱、油泵、油冷器、油过滤器、盘车油泵

（4）主要控制阀列表　主要控制阀见表3-3。

表3-3　主要控制阀列表

位号	说明	所在流程图位号
FRC8101	空气流量控制	U8001
LIC8101	V111液位控制	U8001
LIC8167	V119液位控制	U8001
LIC8170	V120液位控制	U8001
LIC8173	V121液位控制	U8001
HIC8101	段间放空阀	U8001

位号	说明	所在流程图位号
HIC8162	防喘振阀	U8001
PIC8241	四段出口压力控制（CO_2放空阀）	U8001
HS8001	透平蒸汽速关阀	U8002
HIC8205	调速阀	U8002
PIC8224	中压蒸汽压力控制	U8002

5. 工艺报警及联锁系统

（1）工艺报警及联锁说明　为了保证工艺、设备的正常运行，防止事故发生，在设备重点部位安装检测装置并在辅助控制盘上设有报警灯进行提示，以提前进行处理将事故消除。

工艺联锁是设备处于不正常运行时的自保系统，本单元设计了两个联锁自保措施：

① 压缩机振动超高联锁 （发生喘振）

动作：20s 后（主要是为了方便培训人员处理）自动进行以下操作。

关闭透平蒸汽速关阀 HS8001、调速阀 HIC8205、中压蒸汽调压阀 PIC8224，全开防喘振阀 HIC8162、段间放空阀 HIC8101。

处理：在辅助控制盘上按 RESET 按钮，按冷态开车中暖管暖机步骤开始重新开车。

② 油压低联锁

动作：自动进行以下操作：

关闭透平蒸汽速关阀 HS8001、调速阀 HIC8205、中压蒸汽调压阀 PIC8224，全开防喘振阀 HIC8162、段间放空阀 HIC8101。

处理：找到并处理造成油压低的原因后在辅助控制盘上按 RESET 按钮，按冷态开车中油系统开车步骤重新开车。

（2）工艺报警及联锁触发值　工艺报警及联锁触发值见表3-4。

表 3-4　工艺报警及联锁触发值

位号	检测点	触发值	备注
PSXL8101	V111 压力	≤0.09MPa	
PSXH8223	蒸汽透平背压	≥2.75MPa	
LSXH8165	V119 液位	≥85%	
LSXH8168	V120 液位	≥85%	
LSXH8171	V121 液位	≥85%	
LAXH8102	V111 液位	≥85%	
SSXH8335	压缩机转速	≥7200r/min	
PSXL8372	控制油油压	≤0.85MPa	
PSXL8359	润滑油油压	≤0.2MPa	
PAXH8136	CO_2 四段出口压力	≥16.5MPa	

位号	检测点	触发值	备注
PAXL8134	CO_2四段出口压力	≤15.5MPa	
SXH8001	压缩机轴位移	≥0.3mm	
SXH8002	压缩机径向振动	≥0.03mm	
振动联锁		XI8001≥0.05mm 或 GI8001≥0.5mm （20s 后触发）	
油压联锁		PI8361≤0.6MPa	
辅油泵自启动联锁		PI8361≤0.8MPa	

二、操作规程

1. 冷态开车

（1）准备工作　引循环水

① 压缩机岗位 E119 开循环水阀 OMP1001，引入循环水；

② 压缩机岗位 E120 开循环水阀 OMP1002，引入循环水；

③ 压缩机岗位 E121 开 TIC8111 的循环水阀，引入循环水。

（2）CO_2压缩机油系统开车

① 在辅助控制盘上启动油箱油温控制器 OMP1045，将油温升到 40℃ 左右；

② 打开油泵的前切断阀 OMP1026；

③ 打开油泵的后切断阀 OMP1048；

④ 从辅助控制盘上开启主油泵 OIL PUMP；

⑤ 调整油泵回路阀 TMPV186，将油压力控制在 0.9MPa 以上。

（3）盘车

① 开启盘车泵的前切断阀 OMP1031；

② 开启盘车泵的后切断阀 OMP1032；

③ 从辅助控制盘上启动盘车泵；

④ 在辅助控制盘上按盘车按钮盘车至转速大于 150r/min；

⑤ 检查压缩机有无异常响声，检查振动、轴位移等。

（4）停止盘车

① 在辅助控制盘上按盘车按钮停止盘车；

② 从辅助控制盘上停盘车泵；

③ 关闭盘车泵的后切断阀 OMP1032；

④ 关闭盘车泵的前切断阀 OMP1031。

（5）联锁试验

① 油泵自启动试验。主油泵启动且将油压控制正常后，在辅助控制盘上按下辅助油泵自动启动按钮，按一下 RESET 按钮，打开透平蒸汽速关阀 HS8001，再在辅助控制盘上按停主油泵，辅助油泵应该自行启动，联锁不应动作。

② 低油压联锁试验。主油泵启动且将油压控制正常后，确认在辅助控制盘上没有将辅

助油泵设置为自动启动，按一下 RESET 按钮，打开透平蒸汽速关阀 HS8001，关闭防喘振阀和段间放空阀，通过油泵回路阀缓慢降低油压，当油压降低到一定值时，仪表盘 PSXL8372 应该报警，按确认后继续开大阀降低油压，检查联锁是否动作，动作后透平蒸汽速关阀 HS8001 应该关闭，防喘振阀和段间放空阀应该全开。

③ 停车试验。主油泵启动且将油压控制正常后，按一下 RESET 按钮，打开透平蒸汽速关阀 HS8001，关闭防喘振阀和段间放空阀，在辅助控制盘上按一下 STOP 按钮，透平蒸汽速关阀 HS8001 应该关闭，防喘振阀和段间放空阀应该全开。

（6）暖管暖机

① 在辅助控制盘上按辅油泵自动启动按钮，将辅油泵设置为自启动；

② 打开入界区蒸汽副线阀 OMP1006，准备引蒸汽；

③ 打开蒸汽透平主蒸汽管线上的压缩机蒸汽入口阀 OMP1007，压缩机暖管；

④ 打开 CO_2 放空截止阀 TMPV102；

⑤ 打开 CO_2 放空调节阀 PIC8241；

⑥ 透平入口管道内蒸汽压力上升到 5.0MPa 后，开蒸汽至压缩机工段总阀 OMP1005；

⑦ 关副线阀 OMP1006；

⑧ 打开 CO_2 入压缩机总阀 OMP1004；

⑨ 全开 CO_2 入压缩机控制阀 TMPV104；

⑩ 打开透平蒸汽抽出截止阀 OMP1009；

⑪ 从辅助控制盘上按一下 RESET 按钮，准备冲转压缩机；

⑫ 打开透平蒸汽速关阀 HS8001；

⑬ 逐渐打开阀 HIC8205，将转速 SI8335 提高到 1000r/min，进行低速暖机；

⑭ 控制转速 1000r/min，暖机 15min（模拟为 2min）；

⑮ 打开油冷器冷却水阀 TMPV181；

⑯ 暖机结束，将机组转速缓慢提到 2000r/min，检查机组运行情况；

⑰ 检查压缩机有无异常响声，检查振动、轴位移等；

⑱ 控制转速 2000r/min，停留 15min（模拟为 2min）。

（7）过临界转速

① 继续开大 HIC8205，将机组转速缓慢提高到 3000r/min，控制转速为 3000r/min，停留 15min（模拟为 2min），准备过临界转速（3000～3500r/min）；

② 继续开大 HIC8205，用 20～30s 的时间将机组转速缓慢提高到 4000r/min，通过临界转速；

③ 逐渐打开 PIC8224 到 50%；

④ 缓慢将段间放空阀 HIC8101 关小到 72%；

⑤ 将 V111 液位控制 LIC8101 投自动，设定值在 20% 左右；

⑥ 将 V119 液位控制 LIC8167 投自动，设定值在 20% 左右；

⑦ 将 V120 液位控制 LIC8170 投自动，设定值在 20% 左右；

⑧ 将 V121 液位控制 LIC8173 投自动，设定值在 20% 左右；

⑨ 将 TIC8111 投自动，设定值在 52℃ 左右。

（8）升速升压

① 继续开大 HIC8205，将机组转速缓慢提到 5500r/min；

② 缓慢将段间放空阀 HIC8101 关小到 50%；

③ 继续开大 HIC8205，将机组转速缓慢提到 6050r/min；

④ 缓慢将段间放空阀 HIC8101 关小到 25%；

⑤ 缓慢将防喘振阀 HIC8162 关小到 75%；

⑥ 继续开大 HIC8205，将机组转速缓慢提到 6400r/min；

⑦ 缓慢将段间放空阀 HIC8101 关闭；

⑧ 缓慢将防喘振阀 HIC8162 关闭；

⑨ 继续开大 HIC8205，将机组转速缓慢提到 6935r/min；

⑩ 调整 HIC8205，将机组转速 SI8335 稳定在 6935r/min。

（9）投料

① 逐渐关小 PIC8241，缓慢将压缩机四段出口压力提升到 15.4MPa，平衡合成系统压力；

② 打开 CO_2 出口阀 OMP1003；

③ 继续手动关小 PIC8241，缓慢将压缩机四段出口压力提升到 15.4MPa，将 CO_2 引入合成系统；

④ 当 PIC8241 控制稳定在 15.4MPa 左右后，将其设定在 15.4MPa 投自动。

2. 正常停车

（1）CO_2 压缩机停车

① 调节 HIC8205，将转速降至 6500r/min；

② 调节 HIC8162，将负荷减至 21000m³/h（标况下）；

③ 继续调节 HIC8162，调节抽汽与注汽量，直至 HIC8162 全开；

④ 手动缓慢打开 PIC8241，将四段出口压力降到 15.5MPa 以下，CO_2 退出合成系统；

⑤ 关闭 CO_2 出口阀 OMP1003；

⑥ 继续开大 PIC8241，缓慢降低四段出口压力到 8.0～10.0MPa；

⑦ 调节 HIC8205，将转速降至 6403r/min；

⑧ 继续调节 HIC8205 将转速降至 6052r/min；

⑨ 调节 PIC8241，将四段出口压力降至 4.0MPa；

⑩ 继续调节 HIC8205 将转速降至 3000r/min；

⑪ 继续调节 HIC8205 将转速降至 2000r/min；

⑫ 在辅助控制盘上按 STOP 按钮，停压缩机；

⑬ 关闭 CO_2 入压缩机控制阀 TMPV104；

⑭ 关闭 CO_2 进料总阀 OMP1004；

⑮ 关闭透平蒸汽抽出截止阀 OMP1009；

⑯ 关闭蒸汽至压缩机工段总阀 OMP1005；

⑰ 关闭压缩机蒸汽入口阀 OMP1007。

（2）油系统停车

① 从辅助控制盘上取消辅油泵自启动；

② 从辅助控制盘上停运主油泵；

③ 关闭油泵的后切断阀 OMP1048；

④ 关闭油泵的前切断阀 OMP1026；

⑤ 关闭油冷器冷却水阀 TMPV181；

⑥ 从辅助控制盘上停油温控制。

三、主要仪表

正常操作工艺仪表指标见表 3-5。

表 3-5 正常操作工艺指标表

表位号	测量点	常值	单位	备注
TR8102	CO_2 原料气温度	40	℃	
TI8103	CO_2 压缩机一段出口温度	190	℃	
PR8108	CO_2 压缩机一段出口压力	0.28	MPa（G）	
TI8104	CO_2 压缩机一段冷却器出口温度	43	℃	
FRC8101	二段空气补加流量	330	kg/h	
FR8103	CO_2 吸入流量	27000	m^3/h（标况下）	
FR8102	三段出口流量	27330	m^3/h（标况下）	
AR8101	含氧量	0.25～0.3	%	
TI8105	CO_2 压缩机二段出口温度	225	℃	
PR8110	CO_2 压缩机二段出口压力	1.8	MPa（G）	
TI8106	CO_2 压缩机二段冷却器出口温度	43	℃	
TI8107	CO_2 压缩机三段出口温度	214	℃	
PR8114	CO_2 压缩机三段出口压力	8.02	MPa（G）	
TIC8111	CO_2 压缩机三段冷却器出口温度	52	℃	
TI8119	CO_2 压缩机四段出口温度	120	℃	
PIC8241	CO_2 压缩机四段出口压力	15.4	MPa（G）	
PIC8224	出透平中压蒸汽压力	2.5	MPa（G）	
FR8201	入透平蒸汽流量	82	t/h	
FR8210	出透平中压蒸汽流量	55.4	t/h	
TI8213	出透平中压蒸汽温度	350	℃	
TI8338	CO_2 压缩机油冷器出口温度	43	℃	
PI8357	CO_2 压缩机油滤器出口压力	0.25	MPa（G）	
PI8361	CO_2 控制油压力	0.95	MPa（G）	
SI8335	压缩机转速	6935	r/min	
XI8001	压缩机振幅	0.022	mm	
GI8001	压缩机轴位移	0.24	mm	

四、装置事故及处理

1. 压缩机喘振

（1）原因

① 机械方面的原因，如轴承磨损，平衡盘密封坏，找正不良，轴弯曲，联轴器松动等设备本身的原因；

② 转速控制方面的原因，机组在接近临界转速下运行产生共振；

③ 工艺控制方面的原因，主要是操作不当造成压缩机喘振。

（2）处理措施（模拟中只有 20s 的处理时间，处理不及时就会发生联锁停车）

① 机械方面故障需停车检修；

② 产生共振时，需改变操作转速，另外在开停车过程中过临界转速时应尽快通过；

③ 当压缩机发生喘振时，找出发生喘振的原因，并采取相应的措施。

a. 入口气量过小：打开防喘振阀 HIC8162，开大入口控制阀开度；

b. 出口压力过高：打开防喘振阀 HIC8162，开大四段出口排放调节阀开度；

c. 操作不当，开关阀门动作过大：打开防喘振阀 HIC8162，消除喘振后再进行操作。

（3）预防措施

① 离心式压缩机一般都设有振动检测装置，在生产过程中应经常检查，发现轴振动或位移过大，应分析原因，及时处理。

② 喘振预防：应经常注意压缩机气量的变化，严防入口气量过小而引发喘振。在开车时应遵循"升压先升速"的原则，先将防喘振阀打开，当转速升到一定值后，再慢慢关小防喘振阀，将出口压力升到一定值，然后再升速，使升速、升压交替缓慢进行，直到满足工艺要求。停车时应遵循"降压先降速"的原则，先将防喘振阀打开一些，将出口压力降低到某一值，然后再降速，降速、降压交替进行，至泄完压力再停机。

2. 压缩机辅助油泵自动启动

（1）原因　辅助油泵自动启动的原因是油压低引起的自保措施，一般情况下是由以下两种原因引起的：一是油泵出口过滤器有堵，二是油泵回路阀开度过大。

（2）处理措施

① 关小油泵回路阀；

② 按过滤器清洗步骤清洗油过滤器；

③ 从辅助控制盘停辅助油泵。

（3）预防措施　油系统正常运行是压缩机正常运行的重要保证，因此压缩机的油系统也设有各种检测装置，如油温、油压、过滤器压降、油位等，生产过程中要对这些内容经常进行检查，油过滤器要定期切换清洗。

3. 四段出口压力偏低，CO_2 打气量偏少

（1）原因

① 压缩机转速偏低；

② 防喘振阀未关死；

③ 压力控制阀 PIC8241 未投自动，或未关死。

（2）处理措施

① 将转速调到 6935r/min；

② 关闭防喘振阀；

③ 关闭压力控制阀 PIC8241。

（3）预防措施　压缩机四段出口压力和下一工段的系统压力有很大的关系，下一工段系统压力波动也会造成四段出口压力波动，也会影响到压缩机的打气量，所以在生产过程中下一系统压力应该控制稳定，同时应该经常检查压缩机的吸气流量、转速、排放阀、防喘振阀以及段间放空阀的开度，正常工况下这三个阀应该尽量保持关闭状态，以保持压缩机的最高工作效率。

4.压缩机因喘振发生联锁跳车

（1）原因　操作不当，压缩机发生喘振，处理不及时。

（2）处理措施

① 关闭 CO_2 出口阀 OMP1003；

② 在辅助控制盘上按一下 RESET 按钮；

③ 按冷态开车步骤中暖管暖机冲转开始重新开车。

（3）预防措施　按振动过大中喘振预防措施预防喘振发生，一旦发生喘振要及时按其处理措施进行处理，及时打开防喘振阀。

5.压缩机三段冷却器出口温度过低

（1）原因　TIC8111 的冷却水控制阀未投自动，阀门开度过大。

（2）处理措施

① 关小 TIC8111 的冷却水控制阀，将温度控制在 52℃左右；

② 控制稳定后将 TIC8111 设定在 52℃投自动。

（3）预防措施　CO_2 在高压下温度过低会析出固体干冰，干冰会损坏压缩机叶轮，而影响到压缩机的正常运行，因而压缩机运行过程中应该经常检查该点温度，将其控制在正常工艺指标范围之内。

五、仿真界面

二氧化碳压缩机工艺 3D 仿真系统运行界面见图 3-23～图 3-25。

图 3-23　二氧化碳压缩机工艺 3D 仿真系统场景运行界面

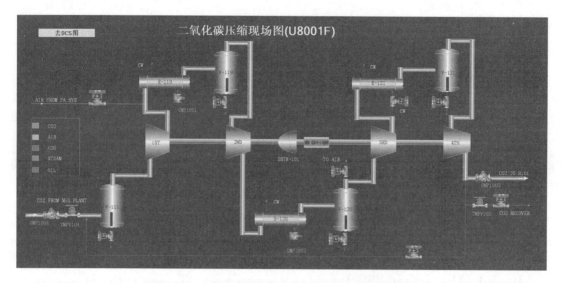

图 3-24 二氧化碳压缩机工艺 3D 仿真系统现场界面

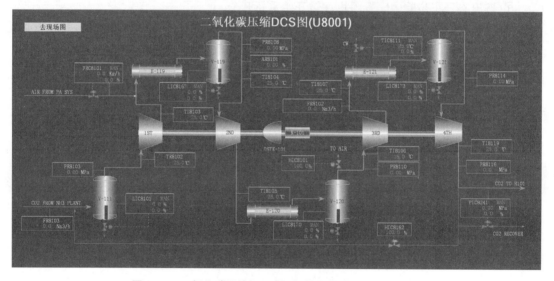

图 3-25 二氧化碳压缩机工艺 3D 仿真系统 DCS 运行界面

六、思考题

1. 二氧化碳压缩机在哪些工业领域有重要应用？

2. 在 3D 单元仿真实训中，如何设置仿真模型的参数以确保仿真结果的准确性？

3. 仿真过程中如何监控压缩机的运行状态？

4. 仿真结果分析时需要注意哪些方面？

5. 压缩机发生喘振的原因是什么？怎么预防？一旦发生喘振现象，应该怎么处理？

实训四　管式加热炉单元 3D 虚拟仿真实训

一、工艺流程说明

1. 工艺说明

本单元选择的是石油化工生产中最常用的管式加热炉。管式加热炉是一种直接受热式加热设备，主要用于加热液体或气体化工原料，所用燃料通常为燃料油和燃料气。管式加热炉的传热方式以辐射传热为主，管式加热炉通常由以下几部分构成。

辐射室：通过火焰或高温烟气进行辐射传热的部分。这部分直接受火焰冲刷，温度很高（600～1600℃），是热交换的主要场所（占热负荷的 70%～80%）。

对流室：靠辐射室出来的烟气进行以对流传热为主的换热部分。

燃烧器：使燃料雾化并混合空气，使之燃烧的产热设备，燃烧器可分为燃料油燃烧器、燃料气燃烧器和油-气联合燃烧器。

通风系统：将燃烧用空气引入燃烧器，并将烟气引出炉子，可分为自然通风方式和强制通风方式。

2. 工艺物料系统

某烃类化工原料在流量调节器 FIC101 的控制下先进入加热炉 F101 的对流段，经对流段的加热升温后，再进入 F101 的辐射段，被加热至 420℃后，送至下一工序，其炉出口温度由调节器 TIC106 通过调节燃料气流量或燃料油压力来控制。

采暖水在调节器 FIC102 控制下，经与 F101 的烟气换热，回收余热后，返回采暖水系统。

3. 燃料系统

燃料气管网的燃料气在调节器 PIC101 的控制下进入燃料气罐 V105，燃料气在 V105 中脱油脱水后，分两路送入加热炉，一路在 PCV01 控制下送入常明线，另一路在 TV106 调节阀控制下送入油-气联合燃烧器。

来自燃料油贮罐 V108 的燃料油经 P101A/B 升压后，在 PIC109 控制下压送至燃烧器火咀前，用于维持火咀前的油压，多余燃料油返回 V108。来自管网的雾化蒸汽与燃料油保持一定压差情况下送入燃料器。来自管网的吹热蒸汽直接进入炉膛底部。

4. 本单元复杂控制方案说明

炉出口温度控制：TIC106 显示工艺物流炉出口温度，TIC106 通过一个切换开关 HS101 实现两种控制方案。第一种方案：燃料油的流量固定，不做调节，通过 TIC106 自动调节燃料气流量控制工艺物流炉出口温度；第二种方案：燃料气流量固定，TIC106 和燃料压力调节器 PIC109 构成串级控制回路，控制工艺物流炉出口温度。

5. 设备一览

V105：燃料气分液罐；V108：燃料油贮罐；F101：管式加热炉；P101A：燃料油 A

泵；P101B：燃料油 B 泵。

二、操作规程

1. 冷态开车操作规程

装置的开车状态为氨置换的常温常压氨封状态。

（1）开车前的准备

① 公用工程启用（DCS 图"公用工程"按钮置"ON"）；

② 摘除联锁（DCS 图"联锁不投用"按钮置"ON"）；

③ 联锁复位（DCS 图"联锁复位"按钮置"ON"）。

（2）点火准备工作

① 全开加热炉的烟道挡板 MI102；

② 打开吹扫蒸汽阀 D03，吹扫炉膛内的可燃气体（实际约需 10min）；

③ 待可燃气体的含量低于 0.5%后，关闭吹扫蒸汽阀 D03；

④ 将 MI101 调节至 30%；

⑤ 调节 MI102 至一定的开度（30%左右）。

（3）燃料气准备

① 手动打开 PIC101 的调节阀，向 V105 充燃料气；

② 控制 V105 的压力不超过 2atm，在 2atm 处将 PIC101 投自动。

（4）点火操作

① 当 V105 压力大于 0.5atm 后，启动点火棒，开常明线上的根部阀门 D05；

② 确认点火成功（火焰显示）；

③ 若点火不成功，需重新进行吹扫和再点火。

（5）升温操作

① 确认点火成功后，先打开燃料气线上的调节阀的前后阀（B03、B04），再稍开调节阀 TV106（<10%），再全开根部阀 D10，引燃料气入加热炉火咀；

② 用调节阀 TV106 控制燃料气量，来控制升温速率；

③ 当炉膛温度升至 100℃时恒温 30s（实际生产恒温 1h）烘炉，当炉膛温度升至 180℃时恒温 30s（实际生产恒温 1h）暖炉。

（6）引工艺物料　当炉膛温度升至 180℃后，引工艺物料：

① 先开进料调节阀的前后阀 B01、B02，再稍开调节阀 FV101（<10%）。引工艺物料进加热炉；

② 先开采暖水线上调节阀的前后阀 B13、B12，再稍开调节阀 FV102（<10%），引采暖水进加热炉。

（7）启动燃料油系统　待炉膛温度升至 200℃左右时，开启燃料油系统：

① 开雾化蒸汽调节阀的前后阀 B15、B14，再微开调节阀 PV112（<10%）；

② 全开雾化蒸汽的根部阀 D09；

③ 开燃料油压力调节阀 PV109 的前后阀 B09、B08；

④ 开燃料油返回 V108 管线阀 D06；

⑤ 启动燃料油泵 P101A；

⑥ 微开燃料油压力调节阀 PV109（<10%），建立燃料油循环；

⑦ 全开燃料油根部阀 D12，引燃料油入火咀；

⑧ 打开 V108 进料阀 D08，保持贮罐液位为 50%；

⑨ 按升温需要逐步开大燃料油压力调节阀，通过控制燃料油升压（最后到 6atm 左右）来控制进入火咀的燃料油量，同时控制 PDIC112 在 4atm 左右。

（8）调整至正常

① 逐步升温使炉出口温度至正常（420℃）；

② 在升温过程中，逐步开大工艺物料线的调节阀，使流量调整至正常；

③ 在升温过程中，逐步将采暖水流量调至正常；

④ 在升温过程中，逐步调整风门使烟气氧含量正常；

⑤ 逐步调节挡板开度使炉膛负压正常；

⑥ 逐步调整其他参数至正常；

⑦ 将联锁系统投用。

2. 正常操作规程

（1）正常工况下主要工艺参数的生产指标

① 炉出口温度 TIC106：420℃；

② 炉膛温度 TI104：640℃；

③ 烟道气温度 TI105：210℃；

④ 烟道气氧含量 AR101：4%；

⑤ 炉膛负压 PI107：−2.0mmH$_2$O（−19.6Pa）；

⑥ 工艺物料进料量 FIC101：3072.5kg/h；

⑦ 采暖水流量 FIC102：9584kg/h；

⑧ V105 压力 PIC101：2atm（202.65kPa）；

⑨ 燃料油压力 PIC109：6atm；

⑩ 雾化蒸汽压差 PDIC112：4atm；

⑪ V108 液位 LT115 稳定在 50% 左右。

（2）TIC106 控制方案切换

工艺物料的炉出口温度 TIC106 可以通过燃料气和燃料油两种方式进行控制。两种方式的切换由 HS101 切换开关来完成。当 HS101 切入燃料气控制时，TIC106 直接控制燃料气调节阀，燃料油由 PIC109 单回路自行控制；当 HS101 切入燃料油控制时，TIC106 与 PIC109 结成串级控制，通过燃料油压力控制燃料油燃烧量。

3. 停车操作规程

（1）停车准备　摘除联锁系统（现场图上按下"联锁不投用"）。

（2）降量

① 通过 FIC101 逐步降低工艺物料进料量至正常的 70%；

② 在 FIC101 降量过程中，逐步通过减少燃料油压力或燃料气流量，来维持炉出口温度 TIC106 稳定在 420℃ 左右；

③ 在 FIC101 降量过程中，逐步降低采暖水 FIC102 的流量，关小 FV102（<35%）；

④ 在降量过程中，适当调节风门和挡板，维持烟道气氧含量和炉膛负压。

（3）降温及停燃料油系统

① 当 FIC101 降至正常量的 70% 后，逐步开大燃料油的 V108 返回阀来降低燃料油压力，降温；

② 待 V108 返回阀全开后，可逐步关闭燃料油调节阀，再停燃料油泵（P101A/B）；

③ 在降低燃料油压力的同时，降低雾化蒸汽流量，最终关闭雾化蒸汽调节阀；

④ 在以上降温过程中，可适当降低工艺物料进料量，但不可使炉出口温度高于420℃。

（4）停燃料气及工艺物料

① 待燃料油系统停完后，关闭 V-105 燃料气入口调节阀（PIC101 调节阀），停止向V105 供燃料气；

② 待 V105 压力降至 0.2atm 时，关闭燃料气调节阀 TV106，关闭调节阀 TV106 的前阀B03 和后阀 B04；

③ 待 V105 压力降至 0.1atm 时，关常明线根部阀 D05，灭火；

④ 待炉膛温度低于 150℃ 时，关闭 FIC101，关闭调节阀 FV101 的前阀 B01 和后阀B02，停工艺进料，关闭 FIC102，关闭调节阀 FV102 的前阀 B13 和后阀 B12，停采暖水。

（5）炉膛吹扫

① 灭火后，开吹扫蒸汽，吹扫炉膛 5s（实际 10min）；

② 关闭 D03 停吹扫蒸汽后，全开风门、保持烟道挡板一定开度，使炉膛正常通风。

4. 复杂控制系统和联锁系统

（1）炉出口温度控制　TIC106 工艺物流炉出口温度 TIC106 通过一个切换开关 HS101。实现两种控制方案：其一是直接控制燃料气流量，其二是与燃料压力调节器 PIC109 构成串级控制。

（2）炉出口温度联锁

① 联锁源

a. 工艺物料进料量过低（FIC101<正常值的 50%）；

b. 雾化蒸汽压力过低（低于 2atm）。

② 联锁动作

a. 关闭燃料气入炉电磁阀 S01；

b. 关闭燃料油入炉电磁阀 S02；

c. 打开燃料油返回电磁阀 S03。

三、主要仪表

管式加热炉工艺 3D 仿真系统主要仪表见表 3-6。

表 3-6　仪表及一览表

位号	说明	类型	正常值	量程上限	量程下限	工程单位	高报	低报	高高报	低低报
AR101	烟道气氧含量	AI	4.0	21.0	0.0	%	7.0	1.5	10.0	1.0
FIC101	工艺物料进料量	PID	3072.5	6000.0	0.0	kg/h	4000.0	1500.0	5000.0	1000.0
FIC102	采暖水流量	PID	9584.0	20000.0	0.0	kg/h	15000.0	5000.0	18000.0	000.0

位号	说明	类型	正常值	量程上限	量程下限	工程单位	高报	低报	高高报	低低报
LI101	V105 液位	AI	40～60.0	100.0	0.0	%				
LI115	V108 液位	AI	40～60.0	100.0	0.0	%				
PIC101	V105 压力	PID	2.0	4.0	0.0	atm（G）	3.0	1.0	3.6	0.5
PI107	烟膛负压	AI	−2.0	10.0	−10.0	mmH$_2$O	0.0	−4.0	4.0	−8.0
PIC109	燃料油压力	PID	6.0	10.0	0.0	atm（G）	7.0	5.0	9.0	3.0
PDIC112	雾化蒸汽压差	PID	4.0	10.0	0.0	atm（G）	7.0	2.0	8.0	1.0
TI104	炉膛温度	AI	640.0	1000.0	0.0	℃	700.0	600.0	750.0	400.0
TI105	烟道气温度	AI	210.0	400.0	0.0	℃	250.0	100.0	300.0	50.0
TIC106	工艺物料炉出口温度	PID	420.0	800.0	0.0	℃	430.0	410.0	46 0.0	370.0
TI108	燃料油温度	AI		100.0	0.0	℃				
TI134	炉出口温度	AI		800.0	0.0	℃	430.0	400.0	450.0	370.0
TI135	炉出口温度	AI		800.0	0.0	℃	430.0	400.0	450.0	370.0
HS101	切换开关	SW			0					
MI101	风门开度	AI		100.0	0.0	%				
MI102	挡板开度	AI		100.0	0.0	%				
TT106	TIC106 的输入	AI	420.0	800.0	0.0	℃	430.0	400	450.0	370.0
PT109	PIC109 的输入	AI	6.0	10.0	0.0	atm	7.0	5.0	9.0	3.0
FT101	FIC101 的输入	AI	3072.5	6000.0	0.0	kg/h	4000.0	1500.0	5000.0	500.0
FT102	FIC102 的输入	AI	9584.0	20000.0	0.0	kg/h	11000.0	5000.0	15000.0	1000.0
PT101	PIC101 的输入	AI	2.0	4.0	0.0	atm	3.0	1.5	3.6	1.0
PT112	PDIC112 的输入	AI	4.0	10.0	0.0	atm	300.0	150.0	350.0	100.0
FRIQ104	燃料气的流量	AI	209.8	400.0	0.0	m^3/h（标况下）	0.0	−4.0	4.0	−8.0
COMP.G	炉膛内可燃气体的含量	AI	0.00	100.0	0.0	%	0.5	0.0	2.0	0.0

四、装置事故及处理

1. 燃料油火嘴堵

（1）事故现象

① 燃料油泵出口压控阀压力忽大忽小；

② 燃料气流量急骤增大。

（2）处理方法　紧急停车。

2. 燃料气压力低

（1）事故现象

① 炉膛温度下降；

② 炉出口温度下降；

③ 燃料气分液罐压力下降。

（2）处理方法

① 改为烧燃料油控制；

② 通知指导教师联系调度处理。

3. 炉管破裂

（1）事故现象

① 炉膛温度急骤升高；

② 炉出口温度升高；

③ 燃料气控制阀关阀。

（2）处理方法　紧急停车。

4. 燃料气调节阀卡

（1）事故现象

① 调节器信号变化时燃料气流量不发生变化；

② 炉出口温度下降。

（2）处理方法

① 改现场旁路手动控制；

② 通知指导老师联系仪表人员进行修理。

5. 燃料气带液

（1）事故现象

① 炉膛和炉出口温度先下降；

② 燃料气流量增加；

③ 燃料气分液罐液位升高。

（2）处理方法

① 关闭燃料气控制阀；

② 改由烧燃料油控制；

③ 通知教师联系调度处理。

6. 燃料油带水

（1）事故现象　燃料油流量增加。

（2）处理方法

① 关燃料油根部阀和雾化蒸汽阀；

② 改由烧燃料气控制；

③ 通知指导教师联系调度处理。

7. 雾化蒸汽压力低

（1）事故现象

① 产生联锁；

② PIC109 控制失灵；

③ 炉膛温度下降。

（2）处理方法

① 关燃料油根部阀和雾化蒸汽阀；

② 直接用温度控制调节器控制炉温；

③ 通知指导教师联系调度处理。

8. 燃料油泵 A 停

（1）事故现象

① 炉膛温度急剧下降；

② 燃料气控制阀开度增加。

（2）处理方法

① 现场启动备用泵；

② 调节燃料气控制阀的开度。

五、仿真界面

管式加热炉工艺 3D 仿真软件运行界面见图 3-26～图 3-28。

图 3-26　管式加热炉工艺 3D 仿真系统场景运行界面

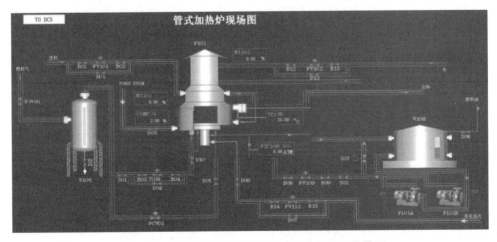

图 3-27　管式加热炉工艺 3D 仿真系统现场工艺界面

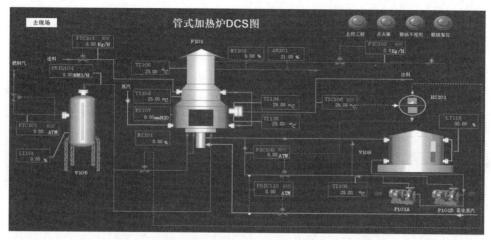

图 3-28　管式加热炉工艺 3D 仿真系统 DCS 运行界面

六、思考题

1. 什么是工业炉？按热源可分为几类？
2. 油气混合燃烧炉的主要结构是什么？开停车时应注意哪些问题？
3. 加热炉在点火前为什么要对炉膛进行蒸汽吹扫？
4. 加热炉点火时为什么要先点燃点火棒，再依次开常明线阀和燃料气阀？
5. 在点火失败后，应做些什么工作？为什么？
6. 加热炉在升温过程中为什么要烘炉？升温速率应如何控制？
7. 加热炉在升温过程中，什么时候引入工艺物料，为什么？
8. 在点燃燃油火嘴时应做哪些准备工作？
9. 雾化蒸气量过大或过小，对燃烧有什么影响？应如何处理？
10. 烟道气出口氧气含量为什么要保持在一定范围？过高或过低意味着什么？
11. 加热过程中风门和烟道挡板的开度大小对炉膛负压和烟道气出口氧气含量有什么影响？

实训五　精馏塔工艺 3D 仿真实训

一、工艺流程说明

1. 工艺说明

本流程是利用精馏方法，在脱丁烷塔中将丁烷从脱丙烷塔釜混合物中分离出来。精馏是将液体混合物部分汽化，利用其中各组分相对挥发度不同，通过液相和气相间的质量传递来实现对混合物的分离。本装置中将脱丙烷塔塔釜混合物部分汽化，由于丁烷的沸点较低，即其挥发度较高，故丁烷易于从液相中汽化出来，再将汽化的蒸汽冷凝，可得到丁烷组成高于原料的混合物，经过多次汽化冷凝，即可达到分离混合物中丁烷的目的。

原料为67.8℃脱丙烷塔的釜液（主要有C_4、C_5、C_6、C_7等），由脱丁烷塔（DA405）的第16块板进料（全塔共32块板），进料量由流量控制器FIC101控制。灵敏板温度由调节器TC101通过调节再沸器加热蒸汽的流量，来控制提馏段灵敏板温度，从而控制丁烷的分离质量。

脱丁烷塔塔釜液（主要为C_5以上馏分）一部分作为产品采出，一部经再沸器（EA418A/B）部分汽化为蒸汽从塔底上升。塔釜的液位和塔釜产品采出量由LC101和FC102组成的串级控制器控制，再沸器采用低压蒸汽加热，塔釜蒸汽缓冲罐（FA414）液位由液位控制器LC102调节底部采出量控制。

塔顶的上升蒸汽（C_4馏分和少量C_5馏分）经塔顶冷凝器（EA419）全部冷凝成液体，该冷凝液靠位差流入回流罐（FA408）。塔顶压力PC102采用分程控制：在正常的压力波动下，通过调节塔顶冷凝器的冷却水量来调节压力，当压力超高时，压力报警系统发出报警信号，PC102调节塔顶至回流罐的排气量来控制塔顶压力，调节气相出料。操作压力为5.25atm（表压），高压控制器PC101将调节回流罐的气相排放量，来控制塔内压力稳定。冷凝器以冷却水为载热体，回流罐液位由液位控制器LC103调节塔顶产品采出量来维持恒定。回流罐中的液体一部分作为塔顶产品送下一工序，另一部分液体由回流泵（GA412A/B）送回塔顶作为回流，回流量由流量控制器FC104控制。

2. 本单元复杂控制回路说明

串级回路：是在简单调节系统基础上发展起来的。在结构上，串级回路调节系统有两个闭合回路。主、副调节器串联，主调节器的输出为副调节器的给定值，系统通过副调节器的输出操纵调节阀动作，实现对主参数的定值调节。所以在串级回路调节系统中，主回路是定值调节系统，副回路是随动系统。

分程控制：就是由一台调节器的输出信号控制两台或更多的调节阀，每台调节阀在调节器的输出信号的某段范围中工作。

具体实例：

DA405的塔釜液位控制LC101和塔釜出料FC102构成一串级回路。

FC102.SP（设定值）随LC101.OP（输出值）的改变而变化。

PIC102为一分程控制器，分别控制PV102A和PV102B，当PC102.OP逐渐开大时，PV102A从0逐渐开大到100，而PV102B从100逐渐关小至0。

3. 设备一览

精馏塔工艺3D单元仿真系统主要设备见表3-7。

表3-7　设备一览表

序号	设备位号	设备名称	序号	设备位号	设备名称
1	DA405	脱丁烷塔	4	GA412A/B	回流泵
2	EA419	塔顶冷凝器	5	EA408A/B	塔釜再沸器
3	FA408	塔顶回流罐	6	FA414	塔釜蒸汽缓冲罐

二、操作规程

1. 开车操作规程

装置冷态开工状态为精馏塔单元处于常温、常压氮气吹扫完毕后的氮封状态，所有阀门、机泵处于关停状态。

（1）进料过程

① 打开 PV102B 前截止阀 V51 和后截止阀 V52，打开 PV101 前截止阀 V45 和后截止阀 V46，微开 PV101，排放塔内不凝气；

② 打开 FV101 前截止阀 V31 和后截止阀 V32，缓慢打开 FV101，直到开度大于40%，向精馏塔进料；

③ 当压力升高至 0.5atm(表压)时，关闭 PV101。

（2）启动再沸器

① 当压力 PC101 升至 0.5atm 时，打开 PV102A 前后截止阀 V48 和 V49，逐步打开冷凝水 PC102 的调节阀 PV102A 至 50%；

② 待塔釜液位 LC101 升至 20%以上时，开加热蒸汽入口阀 V13，打开 TV101 前后截止阀 V33 和 V34，再稍开 TV101 调节阀，给再沸器缓慢加热，并调节 FV101 阀开度使塔釜液位 LC101 维持在 40%～60%。待 FA-414 液位 LC102 升至 50%时，打开 LV102 前后截止阀 V36 和 V37，将 LC102 投自动，设定值为 50%。

③ 逐渐开大 TV101 至 50%,使塔釜温度逐渐上升至 100℃，灵敏板温度升至 75℃。

（3）建立回流

随着塔进料增加和再沸器、冷凝器投用，塔压会有所升高。回流罐逐渐积液。

① 塔压升高时，通过开大 PC102 的输出，改变塔顶冷凝器冷却水量和旁路量来控制塔压稳定；

② 当回流罐液位 LC103 升至 20%以上时，先开回流泵 GA412A/B 的入口阀 V19（V20），启动泵，打开出口阀 V17（V18），打开 FV104 前后截止阀 V43 和 V44，手动打开调节阀 FV104（开度>40%），维持回流液位升至 40%以上；

③ 通过 FC104 的阀开度控制回流量，维持回流罐液位不超高，同时逐渐关闭进料，全回流操作。

（4）调整至正常

① 当各项操作指标趋近正常值时，打开进料阀 FIC101；

② 逐步调整进料量 FIC101 至正常值；

③ 调节 TC101 再沸器加热量使灵敏板温度达到正常值；

④ 逐步调整回流量 FC104 至正常值；

⑤ 开 FC102 和 FC103 出料，注意塔釜、回流罐液位；

⑥ 将各控制回路投自动，各参数稳定并与工艺设计值吻合后，投产品采出串级。

2. 正常操作规程

（1）正常工况下工艺参数

① 进料流量 FIC101 设为自动，设定值为 14056kg/h；

② 塔釜采出量 FC102 设为串级，设定值为 7349kg/h，LC101 投自动，设定值为 50%；

③ 塔顶采出量 FC103 设为串级，设定值为 6707kg/h；

④ 塔顶回流量 FC104 设为自动，设定值为 9664kg/h；

⑤ 塔顶压力 PC102 设为自动，设定值为 5.25atm，PC101 投自动，设定值为 5.25atm；

⑥ 灵敏板温度 TC101 设为自动，设定值为 89.3℃；

⑦ FA-414 液位 LC102 设为自动，设定值为 50%；

⑧ 回流罐液位 LC103 设为自动，设定值为 50%。

（2）主要工艺生产指标的调整方法

① 质量调节：本系统的质量调节采用以提馏段灵敏板温度作为主参数，以再沸器和加热蒸汽流量为辅助参数的调节系统，以实现对塔的分离质量控制。

② 压力控制：在正常的压力情况下，由塔顶冷凝器的冷却水量来调节压力，当压力高于操作压力 5.25atm（表压）时，压力报警系统发出报警信号，同时通过调节 PC101 来调节回流罐的气相出料，为了保持同气相出料的相对平衡，该系统采用压力分程调节。

③ 液位调节：塔釜液位由调节塔釜的产品采出量来维持恒定，设有高低液位报警。回流罐液位由调节塔顶产品采出量来维持恒定，设有高低液位报警。

④ 流量调节：进料量和回流量都采用单回路的流量控制，再沸器加热介质流量由灵敏板温度调节。

3. 停车操作规程

（1）降负荷

① 逐步关小 FIC101 的调节阀 FV101，降低进料至正常进料量的 70%；

② 在降负荷过程中，保持灵敏板温度 TC101 的稳定性和塔压 PC102 的稳定性，使精馏塔分离出合格产品；

③ 在降负荷过程中，尽量通过 FV103 排出回流罐中的液体产品，至回流罐液位 LC103 在 20% 左右；

④ 在降负荷过程中，尽量通过 FV102 排出塔釜产品，使 LC101 降至 30% 左右。

（2）停进料和再沸器　在负荷降至正常的 70%，且产品已大部分采出后，停进料和再沸器。

① 关 FIC101 调节阀，停精馏塔进料；

② 关 TV101 调节阀和 V13 或 V16 阀，停再沸器的加热蒸汽；

③ 关 FV102 调节阀和 FV103 调节阀，停止产品采出；

④ 打开塔釜泄液阀 V10，排出不合格产品，并控制塔釜降低液位；

⑤ 手动打开 LV102 调节阀，对 FA-114 泄液。

（3）停回流

① 停进料和再沸器后，回流罐中的液体全部通过回流泵打入塔内，以降低塔内温度；

② 当回流罐液位降至 0 时，关 FV104 调节阀，关泵出口阀 V17（或 V18），停泵 GA412A（或 GA412B），关入口阀 V19（或 V20），停回流；

③ 开泄液阀 V10 排净塔内液体。

（4）降压、降温

① 打开 PV101 调节阀，将塔压降至接近常压后，关 PV101 调节阀；

② 全塔温度降至 50℃ 左右时，关塔顶冷凝器的冷却水（PC102 的输出调至 0）。

三、主要仪表

精馏塔工艺 3D 仿真系统仪表及报警见表 3-8。

表 3-8　仪表及报警一览表

位号	说明	类型	正常值	量程高限	量程低限	工程单位
FIC101	塔进料量控制	PID	14056.0	28000.0	0.0	kg/h
FC102	塔釜采出量控制	PID	7349.0	14698.0	0.0	kg/h
FC103	塔顶采出量控制	PID	6707.0	13414.0	0.0	kg/h
FC104	塔顶回流量控制	PID	9664.0	19000.0	0.0	kg/h
PC101	塔顶压力控制	PID	5.25	8.5	0.0	atm
PC102	塔顶压力控制	PID	5.25	8.5	0.0	atm
TC101	灵敏板温度控制	PID	89.3	190.0	0.0	℃
LC101	塔釜液位控制	PID	50.0	100.0	0.0	%
LC102	塔釜蒸汽缓冲罐液位控制	PID	50.0	100.0	0.0	%
LC103	塔顶回流罐液位控制	PID	50.0	100.0	0.0	%
TI102	塔釜温度	AI	109.3	200.0	0.0	℃
TI103	进料温度	AI	67.8	100.0	0.0	℃
TI104	回流温度	AI	39.1	100.0	0.0	℃
TI105	塔顶气温度	AI	46.5	100.0	0.0	℃

四、装置事故及处理

1. 加热蒸汽压力过高

（1）原因　加热蒸汽的流量过大。

（2）现象　塔釜温度持续上升。

（3）处理方法　适当减小 TV101 的阀门开度。

2. 加热蒸汽压力过低

（1）原因　加热蒸汽的流量太小。

（2）现象　塔釜温度持续下降。

（3）处理方法　适当增大 TV101 的开度。

3. 冷凝水中断

（1）原因　冷凝水阀门卡死。

（2）现象　塔顶温度上升，塔顶压力升高。

（3）处理方法

① 开回流罐放空阀 PV101 保压；

② 手动关闭 FV101，停止进料；

③ 手动关闭 TV101，停加热蒸汽；

④ 手动关闭 FV103 和 FV102，停止产品采出；

⑤ 开塔釜排液阀 V10，排不合格产品；

⑥ 手动打开 LV102，对 FA414 泄液；

⑦ 当回流罐液位为 0 时，关闭 FV104；

⑧ 关闭回流泵出口阀 V17/V18；

⑨ 关闭回流泵 GA412A/GA412B；

⑩ 关闭回流泵入口阀 V19/V20；

⑪ 待塔釜液位为 0 时，关闭泄液阀 V10；

⑫ 待塔顶压力降为常压后，关闭冷凝器。

4. 停电

（1）原因　电路出现故障。

（2）现象　回流泵 GA412A 停止，回流中断。

（3）处理方法

① 手动开回流罐放空阀 PV101 泄压；

② 手动关进料阀 FIC101；

③ 手动关出料阀 FV102 和 FV103；

④ 手动关加热蒸汽阀 TV101；

⑤ 开塔釜排液阀 V10 和回流罐泄液阀 V23，排不合格产品；

⑥ 手动打开 LV102，对 FA414 泄液；

⑦ 当回流罐液位为 0 时，关闭 V23；

⑧ 关闭回流泵出口阀 V17/V18；

⑨ 关闭回流泵 GA412A/GA412B；

⑩ 关闭回流泵入口阀 V19/V20；

⑪ 待塔釜液位为 0 时，关闭泄液阀 V10；

⑫ 待塔顶压力降为常压后，关闭冷凝器。

5. 回流泵无法启动

（1）原因　回流泵 GA412A 泵电机出现故障，无法启动。

（2）现象　回流中断，塔顶压力、温度上升。

（3）处理方法

① 开备用泵入口阀 V20；

② 启动备用泵 GA412B；

③ 开备用泵出口阀 V18；

④ 关闭运行泵出口阀 V17；

⑤ 停运行泵 GA412A；

⑥ 关闭运行泵入口阀 V19。

五、仿真界面

精馏塔工艺 3D 仿真软件运行界面见图 3-29～图 3-32。

图 3-29　精馏塔工艺 3D 仿真系统场景运行界面

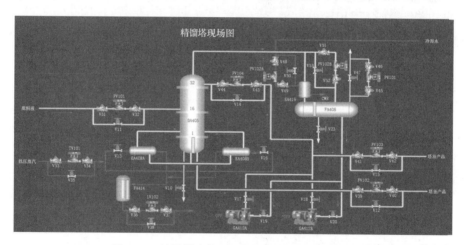

图 3-30　精馏塔工艺 3D 仿真系统现场工艺界面

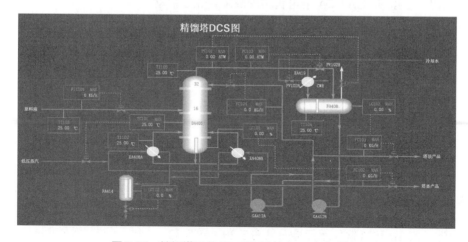

图 3-31　精馏塔工艺 3D 仿真系统 DCS 运行界面

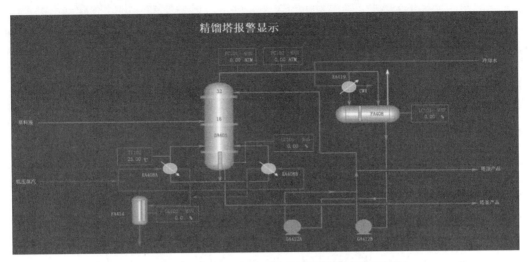

图 3-32　精馏塔工艺 3D 仿真系统精馏塔报警显示界面

六、思考题

1. 在本单元中，如果塔顶温度、压力都超过标准，可以有几种方法将系统调节稳定？

2. 当系统在较高负荷突然出现大的波动，不稳定时，为什么要将系统降到低负荷的稳态，再重新开到高负荷？

3. 若精馏塔灵敏板温度过高或过低，则意味着分离效果如何？应通过改变哪些变量来调节至正常？

4. 请分析本流程中如何通过分程控制来调节精馏塔正常操作压力。

5. 根据本单元的实际操作，写出串级控制的工作原理和操作方法。

实训六　双塔精馏工艺 3D 仿真实训

一、工艺流程简述

1. 工艺说明

含有不同组分的原料液进入轻组分脱除塔 T150。T150 塔顶轻组分产品经塔顶冷凝器冷凝后进入两相分离罐 V151，塔顶分离罐中的油相一部分作为塔顶回流液，一部分进入萃取塔进行回收利用；T150 塔顶分离罐中的水相作为轻组分产品排出。T150 塔底物流直接进入产品精制塔 T160，进一步精制。T160 塔顶产品经过冷凝器 E162 冷凝后进入塔顶冷凝罐 V161。塔顶冷凝罐中的产品通过回流泵一部分作为回流液进入 T161，一部分作为最终产品进入产品贮罐。T161 塔底重组分产品经釜液泵送至废液罐进行再处理或回收利用。

2. 设备一览

双塔精馏工艺 3D 仿真系统中的主要设备见表 3-9。

表 3-9　双塔精馏工艺 3D 仿真主要设备一览表

序号	设备位号	设备名称	序号	设备位号	设备名称
1	T150	轻组分脱除塔	7	T160	产品精制塔
2	E151	塔底再沸器	8	E161	塔底再沸器
3	E152	塔顶冷凝器	9	E162	塔顶冷凝器
4	V151	两相分离罐	10	V161	塔顶冷凝罐
5	P150A/B	釜液泵	11	P160A/B	釜液泵
6	P151A/B	回流泵	12	P161A/B	回流泵

二、操作规程

1. 冷态开车操作规程

（1）抽真空

① 打开压力控制阀 PV128 前阀 VD617；

② 打开压力控制阀 PV128 后阀 VD618；

③ 打开压力控制阀 PV128，给 T150 系统抽真空，直到压力接近 60kPa；

④ 打开压力控制阀 PV133 前阀 VD722；

⑤ 打开压力控制阀 PV133 后阀 VD723；

⑥ 打开压力控制阀 PV133，给 T160 系统抽真空，直到压力接近 20kPa；

⑦ V151 罐压力稳定在 61.33kPa 后，将 PIC128 设置为自动；

⑧ V161 罐压力稳定在 20.7kPa 后，将 PIC133 设置为自动。

（2）T160、V161 脱水

① 打开阀 VD711，引轻组分产品洗涤回流罐 V161；

② 待 V161 液位达到 10%后，打开 P161A 泵入口阀 VD724；

③ 启动 P161A；

④ 打开 P161A 泵出口阀 VD725；

⑤ 打开控制阀 FV150 及其前后阀 VD719、VD718，引轻组分洗涤 T160；

⑥ 待 T160 底部液位达到 5%后，关闭轻组分进料阀 VD711；

⑦ 待 V161 中洗液全部引入 T160 后，关闭 P161A 泵出口阀 VD725；

⑧ 关闭 P161A；

⑨ 关闭 P161A 泵入口阀 VD724；

⑩ 关闭控制阀 FV150 及其前后阀；

⑪ 打开 VD706，将废洗液排出；

⑫ 洗涤液排放完毕后，关闭 VD706。

（3）启动 T150

① 打开 E152 冷却水阀 V601，E152 投用；

② 打开 V405，进原料；

③ 当 T150 底部液位达到 25%后，打开 P150A 泵入口阀 VD627；

④ 启动 P150A；

⑤ 打开 P150A 泵出口阀 VD628；

⑥ 打开控制阀 FV141 及其前后阀 VD605、VD606；

⑦ 打开手阀 VD615，将 T150 底部物料排放至不合格罐，控制好塔液面；

⑧ 打开控制阀 FV140 及其前后阀 VD622、VD621，给 E151 引蒸汽；

⑨ 待 V151 液位达到 25% 后，打开 P151A 泵入口阀 VD623；

⑩ 启动 P151A；

⑪ 打开 P151A 泵出口阀 VD624；

⑫ 打开控制阀 FV142 及其前后阀 VD603、VD602，给 T150 打回流；

⑬ 打开控制阀 FV144 及其前后阀 VD609、VD610；

⑭ 打开阀 VD614，将部分物料排至不合格罐；

⑮ 待 V151 液位达到 25% 后，打开 FV145 及其前后阀 VD611、VD612，向轻组分萃取塔排放；

⑯ 待 T150 操作稳定后，打开阀 VD613；

⑰ 同时关闭 VD614，将 V151 物料从产品排放改至去轻组分萃取塔釜；

⑱ 关闭阀 VD615；

⑲ 同时打开阀 VD616，将 T150 底部物料由至不合格罐改去 T160；

⑳ 控制 TG151 温度为 40℃；

㉑ 控制塔釜温度 TI139 为 71℃。

（4）启动 T160

① 打开阀 V701，E162 冷却器投用；

② 待 T160 液位达到 25% 后，打开 P160A 泵入口阀 VD728；

③ 启动 P160A；

④ 打开 P160A 泵出口阀 VD729；

⑤ 打开控制阀 FV151 及其前后阀 VD716、VD717；

⑥ 同时打开 VD707，将 T160 塔底物料送至不合格罐；

⑦ 打开控制阀 FV149 及其前后阀 VD702、VD703，向 E161 引蒸汽；

⑧ 待 V161 液位达到 25% 后，打开回流泵 P161A 入口阀 VD724；

⑨ 启动回流泵 P161A；

⑩ 打开回流泵 P161A 出口阀 VD725；

⑪ 打开塔顶回流控制阀 FV150 及其前后阀 VD719、VD718，打回流；

⑫ 打开控制阀 FV153 及其前后阀 VD720、VD721；

⑬ 打开阀 VD714，将 V161 物料送至不合格罐；

⑭ T160 操作稳定后，关闭阀 VD707；

⑮ 同时打开阀 VD708，将 T160 底部物料由至不合格罐改至分馏塔；

⑯ 关闭阀 VD714；

⑰ 同时打开阀 VD713，将合格产品由至不合格罐改至塔顶产品罐；

⑱ 控制 TG161 温度为 36℃；

⑲ 控制塔釜温度 TI147 为 56℃。

（5）调节至正常

① 待 T150 塔操作稳定后，将 FIC142 设置为自动；

② 设定 FIC142 为 2027kg/h；

③ 待 T160 塔操作稳定后，将 FIC150 设置为自动；

④ 设定 FIC150 为 3287kg/h；

⑤ 待 T150 塔灵敏板温度接近 70℃，且操作稳定后，将 TIC140 设置为自动；

⑥ 设定 TIC140 为 70℃；

⑦ FIC140 投串级；

⑧ 将 LIC121 设置为自动；

⑨ 设定 LIC121 为 50%；

⑩ FIC144 投串级；

⑪ 将 LIC123 设置为自动；

⑫ 设定 LIC123 为 50%；

⑬ FIC145 投串级；

⑭ 将 LIC119 设置为自动；

⑮ 设定 LIC119 为 50%；

⑯ FIC141 投串级；

⑰ 将 LIC126 设置为自动；

⑱ 设定 LIC126 为 50%；

⑲ FIC153 投串级；

⑳ 待 T160 塔灵敏板温度接近 45℃，且操作稳定后，将 TIC148 设置为自动；

㉑ 设定 TIC148 为 45℃；

㉒ FIC149 投串级；

㉓ 将 LIC125 设置为自动；

㉔ 设定 LIC125 为 50%；

㉕ FIC151 投串级。

2. 停车操作规程

（1）T150 降负荷

① 手动逐步关小进料阀 V405，使进料降至正常进料量的 70%；

② 保持灵敏板温度 TIC140 的稳定性；

③ 保持塔压 PIC128 的稳定性；

④ 关闭 VD613，停止塔顶产品采出；

⑤ 打开 VD614，将塔顶产品排至不合格罐；

⑥ 关闭 VD616，停止塔釜产品采出；

⑦ 打开 VD615，将塔顶产品排至不合格罐；

⑧ 断开 LIC121 和 FIC144 的串级，手动开大 FV144，使液位 LIC121 降至 20%；

⑨ 液位 LIC121 降至 20%；

⑩ 断开 LIC123 和 FIC145 的串级，手动开大 FV145，使液位 LIC123 降至 20%；

⑪ 液位 LIC123 降至 20%；

⑫ 断开 LIC119 和 FIC141 的串级，手动开大 FV141，使液位 LIC119 降至 30%；

⑬ 液位 LIC119 降至 30%；

⑭ 对 T150 塔釜进行泄液。

（2）T160 降负荷

① 关闭 VD708，停止塔釜产品采出；

② 打开 VD707，将塔顶产品排至不合格罐；

③ 关闭 VD713，停止塔顶产品采出；

④ 打开 VD714，将塔顶产品排至不合格罐；

⑤ 断开 LIC126 和 FIC153 的串级，手动开大 FV153，使液位 LIC126 降至 20%；

⑥ 液位 LIC126 降至 20%；

⑦ 断开 LIC125 和 FIC151 的串级，手动开大 FV151，使液位 LIC125 降至 20%；

⑧ 液位 LIC125 降至 30%；

⑨ 对 T160 塔釜进行泄液。

（3）停进料和再沸器

① 关闭进料阀 V405，停进料；

② 断开 FIC140 和 TIC140 的串级，关闭调节阀 FV140，停加热蒸汽；

③ 关闭 FV140 前截止阀 VD622；

④ 关闭 FV140 后截止阀 VD621；

⑤ 断开 FIC149 和 TIC148 的串级，关闭调节阀 FV149，停加热蒸汽；

⑥ 关闭 FV149 前截止阀 VD702；

⑦ 关闭 FV149 后截止阀 VD703。

（4）T150 塔停回流

① 手动开大 FV142，将回流罐内液体全部打入精馏塔，以降低塔内温度；

② 当回流罐液位降至 0%，停回流，关闭调节阀 FV142；

③ 关闭 FV142 前截止阀 VD603；

④ 关闭 FV142 后截止阀 VD602；

⑤ 关闭泵 P151A 出口阀 VD624；

⑥ 停泵 P151A；

⑦ 关闭泵 P151A 入口阀 VD623。

（5）T160 塔停回流

① 手动开大 FV150，将回流罐内液体全部打入精馏塔，以降低塔内温度；

② 当回流罐液位降至 0%，停回流，关闭调节阀 FV150；

③ 关闭 FV150 前截止阀 VD719；

④ 关闭 FV150 后截止阀 VD718；

⑤ 关闭泵 P161A 出口阀 VD725；

⑥ 停泵 P161A；

⑦ 关闭泵 P161A 入口阀 VD724。

（6）降温

① 将 V151 的水排净后将 FV145 关闭；

② 关闭 FV145 前阀 VD611；

③ 关闭 FV145 后阀 VD612；

④ 关闭泵 P150A 出口阀 VD628；

⑤ T150 底部物料排空后，停 P150A；

⑥ 关闭泵 P150A 入口阀 VD627；

⑦ 关闭泵 P160A 出口阀 VD729；

⑧ T160 底部物料排空后，停 P160A；

⑨ 关闭泵 P160A 入口阀 VD728。

（7）系统打破真空

① 关闭控制阀 PV128 及其前后阀；

② 关闭控制阀 PV133 及其前后阀；

③ 打开阀 VD601，向 V151 充入 LN（低压氮气）；

④ 打开阀 VD704，向 V161 充入 LN；

⑤ 直至 T150 系统达到常压状态，关闭阀 VD601，停 LN；

⑥ 直至 T160 系统达到常压状态，关闭阀 VD704，停 LN。

三、主要仪表

双塔精馏工艺 3D 仿真系统主要仪表见表 3-10。

表 3-10　双塔精馏工艺 3D 仿真系统仪表一览表

位号	说明	类型	正常值	工程单位
FIC140	低压蒸汽流量	PID	896.0	kg/h
FIC141	轻组分脱除塔塔釜流量	PID	2195.0	kg/h
FIC142	轻组分脱除塔塔顶回流量	PID	2027.0	kg/h
FIC144	轻组分脱除塔塔顶油相产品量	PID	1241.0	kg/h
FIC145	轻组分脱除塔塔顶水相产品量	PID	44.0	kg/h
TIC140	轻组分脱除塔灵敏版温度	PID	70.0	℃
PIC128	轻组分脱除塔塔顶回流罐压力	PID	61.33	kPa
FIC149	低压蒸汽流量	PID	952	kg/h
FIC150	产品精制塔塔顶回流量	PID	3287	kg/h
FIC151	产品精制塔塔釜产品量	PID	64	kg/h
FIC153	产品精制塔塔顶产品量	PID	2191	kg/h
TIC148	产品精制塔灵敏板温度	PID	45.0	℃
PIC133	产品精制塔顶回流罐压力	PID	20.7	kPa
FI128	进料流量	AI	4944	kg/h
TI141	轻组分脱除塔进料段温度	AI	65	℃
TI143	轻组分脱除塔塔釜蒸汽温度	AI	74	℃
TI139	轻组分脱除塔塔釜温度	AI	71	℃
TI142	轻组分脱除塔塔顶段温度	AI	61	℃
PI125	轻组分脱除塔塔顶压力	AI	63	kPa
PI126	轻组分脱除塔塔釜压力	AI	73	kPa
TI152	产品精制塔塔釜蒸汽温度	AI	64	℃
TI147	产品精制塔塔釜温度	AI	56	℃
TI151	产品精制塔塔顶温度	AI	38	℃

位号	说明	类型	正常值	工程单位
TI150	产品精制塔进料段温度	AI	40	℃
PI130	产品精制塔塔顶压力	AI	21	kPa
PI131	产品精制塔塔釜压力	AI	27	kPa

四、装置事故及处理

1.P150 故障

（1）事故现象　P150 事故现象见表 3-11。

表 3-11　P150 事故现象一览表

位号	位号名称	正常值	单位	状态趋势
FIC141	轻组分脱除塔塔釜流量显示	2195	kg/h	下降至零
LIC119	T150 塔釜液位显示	50	%	上升

（2）事故原因　造成 P150 事故现象的原因分析见表 3-12。

表 3-12　P150 事故原因分析一览表

编号	可能出现的原因	排查方法	排查结果
1	阀 FV141 故障	打开 FV141 旁通阀，FIC141 仍然无流量，则可排除	否
2	P150A 故障	开启备用泵 P150B，泵出口流量恢复正常，则可表明 P150A 故障	是

（3）处理方法　处理原则：停用故障泵，启动备用泵。

详细处理步骤如下：

① 开备用泵入口阀 VD629；

② 启动备用泵 P150B；

③ 开备用泵出口阀 VD630；

④ 关故障泵出口阀 VD628；

⑤ 停故障泵 P150A；

⑥ 关故障泵入口阀 VD627。

2. 产品精制塔塔釜出料调节阀 FV151 卡

（1）事故现象　塔釜出料事故现象见表 3-13。

表 3-13　塔釜出料事故现象一览表

位号	位号名称	正常值	单位	状态趋势
FIC151	精制塔塔釜产品量	64	kg/h	下降至零
LIC125	T160 塔釜液位显示	50	%	下降

（2）事故原因　造成塔釜出料事故现象的原因分析见表3-14。

表3-14　塔釜出料事故分析一览表

编号	可能出现的原因	排查方法	排查结果
1	P160A 故障	开启备用泵 P150B，泵出口流量仍无法正常，则可排除	否
2	塔釜出料调节阀 FV151 卡	关闭 FV151 入口阀，打开旁通阀，FIC151 恢复正常，则表明阀 FV151 故障	是

（3）处理方法　处理原则：关闭 FV151 前后截止阀，切至 FV151 旁通阀控制。
详细处理步骤：

① 将 FIC151 设为手动模式；

② 关闭 FV151 前截止阀 VD716；

③ 关闭 FV151 后截止阀 VD717；

④ 打开 FV151 旁通阀 V706，维持塔釜液位。

3. 轻组分脱除塔回流阀 FV142 卡

（1）事故现象　回流阀事故现象见表3-15。

表3-15　回流阀事故现象一览表

位号	位号名称	正常值	单位	状态趋势
FIC142	轻组分脱除塔回流量	2027	kg/h	降低
FIC144	轻组分脱除塔塔顶油相产品量	1241	kg/h	升高
LIC121	轻组分脱除塔回流罐液位	50	%	升高

（2）事故原因　造成回流阀事故现象的原因分析见表3-16。

表3-16　回流阀事故原因分析一览表

编号	可能出现的原因	排查方法	排查结果
1	P151A 故障	观察 FIC144 流量增大，则可排除	否
2	回流阀 FV142 卡	打开回流阀 FV142 旁通阀，FIC142 流量上升，则表明阀 FV142 故障	是

（3）处理方法　关闭 FV142 前后截止阀，切至回流阀 FV142 旁通阀控制。详细处理步骤如下：

① 将 FIC142 设为手动模式；

② 关闭 FV142 前截止阀 VD603；

③ 关闭 FV142 后截止阀 VD602；

④ 打开旁通阀 V606，保持回流。

五、仿真界面

双塔精馏工艺 3D 仿真系统软件运行界面见图3-33～图3-37。

图 3-33　双塔精馏工艺 3D 仿真系统场景运行界面

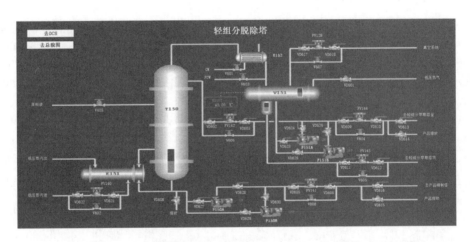

图 3-34　双塔精馏工艺 3D 仿真系统轻组分脱除塔现场界面

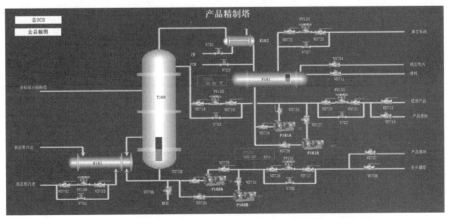

图 3-35　双塔精馏工艺 3D 仿真系统产品精制塔现场界面

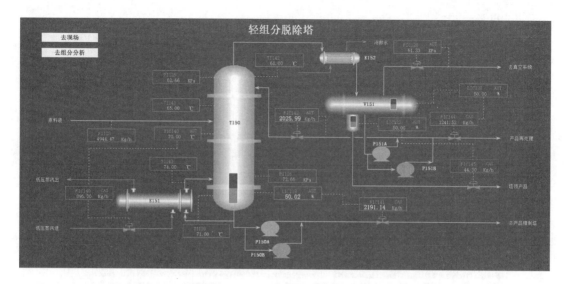

图 3-36　双塔精馏工艺 3D 仿真系统轻组分脱除塔 DCS 界面

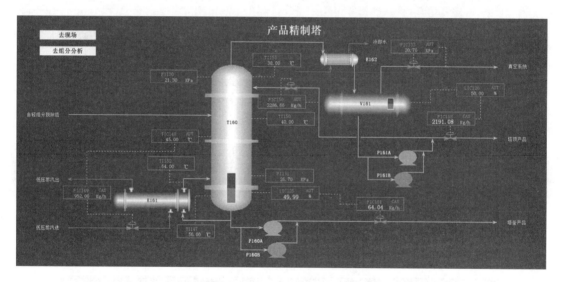

图 3-37　双塔精馏工艺 3D 仿真系统产品精制塔 DCS 界面

六、思考题

1. 双塔精馏单元的基本原理是什么？
2. 双塔精馏与单塔精馏相比有哪些优势？
3. 在双塔精馏单元仿真系统中，如何设置和操作两个精馏塔以达到最佳分离效果？
4. 双塔精馏单元仿真系统在实际工业生产中的应用价值是什么？

实训七　吸收-解吸工艺3D仿真实训

一、工艺流程说明

1.工艺说明

吸收-解吸是石油化工生产过程中较常用的重要单元操作过程。吸收过程是利用气体混合物中各个组分在液体（吸收剂）中的溶解度不同，来分离气体混合物。被溶解的组分称为溶质或吸收质，含有溶质的气体称为富气，不被溶解的气体称为贫气或惰性气体。

溶解在吸收剂中的溶质和气相中的溶质存在溶解平衡，当溶质在吸收剂中达到溶解平衡时，溶质在气相中的分压称为该组分在该吸收剂中的饱和蒸气压。当溶质在气相中的分压大于该组分的饱和蒸气压时，溶质就从气相溶入溶质中，称为吸收过程。当溶质在气相中的分压小于该组分的饱和蒸气压时，溶质就从液相逸出到气相中，称为解吸过程。

提高压力、降低温度有利于溶质吸收；降低压力、提高温度有利于溶质解吸，正是利用这一原理分离气体混合物，而吸收剂可以重复使用。

该单元以 C_6 油为吸收剂，分离气体混合物（其中 C_4 含量：25.13%，CO 和 CO_2 含量：6.26%，N_2 含量：64.5%，H_2 含量：3.6%，O_2 含量：0.53%）中的 C_4 组分（吸收质）。

从界区外来的富气从底部进入吸收塔 T101。界区外来的纯 C_6 油吸收剂贮存于 C_6 油贮罐 D101 中，由 C_6 油泵 P101A/B 送入吸收塔 T101 的顶部，C_6 流量由 FRC103 控制。吸收剂 C_6 油在吸收塔 T101 中自上而下与富气逆向接触，富气中 C_4 组分溶解在 C_6 油中。不溶解的贫气自 T101 顶部排出，经吸收塔顶冷凝器 E101 被 $-4℃$ 的盐水冷却至 $2℃$ 进入尾气分离罐 D102。吸收了 C_4 组分的富油（C_4：8.2%，C_6：91.8%）从吸收塔底部排出，经贫富油换热器 E103 预热至 $80℃$ 进入解吸塔 T102。吸收塔塔釜液位由 LIC101 和 FIC104 通过调节塔釜富油采出量串级控制。

来自吸收塔顶部的贫气在气液分离罐 D102 中回收冷凝的 C_4、C_6 后，不凝气在 D102 压力控制器 PIC103（1.2MPa，G）控制下排入放空总管进入大气。回收的冷凝液（C_4，C_6）与吸收塔釜排出的富油一起进入解吸塔 T102。

预热后的富油进入解吸塔 T102 进行解吸分离。塔顶气相出料（C_4：95%）经解吸塔顶冷凝器 E104 换热降温至 $40℃$ 全部冷凝进入塔顶回流罐 D103，其中一部分冷凝液由 P102A/B 泵打回流至解吸塔顶部，回流量 8.0t/h，由 FIC106 控制，其他部分作为 C_4 产品在液位控制（LIC105）下由 P102A/B 泵抽出。塔釜 C_6 油在液位控制（LIC104）下，经贫富油换热器 E103 和循环油冷却器 E102 降温至 $5℃$ 返回至 C_6 油贮罐 D101 再利用，返回温度由温度控制器 TIC103 通过调节 E102 循环冷却水流量控制。

T102 塔釜温度由 TIC107 和 FIC108 通过调节解吸塔釜再沸器 E105 的蒸汽流量串级控制，控制温度 $102℃$。塔顶压力由 PIC105 通过调节解吸塔顶冷凝器 E104 的冷却水流量控制，另有一塔顶压力保护控制器 PIC104，在塔顶压力高时通过调节 D103 放空量降压。

因为塔顶 C_4 产品中含有部分 C_6 油及其他 C_6 油损失，所以随着生产的进行，要定期观

察 C_6 油贮罐 D101 的液位，补充新鲜 C_6 油。

2. 本单元复杂控制方案说明

吸收解吸单元复杂控制回路主要是串级回路的使用，在吸收塔、解吸塔和产品罐中都使用了液位与流量串级回路。

串级回路：是在简单调节系统基础上发展起来的。在结构上，串级回路调节系统有两个闭合回路。主、副调节器串联，主调节器的输出为副调节器的给定值，系统通过副调节器的输出操纵调节阀动作，实现对主参数的定值调节。所以在串级回路调节系统中，主回路是定值调节系统，副回路是随动系统。

举例：在吸收塔 T101 中，为了保证液位的稳定，有一塔釜液位与塔釜出料组成的串级回路。液位调节器的输出同时是流量调节器的给定值，即流量调节器 FIC104 的 SP 值由液位调节器 LIC101 的输出 OP 值控制，LIC101 输出 OP 值的变化使 FIC104 的 SP 值产生相应的变化。

3. 设备一览

吸收-解吸工艺 3D 仿真系统主要设备见表 3-17。

表 3-17　吸收-解吸工艺 3D 仿真系统主要设备一览表

设备位号	设备名称	设备位号	设备名称
T101	吸收塔	T102	解吸塔
D101	C_6 油贮罐	D103	解吸塔顶回流罐
D102	尾气分离罐	E103	贫富油换热器
E101	吸收塔顶冷凝器	E104	解吸塔顶冷凝器
E102	循环油冷却器	E105	解吸塔釜再沸器
P101A/B	C_6 油供给泵	P102A/B	解吸塔顶回流、塔顶产品采出泵

二、操作规程

1. 开车操作规程

装置的开工状态为吸收塔、解吸塔系统均处于常温常压下，各调节阀处于手动关闭状态，各手阀处于关闭状态，氮气置换已完毕，公用工程已具备条件，可以直接进行氮气充压。

（1）氮气充压

① 确认所有手阀处于关闭状态。

② 氮气充压

a. 打开氮气充压阀 V20，给吸收塔系统充压；

b. 当吸收塔系统压力（PI101）升至 1.0MPa（G）左右时，关闭 N_2 充压阀 V20；

c. 打开氮气充压阀 V20，给解吸塔系统充压；

d. 当解吸塔系统压力（PIC104）升至 0.5MPa（G）左右时，关闭 N_2 充压阀 V20。

（2）进吸收油

① 确认

a. 系统充压已结束；

b. 所有手阀处于关闭状态。

② 吸收塔系统进吸收油

a. 打开引油阀 V9 至开度 50%左右，给 C_6 油贮罐 D101 充 C_6 油至液位 50%以上，关闭 V9 阀；

b. 打开 C_6 油泵 P101A（或 B）的入口阀 VI9（VI11），启动 P101A（或 B）；

c. 打开 P101A（或 B）出口阀 VI10（或 VI12），手动打开 FV103 阀至 30%左右给吸收塔 T101 充液至 50%，充油过程中注意观察 D101 液位，必要时给 D101 补充新油。

③ 解吸塔系统进吸收油

a. 手动打开调节阀 FV104 开度至 50%左右，给解吸塔 T102 进吸收油至液位 50%；

b. 给 T102 进油时注意给 T101 和 D101 补充新油，以保证 D101 和 T101 的液位均不低于 50%。

（3）C_6 油冷循环

① 确认

a. C_6 油贮罐、吸收塔、解吸塔液位均在 50%左右；

b. 吸收塔系统与解吸塔系统保持合适压差。

② 建立冷循环

a. 打开调节阀 LV104 前阀 VI13 和后阀 VI14，手动逐渐打开调节阀 LV104，向 D101 倒油；

b. 当向 D101 倒油时，同时逐渐调整 LV104，以保持 T102 液位在 50%左右，将 LIC104 设定在 50%投自动；

c. 由 T101 至 T102 进行油循环时，手动调节 FV103 以保持 T101 液位在 50%左右，将 LIC101 设定在 50%投自动；

d. LIC101 稳定在 50%后，将 FIC 投串级；

e. 手动调节 FV103，使 FRC103 保持在 13.60t/h，投自动，冷循环 10min。

（4）T102 回流罐 D103 进 C_4　打开 V21 向 D103 进 C_4 至液位>40%，关闭 V21。

（5）C_6 油热循环

① 确认

a. 冷循环过程已经结束；

b. D103 液位已建立。

② T102 再沸器投用

a. 设定 TIC103 于 5℃，投自动；

b. 手动打开 PV105 至 70%；

c. 手动控制 PIC105 于 0.5MPa，待回流稳定后再投自动；

d. 手动打开 FV108 至 50%，开始给 T102 加热。

③ 建立 T102 回流

a. 随着 T102 塔釜温度 TIC107 逐渐升高，C_6 油开始汽化，并在 E104 中冷凝至回流罐 D103；

b. 当塔顶温度 TI106 高于 50℃时，打开 P102A/B 泵的进口阀 VI25/27 启动泵，再打开泵的出口阀 VI26/28，打开 FV106 的前后阀，手动打开 FV106 至合适开度（液量>2t/h），维持塔顶温度高于 51℃；

c. 当 TIC107 温度指示达到 102℃时，将 TIC107 设定在 102℃投自动，TIC107 和

FIC108 投串级；

d. 热循环 10min。

（6）进富气

① 确认 C_6 油热循环已经建立；

② 进富气

a. 逐渐打开富气进料阀 V1，开始富气进料，FI101 流量显示为 5t/h；

b. 随着 T101 富气进料，塔压升高，手动调节 PIC103 使压力恒定在 1.2MPa（表），当富气进料达到正常值后，设定 PIC103 于 1.2MPa（表），投自动；

c. 当吸收了 C_4 的富油进入解吸塔后，塔压将逐渐升高，手动调节 PIC105，维持 PIC105 在 0.5MPa（表），若压力过高，还可以通过调节 PV104 排放气体，稳定后 PIC105 投自动，PIC104 投自动，设定值为 0.55MPa；

d. 当 T102 温度、压力控制稳定后，手动调节 FIC106 使回流量达到正常值 8.0t/h，投自动；

e. 观察 D103 液位，液位高于 50% 时，打开 LV105 的前后阀，手动调节 LIC105 维持液位在 50%，投自动；

f. 将所有操作指标逐渐调整到正常状态。

2. 正常操作规程

（1）正常工况操作参数

① 吸收塔顶压力（PIC103）：1.20MPa（表）。

② 循环油温度（TIC103）：5.0℃。

③ 解吸塔顶压力（PIC105）：0.50MPa（表）。

④ 解吸塔顶温度：51.0℃。

⑤ 解吸塔釜温度（TIC107）：102.0℃。

⑥ 吸收塔液位（LIC101）：50%左右。

⑦ C_6 油贮罐液位（LI102）：60%左右。

⑧ 解吸塔液位（LIC104）：50%左右。

⑨ 解吸塔顶回流罐液位（LIC105）：50%左右。

（2）补充新油　因为塔顶 C_4 产品中含有部分 C_6 油及其他 C_6 油损失，所以随着生产的进行，要定期观察 C_6 油贮罐 D101 的液位，当液位低于 30% 时，打开阀 V9 补充新鲜的 C_6 油。

（3）D102 排液　贫气中的少量 C_4 和 C_6 组分积累于尾气分离罐 D102 中，定期观察 D102 的液位，当液位高于 70% 时，打开阀 V7 将凝液排放至解吸塔 T102 中。

（4）T102 塔压控制　正常情况下 T102 的压力由 PIC105 通过调节 E104 的冷却水流量控制。生产过程中会有少量不凝气积累于回流罐 D103 中使解吸塔系统压力升高，这时 T102 顶部压力超高保护控制器 PIC104 会自动控制排放不凝气，维持压力不会超高。必要时可手动打开 PV104 至开度 1%～3% 来调节压力。

3. 停车操作规程

（1）停富气进料

① 关富气进料阀 V1，停富气进料；

② 富气进料中断后，T101 塔压会降低，手动调节 PIC103，维持 T101 压

力>1.0MPa（表）；

③ 手动调节 PIC105 维持 T102 塔压力在 0.20MPa（表）左右；

④ 维持 T101→T102→D101 的 C_6 油循环。

（2）停吸收塔系统

① 停 C_6 油进料

a. 关闭泵 P101A/B 出口阀 VI10/VI12，停 C_6 油泵 P101A/B；

b. 关闭 P101A/B 进口阀 VI9/VI11；

c. FRC103 置手动，关 FV103 前后阀；

d. 手动关 FV103 阀，停 T101 油进料。

此时应注意保持 T101 的压力≥1.0MPa，压力低时可用 N_2 充压，否则 T101 塔釜 C_6 油无法排出。

② 吸收塔系统泄油

a. LIC101 和 FIC104 置手动，FV104 开度保持 50%，向 T102 泄油；

b. 当 LIC101 液位降至 0%时，关闭 FV104；

c. 打开 V7 阀，将 D102 中的凝液排至 T102 中；

d. 当 D102 液位指示降至 0%时，关 V7 阀；

e. 关 V4 阀，中断盐水停 E101；

f. 手动打开 PV103，吸收塔系统泄压至常压，关闭 PV103。

（3）停解吸塔系统

① 停 C_4 产品出料。富气进料中断后，将 LIC105 置手动，关阀 LV105 及其前后阀。

② T102 塔降温

a. TIC107 和 FIC108 置手动，关闭 E105 蒸汽阀 FV108，停再沸器 E105；

b. 停止 T102 加热的同时，手动关闭 PIC105 和 PIC104，保持解吸系统的压力。

③ 停 T102 回流

a. 再沸器停用，温度下降至泡点以下后，油不再汽化，当 D103 液位 LIC105 指示小于 10% 时，关 P102A/B 的入口阀 VI25/VI27，停回流泵 P102A/B，关 P102A/B 的出口阀 VI26/VI28；

b. 手动关闭 FV106 及其前后阀，停 T102 回流；

c. 打开 D103 泄液阀 V19；

d. 当 D103 液位指示下降至 0%时，关 V19 阀。

④ T102 泄油

a. 手动置 LV104 于 50%，将 T102 中的油倒入 D101；

b. 当 T102 液位 LIC104 指示下降至 10%时，关 LV104；

c. 手动关闭 TV103，停 E102；

d. 打开 T102 泄油阀 V18，T102 液位 LIC104 下降至 0%时，关 V18。

⑤ T102 泄压

a. 手动打开 PV104 至开度 50%，开始 T102 系统泄压；

b. 当 T102 系统压力降至常压时，关闭 PV104。

（4）C_6 油贮罐 D101 排油

① 当停 T101 C_6 油进料后，D101 液位必然上升，此时打开 D101 排油阀 V10 排污油；

② 直至 T102 中油倒空，D101 液位下降至 0%，关 V10。

三、主要仪表

吸收-解吸工艺 3D 仿真系统主要仪表及报警见表 3-18。

表 3-18　吸收-解吸工艺 3D 仿真系统主要仪表及报警一览表

位号	说明	类型	正常值	量程上限	量程下限	工程单位	高报值	低报值
AI101	回流罐 C_4 组分	AI	>95.0	100.0	0	%		
FI101	T101 进料	AI	5.0	10.0	0	t/h		
FI102	T101 塔顶气量	AI	3.9	6.0	0	t/h		
FRC103	吸收油流量控制	PID	13.60	20.0	0	t/h	16.0	4.0
FIC104	富油流量控制	PID	14.70	20.0	0	t/h	16.0	4.0
FI105	T102 进料	AI	14.70	20.0	0	t/h		
FIC106	回流量控制	PID	8.0	14.0	0	t/h	11.2	2.8
FI107	T102 塔底贫油采出	AI	13.51	20.0	0	t/h		
FIC108	加热蒸汽量控制	PID	2.963	6.0	0	t/h		
LIC101	吸收塔液位控制	PID	50	100	0	%	85	15
LI102	D101 液位	AI	60.0	100	0	%	85	15
LI103	D102 液位	AI	50.0	100	0	%	65	5
LIC104	解吸塔釜液位控制	PID	50	100	0	%	85	15
LIC105	回流罐液位控制	PID	50	100	0	%	85	15
PI101	吸收塔顶压力显示	AI	1.22	2.0	0	MPa	1.7	0.3
PI102	吸收塔底压力显示	AI	1.25	2.0	0	MPa		
PIC103	吸收塔顶压力控制	PID	1.2	2.0	0	MPa	1.7	0.3
PIC104	解吸塔顶压力控制	PID	0.55	1.0	0	MPa		
PIC105	解吸塔顶压力控制	PID	0.50	1.0	0	MPa		
PI106	解吸塔底压力显示	AI	0.53	1.0	0	MPa		
TI101	吸收塔塔顶温度	AI	6	40	0	℃		
TI102	吸收塔塔底温度	AI	40	100	0	℃		
TIC103	循环油温度控制	PID	5.0	50	0	℃	10.0	2.5
TI104	气液分离罐温度显示	AI	2.0	40	0	℃		
TI105	预热后温度显示	AI	80.0	150.0	0	℃		
TI106	解吸塔顶温度显示	AI	51.0	50	0	℃		
TIC107	解吸塔釜温度控制	PID	102.0	150.0	0	℃		
TI108	回流罐温度显示	AI	40.0	100	0	℃		

四、装置事故及处理

1. 冷却水中断

（1）主要现象

① 冷却水流量为 0；

② 入口路各阀处于常开状态。

（2）处理方法

① 停止进料，关 V1 阀；

② 手动关 PV103 保压；

③ 手动关 FV104，停 T102 进料；

④ 手动关 LV105，停出产品；

⑤ 手动关 FV103，停 T101 回流；

⑥ 手动关 FV106，停 T102 回流；

⑦ 关 LV104 前后阀，保持液位稳定。

2. 加热蒸汽中断

（1）主要现象

① 加热蒸汽管路各阀开度正常；

② 加热蒸汽入口流量为 0；

③ 塔釜温度急剧下降。

（2）处理方法

① 停止进料，关 V1 阀；

② 停 T102 回流；

③ 停 D103 产品出料；

④ 停 T102 进料；

⑤ 关 PV103 保压；

⑥ 关 LV104 前后阀，保持液位稳定。

3. 仪表风中断

（1）主要现象　各调节阀全开或全关。

（2）处理方法

① 打开 FV103 旁路阀 V3；

② 打开 FV104 旁路阀 V5；

③ 打开 PV103 旁路阀 V6；

④ 打开 TV103 旁路阀 V8；

⑤ 打开 LV104 旁路阀 V12；

⑥ 打开 FV106 旁路阀 V13；

⑦ 打开 PV105 旁路阀 V14；

⑧ 打开 PV104 旁路阀 V15；

⑨ 打开 LV105 旁路阀 V16；

⑩ 打开 FV108 旁路阀 V17。

4. 停电

（1）主要现象

① 泵 P101A/B 停；

② 泵 P102A/B 停。

（2）处理方法

① 打开泄液阀 V10，保持 LI102 液位在 50%；

② 打开泄液阀 V19，保持 LIC105 液位在 50%；

③ 关小加热油流量，防止塔温上升过高；

④ 停止进料，关 V1 阀。

5. P-101A 泵坏

（1）主要现象

① FRC103 流量降为 0；

② 塔顶 C_4 含量增加，温度上升，塔顶压力上升；

③ 釜液位下降。

（2）处理方法

① 停 P-101A，先关泵后阀，再关泵前阀；

② 开启 P-101B，先开泵前阀，再开泵后阀；

③ 将 FRC-103 调至正常值，并投自动。

6. LV104 调节阀卡

（1）主要现象

① FI107 降至 0；

② 塔釜液位上升，并可能报警。

（2）处理方法

① 关 LV104 前后阀 VI13、VI14；

② 开 LV104 旁路阀 V12 至 60%左右；

③ 调整旁路阀 V12 开度，使液位保持在 50%。

7. 再沸器 E105 结垢严重

（1）主要现象

① 调节阀 FV108 开度增大；

② 加热蒸汽入口流量增大；

③ 塔釜温度下降，塔顶温度也下降，塔釜 C_4 含量上升。

（2）处理方法

① 关闭富气进料阀 V1；

② 手动关闭产品出料阀 LV105；

③ 手动关闭再沸器后，清洗换热器 E105。

五、仿真界面

吸收-解吸工艺 3D 仿真运行界面见图 3-38～图 3-42。

图 3-38　吸收-解吸工艺 3D 仿真系统场景运行界面

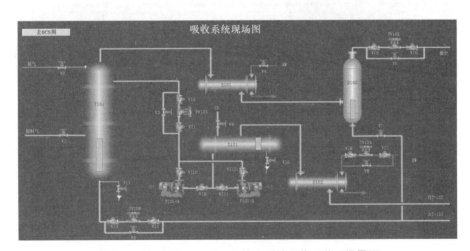

图 3-39　吸收-解吸工艺 3D 仿真系统吸收工艺现场界面

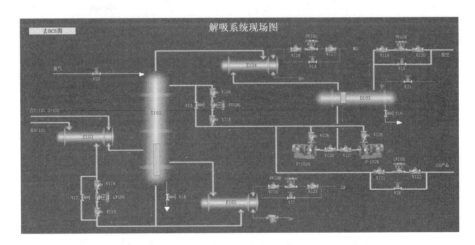

图 3-40　吸收-解吸工艺 3D 仿真系统解吸工艺现场界面

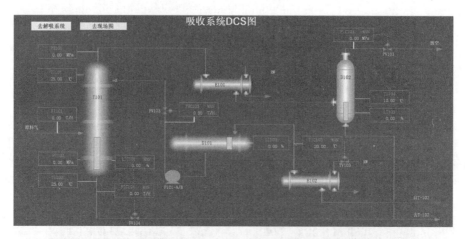

图 3-41　吸收-解吸工艺 3D 仿真系统吸收工艺 DCS 界面

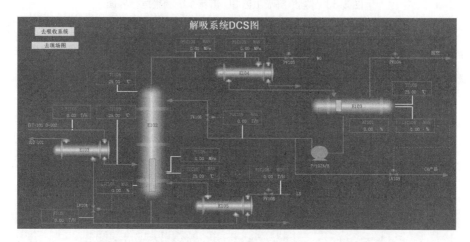

图 3-42　吸收-解吸工艺 3D 仿真系统解吸工艺 DCS 界面

六、思考题

1.根据工艺说明，解释为何吸收塔 T101 需在高压（1.2MPa）和低温（2℃）下操作，而解吸塔 T102 需在低压（0.5MPa）和高温（102℃）下运行？结合相平衡原理说明。

2.LIC101（吸收塔液位）与 FIC104（富油流量）构成串级控制。若 LIC101 检测到液位升高，系统如何通过调节 FIC104 维持液位稳定？说明主/副调节器的动作逻辑。

3.在 C_6 油冷循环阶段，为何需先将 LIC101/LIC104 投自动，再投 FIC104 串级？若直接投串级可能导致什么问题？

4.对比"冷却水中断"和"加热蒸汽中断"事故的处理步骤，两者均需停进料和回流，但泄压操作差异何在？为何冷却水中断需关闭 PV105，而蒸汽中断需保持 LV104 液位？

5.当 P101A 泵故障时，切换至 P101B 泵需严格按"先关后开"顺序操作，说明违反顺序可能引发的设备风险。

6.正常操作中需定期检查 D101 液位（LI102）。若其持续下降，可能由哪些原因导致？应如何补充 C_6 油？

实训八 多效蒸发单元 3D 仿真实训

一、工艺流程说明

1. 多效蒸发工作原理简述

通常，无论是在常压、加压还是在真空下进行蒸发，单效蒸发器中每蒸发 1kg 水要消耗比 1kg 多一些的加热蒸汽。因此在大规模工业生产过程中，蒸发大量的水分必会消耗大量的加热蒸汽。为了减少加热蒸汽消耗量，可采用多效蒸发操作。

将加热蒸汽通入一蒸发器，则液体受热而沸腾，所产生的二次蒸汽，其压力和温度必较原加热蒸汽（为了易于区别，在多效蒸发中常将第一效的加热蒸汽称为生蒸汽）的低。因此可引入前效的二次蒸汽作为后效的加热介质，即后效的加热室成为前效二次蒸汽的冷凝器，仅第一效需要消耗生蒸汽，这就是多效蒸发的操作原理，一般多效蒸发装置的末效或后几效总是在真空下操作。将多个蒸发器这样连接起来一同操作，即组成一个多效蒸发器。每一蒸发器称为一效，通入生蒸汽的蒸发器称为第一效，利用第一效的二次蒸汽以加热的，称为第二效，以此类推。由于各效（末效除外）的二次蒸汽都作为下一效蒸发器的加热蒸汽，故提高了生蒸汽的利用率（又称为经济程度），即单效蒸发或多效蒸发装置中所蒸发的水量相等，则前者需要的生蒸汽量远大于后者。例如，若第一效为沸点进料，并忽略热损失、各种温度差损失以及不同压力下蒸发潜热的差别，则理论上在双效蒸发中，1kg 的加热蒸汽在第一效中可以产生 1kg 的二次蒸汽，后者在第二效中又可蒸发 1kg 的水，因此，1kg 的加热蒸汽在双效中可以蒸发 2kg 的水，则 $D/W=0.5$。同理，在三效蒸发器中，1kg 的加热蒸汽可蒸发 3kg 的水，则 $D/W=0.333$。但实际上由于热损失、温度差损失等，单位蒸汽消耗量并不能达到如此经济的数值。

多效蒸发操作的加料，可有四种不同的方法：并流法、逆流法、错流法和平流法。工业中最常用的为并流加料法，溶液流向与蒸汽相同，即由第一效顺序流至末效。因为后一效蒸发室的压力较前一效为低，故各效之间可无需用泵输送溶液，此为并流法的优点之一。其另一优点为前一效的溶液沸点较后一效的高，因此当溶液自前一效进入后一效内，即成过热状态而自行蒸发，可以发生更多的二次蒸汽，这使得下一效能够蒸发更多的溶液，进一步提高了蒸发效率。

2. 工艺流程简介

本仿真培训系统以 NaOH 水溶液三效并流蒸发的工艺作为仿真对象。

仿真系统的主要设备为蒸发器、换热器、真空泵、储液罐和阀门等。

原料 NaOH 水溶液（沸点进料，沸点为 143.9℃）经流量调节器 FIC101 控制流量（10000kg/h）后，进入蒸发器 F101A，料液受热而沸腾，产生 136.9℃的二次蒸汽，料液从蒸发器底部经阀门 LV101 流入第二效蒸发器 F101B。压力为 500kPa，温度为 151.7℃左右的加热蒸汽经流量调节器 FIC102 控制流量（2063.5kg/h）后，进入 F101A 加热室的壳程，冷凝成水后经阀门 VG08 排出。第一效蒸发器 F101A 蒸发室压力控制在 327kPa，溶液的液面高度通过液位控制器 LIC101 控制在 1.2m。第一效蒸发器产生的二次蒸汽经过蒸发器顶部阀门 VG13 后，进入第二效蒸发器 F101B 加热室的壳程，冷凝成水后经阀门 VG07 排出。从第一效流入第二效的料液，受热汽化产生 112.7℃的二次蒸汽，料液从蒸发器底部经阀门 LV102 流入第三效蒸发器 F101C。第二效蒸发器 F101B 蒸发室压力控制在 163kPa，溶液的液面高度通过液位控制器 LIC102 控制在 1.2m。第二效蒸发器产生的二次蒸汽经过蒸发器顶部阀门 VG14 后，进入第三效蒸发器 F101C 加热室的壳程，冷凝成水后经阀门 VG06 排出。从第二效流入第三效的料液，受热汽化产生 60.1℃的二次蒸汽，料液从蒸发器底部经阀门 LV103 流入积液罐 F102。第三效蒸发器 F101C 蒸发室压力控制在 20kPa，溶液的液面高度通过液位控制器 LIC103 控制在 1.2m。完成液不满足工业生产要求时，经阀门 VG10 卸液。第三效产生的二次蒸汽送往冷凝器被冷凝而除去。真空泵用于保持蒸发装置的末效或后几效在真空下操作。

3. 控制方案

（1）原料液流量控制　FV101 控制原料液的入口流量，FIC101 检测蒸发器的原料液入口流量的变化，并将信号传至 FV101 控制阀开度，使蒸发器入口流量维持在设定点。流量设定值为 10000kg/h。

（2）加热蒸汽流量控制　FV102 控制加热蒸汽的流量，FIC102 检测蒸发器的二次蒸汽流量的变化，并将信号传至 FV102 控制阀开度，使二次蒸汽流量维持在设定点，流量设定值为 2063.5kg/h。

（3）蒸发器的液位控制　LV101、LV102 和 LV103 控制蒸发器出口料液的流量，LIC101、LIC102 和 LIC103 检测蒸发器的液位，并将信号传给 LV101、LV102 和 LV103 控制阀的开度，使蒸发器的料液及时排走，使蒸发器的液位维持在设定点。液位设定点为 1.2m。

4. 主要设备

多效蒸发单元 3D 仿真系统主要设备见表 3-19。

表 3-19　多效蒸发单元 3D 仿真设备列表

序号	位号	名称	序号	位号	名称
1	F101A	第一效蒸发器	13	VG06	闸阀
2	F101B	第二效蒸发器	14	VG07	闸阀
3	F101C	第三效蒸发器	15	VG08	闸阀
4	F102	储液罐	16	VG09	闸阀
5	E101	换热器	17	VG10	闸阀
6	FV101	流量控制阀	18	VG11	闸阀
7	FV102	流量控制阀	19	VG12	闸阀
8	LV101	液位控制阀	20	VG13	闸阀
9	LV102	液位控制阀	21	VG14	闸阀
10	LV103	液位控制阀	22	VG15	闸阀
11	VG04	闸阀	23	A	泵 A 开关
12	VG05	闸阀	24	B	泵 B 开关

二、操作规程

1. 冷态开车操作规程

（1）分别打开冷却水阀 VG05、VG04；

（2）开真空泵 A，泵前阀 VG11，控制冷凝器压力；

（3）开阀门 VG15，控制蒸发器压力；

（4）开启排冷凝水阀门 VG12；

（5）开疏水阀 VG06、VG07 和 VG08；

（6）手动调节 FV101，使 FIC101 指示值稳定到 10000kg/h，FV101 投自动（设定值为 10000kg/h）；

（7）开阀门 LV101，调整 F101A 液位在 1.2m 左右，LIC101 投自动（设定值为 1.2m）；

（8）当 F101A 压力大于 1atm 时，开阀门 VG13；

（9）开阀门 LV102，调整 F101B 液位在 1.2m 左右，LIC102 投自动（设定值为 1.2m）；

（10）当 F101B 压力大于 1atm 时，开阀门 VG14；

（11）调整阀门 VG10 的开度，使 F101C 中的料液保持一定的液位高度；

（12）手动调节 FV102，使 FIC102 指示值稳定到 2063.5 kg/h，FV102 投自动（设定值为 2063.5kg/h）；

（13）调整阀门 VG13 开度，使 F101A 压力控制在 3.32atm，温度控制在 143.9℃；

（14）调整阀门 VG14 开度，使 F101B 压力控制在 1.60atm，温度控制在 125.5℃；

（15）F101C 温度控制在 86.8℃。

2. 正常工况下工艺参数

（1）原料液入口流量 FIC101 为 10000kg/h；

（2）加热蒸汽流量 FIC102 为 2063.5kg/h；

（3）第一效蒸发室压力 PI101 为 3.32atm，二次蒸汽温度 TI101 为 143.9℃；

（4）第一效加热室液位 LIC101 为 1.2m；

（5）第二效蒸发室压力 PI102 为 1.60atm，二次蒸汽温度 TI102 为 125.5℃；

（6）第二效加热室液位 LIC102 为 1.2m；

（7）第三效蒸发室压力 PI103 为 0.25atm，二次蒸汽温度 TI103 为 87.0℃；

（8）第二效加热室液位 LIC103 为 1.2m；

（9）冷凝器压力 PI104 为 0.20atm。

3. 停车操作规程

（1）关闭 LIC103，打开泄液阀 VG10；

（2）调整 VG10 开度，使 FI-101C 中保持一定的液位高度；

（3）关闭 FV102，停热物流进料；

（4）关闭 FV101，停冷物流进料；

（5）全开排气阀 VG13；

（6）调整 LV101 的开度，使 F101A 的液位接近 0；

（7）当 F101A 中压力接近 1atm 时，关闭阀门 VG13；

（8）关闭阀门 LV101；

（9）调整 VG14 开度，当 F101B 中压力接近 1atm 时，关闭阀门 VG14；

（10）调整 LV102 开度，使 F101B 液位为 0；

（11）关闭阀门 LV102；

（12）逐渐开大 VG10 泄液；

（13）关闭阀门 VG10、VG15；

（14）关闭真空泵 A，泵前阀 VG11；

（15）关闭冷却水阀 VG05、VG04；

（16）关闭冷凝水阀 VG12；

（17）关闭疏水阀 VG08、VG07、VG06。

三、主要仪表

多效蒸发单元 3D 仿真系统仪表见表 3-20。

表 3-20　多效蒸发单元 3D 仿真仪表一览表

序号	位号	名称	正常情况显示值
1	FIC101	流量控制仪表	10000kg/h
2	FIC102	流量控制仪表	2063.5kg/h
3	PI101	压力显示仪表	3.32atm
4	PI102	压力显示仪表	1.60atm
5	PI103	压力显示仪表	0.25atm
6	PI104	压力显示仪表	0.20atm
7	TI101	温度显示仪表	143.9℃
8	TI102	温度显示仪表	125.5℃
9	TI103	温度显示仪表	87.0℃
10	LIC101	液位控制仪表	1.20m
11	LIC102	液位控制仪表	1.20m
12	LIC103	液位控制仪表	1.20m
13	LI104	液位显示仪表	50%

四、装置事故及处理

1. 冷物流进料调节阀卡

（1）原因　杂物堵塞或阀芯损坏。

（2）现象　进料量减少，蒸发器液位下降、温度降低、压力减小。

（3）处理　打开旁路阀 V3，调节进料量至正常值。

2. F101A 液位超高

（1）原因　出料调节阀 LV101 开度太小。

（2）现象　F101A 液位 LIC101 超高，蒸发器压力升高、温度增加。

（3）处理　调整 LV101 开度，使 F101A 液位稳定在 1.2m。

3.真空泵 A 无法启动

（1）原因　电路故障或出现机械故障。

（2）现象　画面真空泵 A 显示为开，但冷凝器 E101 和末效蒸发器 F101C 压力急剧上升。

（3）处理　启动备用真空泵 B。

五、仿真界面

多效蒸发单元 3D 仿真系统运行系列界面见图 3-43～图 3-45。

图 3-43　多效蒸发单元 3D 仿真系统场景运行界面

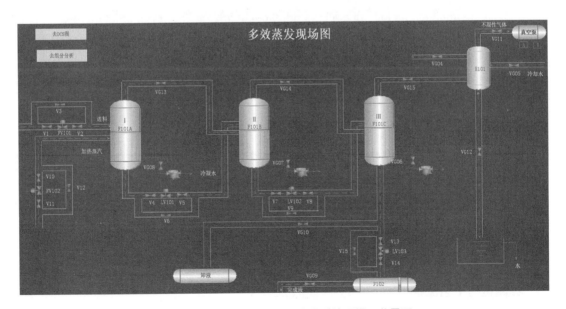

图 3-44　多效蒸发单元 3D 仿真系统现场工艺界面

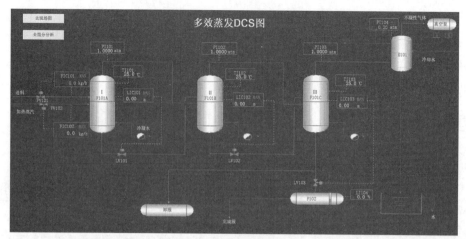

图 3-45　多效蒸发单元 3D 仿真系统 DCS 运行界面

六、思考题

1. 多效蒸发的基本原理是什么？
2. 多效蒸发相比单效蒸发有哪些优势？
3. 在多效蒸发仿真系统中，如何调节各效蒸发器的操作参数？
4. 多效蒸发仿真系统中各设备的材质选择有何讲究？
5. 如何监测和控制多效蒸发过程中的物料浓度和温度？
6. 在多效蒸发仿真系统中遇到异常情况（如温度骤升、真空度下降）时，应如何处理？
7. 如何评估多效蒸发仿真系统的仿真效果？
8. 如何将多效蒸发仿真系统的培训成果应用于实际工业生产中？

实训九　罐区单元 3D 仿真实训

一、工艺流程说明

1. 罐区的工作原理

罐区是化工原料、中间产品及成品的集散地，是大型化工企业的重要组成部分，也是化工安全生产的关键之一。大型石油化工企业罐区储存的化学品之多，是任何生产装置都无法比拟的。罐区的安全操作关系到整个工厂的正常生产，所以，罐区的设计、生产操作及管理都特别重要。

罐区的工作原理如下：产品从上一生产单元中被送入产品罐，经过换热器冷却后用离心泵打入产品罐中，进一步冷却后，再用离心泵打入包装设备。

2. 罐区的工艺流程

来自上一生产设备的约 35℃的带压液体，经过阀门 MV101 进入日罐 T01，由温度传感器 TI101 显示 T01 罐底温度，压力表 PI101 显示 T01 罐内压力，液位传感器 LI101 显示 T01 的液位。由离心泵 P-01 将日罐 T01 的产品打出，控制阀 FIC101 控制回流量。回流的物流通过换热器 E01，被冷却水逐渐冷却到 33℃ 左右。温度传感器 TI102 显示被冷却后产品的温度，温度传感器 TI103 显示冷却水冷却后温度。由泵打出的少部分产品由阀门 MV102 打回生产系统。当日罐 T01 液位达到 80% 后，阀门 MV101 和阀门 MV102 自动关断。

日罐 T01 打出的产品经过 T01 的出口阀 MV103 和 T03 的进口阀 MV301 进入产品罐 T03，由温度传感器 TI301 显示 T03 罐底温度，压力表 PI301 显示 T03 罐内压力，液位传感器 LI301 显示 T03 的液位。由离心泵 P-03 将产品罐 T03 的产品打出，控制阀 FIC301 控制回流量。回流的物流通过换热器 E03，被冷却水逐渐冷却到 30℃ 左右。温度传感器 TI302 显示被冷却后产品的温度，温度传感器 TI303 显示冷却水冷却后温度。少部分回流物料不经换热器 E03 直接打回产品罐 T03；从包装设备来的产品经过阀门 MV302 打回产品罐 T03，控制阀 FIC302 控制这两股物流混合后的流量。产品经过 T03 的出口阀 MV303 到包装设备进行包装。

当日罐 T01 的设备发生故障，马上启用备用日罐 T02 及其备用设备，其工艺流程同 T01。当产品罐 T03 的设备发生故障，马上启用备用产品罐 T04 及其备用设备，其工艺流程同 T03。

3. 主要设备

罐区单元 3D 仿真系统涉及的主要设备见表 3-21。

表 3-21　罐区单元 3D 仿真系统主要设备一览表

序号	设备位号	设备名称	序号	设备位号	设备名称
1	T01	日罐	7	T03	产品罐
2	P01	日罐 T01 的出口压力泵	8	P03	产品罐 T03 的出口压力泵
3	E01	日罐 T01 的换热器	9	E03	产品罐 T03 的换热器
4	T02	备用日罐	10	T04	备用产品罐
5	P02	备用日罐 T02 的出口泵	11	P04	T04 的出口压力泵
6	E02	备用日罐 T02 的换热器	12	E04	备用产品罐 T04 的换热器

二、操作规程

冷态开车操作规程

（1）准备工作

① 检查日罐 T01（T02）的容积。容积必须超过××吨，不包括储罐余料。

② 检查产品罐 T03（T04）的容积。容积必须超过××吨，不包括储罐余料。

（2）日罐进料

打开日罐 T01（T02）的进料阀 MV101（MV201）。

（3）日罐建立回流

① 打开日罐泵 P01（P02）的前阀 KV101（KV201）；

② 打开日罐泵 P01（P02）的电源开关；

③ 打开日罐泵 P01（P02）的后阀 KV102（KV202）；

④ 打开日罐换热器 E01 热物流进口阀 KV104（KV204）；

⑤ 打开日罐换热器热物流出口阀 KV103（KV203）；

⑥ 打开日罐回流控制阀 FIC101（FIC201），建立回流；

⑦ 打开日罐出口阀 MV102（MV202）。

（4）冷却日罐物料

① 打开换热器 E01（E02）的冷物流进口阀 KV105（KV205）；

② 打开换热器 E01（E02）的冷物流出口阀 KV106（KV206）。

（5）产品罐进料

① 打开产品罐 T03（T04）的进料阀 MV301（MV401）；

② 打开日罐 T01（T02）的倒罐阀 MV103（MV203）；

③ 打开产品罐 T03（T04）的包装设备进料阀 MV302（MV402）；

④ 打开产品罐回流阀 FIC302（FIC402）。

（6）产品罐建立回流

① 打开产品罐泵 P03（P04）的前阀 KV301（KV401）；

② 打开产品罐泵 P03（P04）的电源开关；

③ 打开产品罐泵 P03（P04）的后阀 KV302（KV402）；

④ 打开产品罐换热器热物流进口阀 KV304（KV404）；

⑤ 打开产品罐换热器热物流出口阀 KV303（KV403）；

⑥ 打开产品罐回流控制阀 FIC301（FIC401），建立回流；

⑦ 打开产品罐出口阀 MV302（MV402）。

（7）冷却产品罐物料

① 打开换热器 E03（E04）的冷物流进口阀 KV305（KV405）；

② 打开换热器 E03（E04）的冷物流出口阀 KV306（KV406）。

（8）产品罐出料　打开产品罐出料阀 MV303（MV403），将产品打入包装车间进行包装。

三、主要仪表

罐区单元 3D 仿真系统主要仪表及报警见表 3-22。

表 3-22　罐区单元 3D 仿真主要仪表及报警一览表

位号	说明	类型	正常值	量程上限	量程下限	工程单位	高报	低报
TI101	日罐 T01 罐内温度	AI	33.0	60.0	0.0	℃	34	32
TI201	日罐 T02 罐内温度	AI	33.0	60.0	0.0	℃	34	32
TI301	产品罐 T03 罐内温度	AI	30.0	60.0	0.0	℃	31	29
TI401	产品罐 T04 罐内温度	AI	30.0	60.0	0.0	℃	31	29

四、装置事故及处理

1.P01 泵坏

（1）事故现象　罐区单元 3D 仿真系统 P01 泵坏事故现象见表 3-23。

表 3-23　罐区单元 3D 仿真 P01 泵坏一览表

位号	位号名称	正常值	单位	状态趋势
PI02	P01 出口压力显示	620	kPa	瞬间降为零
LI101	T01 液位显示	20	%	上升
FIC101	P01 回流量显示	24200	kg/h	瞬间降为零

（2）原因分析　造成事故的现象，可能原因见表 3-24。

表 3-24　罐区单元 3D 仿真 P01 泵坏原因分析一览表

编号	可能出现的原因	排查方法	排查结果
1	KV101 故障关	观察现场 KV101 阀位，如阀位开度 100，则可排除	否
2	KV102 故障关	观察现场 KV102 阀位，如阀位开度 100，则可排除	否
3	P01 故障	重新启动 P01，PI102、LI101、FIC101 显示仍然维持不变，则可表明 P01 故障	是

（3）处理方法　处理方法：停用故障泵 P01 和罐 T01，投用备用罐 T02。
详细处理步骤如下：
① 关闭 T01 进口阀 MV101；
② 关闭 T01 出口阀 MV102；
③ 关闭 T01 回流控制阀 FIC101；
④ 关闭泵 P01 出口阀 KV102；
⑤ 关闭泵 P01 电源；
⑥ 关闭泵 P01 入口阀 KV101；
⑦ 关闭换热器 E01 热物流进口阀 KV104；
⑧ 关闭换热器 E01 热物流出口阀 KV103；
⑨ 关闭换热器 E01 冷物流进口阀 KV105；
⑩ 关闭换热器 E01 冷物流出口阀 KV106；
⑪ 缓慢打开 T02 的进料阀 MV201，直到开度大于 50%；
⑫ T02 液位大于 5% 时，打开泵 P02 进口阀 KV201；
⑬ 打开泵 P02 开关，启动泵 P02；
⑭ 打开泵 P02 出口阀 KV202；
⑮ 打开换热器 E02 热物流进口阀 KV204；
⑯ 打开换热器 E02 热物流出口阀 KV203；
⑰ 缓慢打开 T02 回流控制阀 FIC201，直到开度大于 50%；
⑱ 缓慢打开 T02 出口阀 MV202，直到开度大于 50%；
⑲ 当 T02 液位大于 10%，打开换热器 E02 冷物流进口阀 KV205；
⑳ 打开换热器 E01 冷物流出口阀 KV206，T02 罐内温度保持在 32～34℃。

2. 换热器 E01 结垢

（1）事故现象　T01 罐（TI102）冷却后产品温度持续上升，超出正常值（30℃）。

（2）原因分析　可能原因见表 3-25。

表 3-25　罐区单元 3D 仿真换热器 E01 事故原因分析一览表

编号	可能出现的原因	排查方法	排查结果
1	进 T01 罐原料温度升高	观察 TI101 温度是否升高，如温度维持不变，则可排除	否
2	换热器 E01 结垢	大幅关小 FIC101 阀位，TI102 温度未有下降趋势，则可表明 E01 结垢	是

（3）处理方法

处理方法：停用结垢换热器 E01 和罐 T01，投用备用罐 T02。

详细处理步骤：

① 关闭 T01 进口阀 MV101；

② 关闭 T01 出口阀 MV102；

③ 关闭 T01 回流控制阀 FIC101；

④ 关闭泵 P01 出口阀 KV102；

⑤ 关闭泵 P01 电源；

⑥ 关闭泵 P01 入口阀 KV101；

⑦ 关闭换热器 E01 热物流进口阀 KV104；

⑧ 关闭换热器 E01 热物流出口阀 KV103；

⑨ 关闭换热器 E01 冷物流进口阀 KV105；

⑩ 关闭换热器 E01 冷物流出口阀 KV106；

⑪ 缓慢打开 T02 的进料阀 MV201，直到开度大于 50%；

⑫ T02 液位大于 5% 时，打开泵 P02 进口阀 KV201；

⑬ 打开泵 P02 开关，启动泵 P02；

⑭ 打开泵 P02 出口阀 KV202；

⑮ 打开换热器 E02 热物流进口阀 KV204；

⑯ 打开换热器 E02 热物流出口阀 KV203；

⑰ 缓慢打开 T02 回流控制阀 FIC201，直到开度大于 50%；

⑱ 缓慢打开 T02 出口阀 MV202，直到开度大于 50%；

⑲ 当 T02 液位大于 10%，打开换热器 E02 冷物流进口阀 KV205；

⑳ 打开换热器 E01 冷物流出口阀 KV206，T02 罐内温度保持在 32～34℃。

3. 换热器 E03 热物流窜进冷物流

（1）事故现象　罐区单元 3D 仿真换热器 E03 事故现象见表 3-26。

表 3-26　罐区单元 3D 仿真换热器 E03 事故现象一览表

位号	位号名称	正常值	单位	状态趋势
TI302	T03 罐冷却后产品温度	30	℃	上升
TI303	E03 换热器回水温度	17	℃	显著上升

（2）原因分析　造成事故的现象，可能原因见表 3-27。

表 3-27　罐区单元 3D 仿真换热器 E03 事故原因分析一览表

编号	可能出现的原因	排查方法	排查结果
1	进 T01 罐原料温度升高	观察 TI101 温度是否升高，如温度维持不变，则可排除	否
2	换热器 E03 热物流窜进冷物流	观察 TI303 温度，如温度与正常温度相差不大，则表明结垢，如温度显著上升，则表明换热器 E03 热物流窜进冷物流	是

（3）处理方法

处理方法：停用结垢换热器 E03 和罐 T03，投用备用罐 T04。

详细处理步骤如下：

① 关闭换热器 E03 冷物流进口阀 KV305；

② 关闭换热器 E03 冷物流出口阀 KV306；

③ 关闭 T03 进口阀 MV301；

④ 关闭 T03 设备进料阀 MV302；

⑤ 关闭 T03 回流控制阀 FIC302；

⑥ 关闭 T03 回流控制阀 FIC301；

⑦ 关闭泵 P03 出口阀 KV302；

⑧ 关闭泵 P03 电源；

⑨ 关闭泵 P03 入口阀 KV301；

⑩ 关闭换热器 E03 热物流进口阀 KV304；

⑪ 关闭换热器 E03 热物流出口阀 KV303；

⑫ 缓慢打开产品罐 T04 进口阀 MV401，直到开度大于 50%；

⑬ 缓慢打开日罐倒罐阀 MV103，直到开度大于 50%；

⑭ 缓慢打开 T04 的设备进料阀 MV402，直到开度大于 50%；

⑮ 缓慢打开 T04 回流阀 FIC402，直到开度大于 50%。

五、仿真界面

罐区单元 3D 仿真系统运行界面见图 3-46～图 3-52。

图 3-46　罐区单元 3D 仿真系统场景运行界面

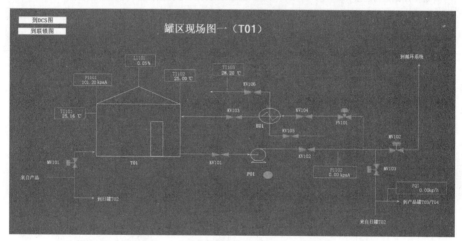

图 3-47　罐区单元仿真系统 T01 现场图

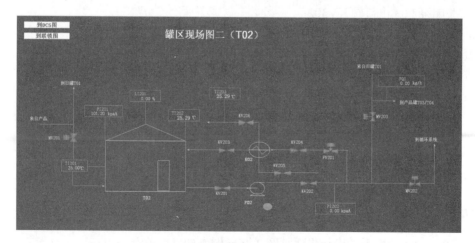

图 3-48　罐区单元仿真系统 T02 现场图

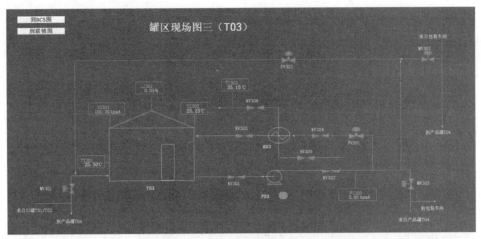

图 3-49　罐区单元仿真系统 T03 现场图

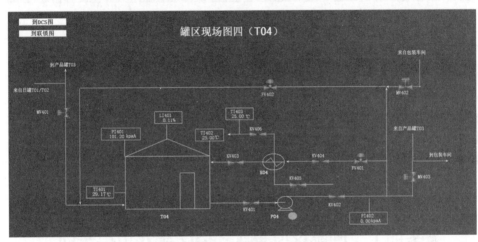

图 3-50　罐区单元仿真系统 T04 现场图

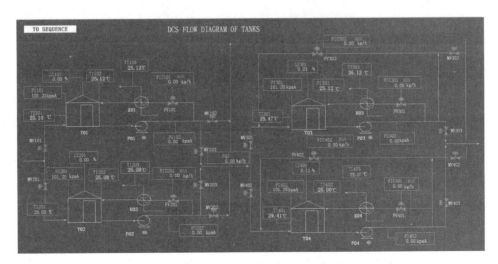

图 3-51　罐区单元仿真系统 DCS 界面

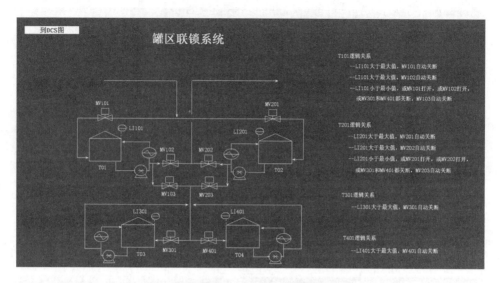

图 3-52　罐区单元仿真系统联锁系统图

六、思考题

1. 罐区单元在化工生产中的主要功能是什么？
2. 使用罐区单元仿真系统的主要目的是什么？
3. 在罐区单元仿真系统中，如何模拟和应对突发事故？
4. 罐区单元仿真系统如何帮助企业提升安全生产管理水平？

实训十　间歇反应釜工艺 3D 单元仿真实训

一、工艺流程说明

1. 工艺说明

间歇反应在助剂、制药、染料等行业的生产过程中很常见。本工艺过程的产品（2-巯基苯并噻唑）是橡胶制品硫化促进剂 DM（2, 2-二硫代苯并噻唑）的中间产品，它本身也是硫化促进剂，但活性不如 DM。

全流程的缩合反应包括备料工序和缩合工序。考虑到突出重点，因此将备料工序略去。缩合工序共有三种原料：多硫化钠（Na_2S_n）、邻硝基氯苯（$C_6H_4ClNO_2$）及二硫化碳（CS_2）。

主反应见方程式（3-1）、式（3-2）：

$$2C_6H_4ClNO_2+Na_2S_n \longrightarrow C_{12}H_8N_2S_2O_4+2NaCl+(n-2)S\downarrow \tag{3-1}$$

$$C_{12}H_8N_2S_2O_4+2CS_2+2H_2O+3Na_2S_n \longrightarrow 2C_7H_4NS_2Na+2H_2S\uparrow+2Na_2S_2O_3+(3n-4)S\downarrow \tag{3-2}$$

副反应见方程式（3-3）：

$$C_6H_4NClO_2 + Na_2S_n + H_2O \longrightarrow C_6H_6NCl + Na_2S_2O_3 + (n-2)\ S\downarrow \qquad (3\text{-}3)$$

工艺流程如下：

来自备料工序的 CS_2、$C_6H_4ClNO_2$、Na_2S_n 分别注入计量罐及沉淀罐中，经计量沉淀后利用位差及离心泵压入反应釜中，釜温由夹套中的蒸汽、冷却水及蛇管中的冷却水控制，设有分程控制 TIC101（只控制冷却水），通过控制反应釜温来控制反应速率及副反应速率，以获得较高的收率并确保反应过程安全。

在本工艺流程中，主反应的活化能要比副反应的活化能高，因此升温后更利于提高反应收率。在 90℃ 的时候，主反应和副反应的速率比较接近，因此，要尽量延长反应温度在 90℃ 以上的时间，以获得更多的主反应产物。

2. 设备一览

RX01：间歇反应釜

VX01：CS_2 计量罐

VX02：邻硝基氯苯计量罐

VX03：Na_2S_n 沉淀罐

PUMP1：离心泵

二、操作规程

1. 开车操作规程

装置开工状态为各计量罐、反应釜、沉淀罐处于常温、常压状态，各种物料均已备好，阀门、机泵处于关停状态（除蒸汽联锁阀外）。

（1）备料过程

① 向沉淀罐 VX03 进料（Na_2S_n）

a. 开阀门 V9，向罐 VX03 充液；

b. VX03 液位接近 3.70m 时，关小 V9，至 3.70m 时关闭 V9；

c. 静置 4min（实际 4h）备用。

② 向计量罐 VX01 进料（CS_2）

a. 开放空阀门 V2；

b. 开溢流阀门 V3；

c. 开进料阀 V1，开度约为 50%，向罐 VX01 充液，液位接近 1.4m 时，可关小 V1；

d. 溢流标志变绿后，迅速关闭 V1，待溢流标志再度变红后，可关闭溢流阀 V3。

③ 向计量罐 VX02 进料（邻硝基氯苯）

a. 开放空阀门 V6；

b. 开溢流阀门 V7；

c. 开进料阀 V5，开度约为 50%，向罐 VX01 充液，液位接近 1.2m 时，可关小 V5；

d. 溢流标志变绿后，迅速关闭 V5，待溢流标志再度变红后，可关闭溢流阀 V7。

（2）进料

① 微开放空阀 V12，准备进料。

② 从 VX03 向反应器 RX01 中进料（Na_2S_n）

a. 打开泵前阀 V10，向进料泵 PUMP1 中充液；

b. 打开进料泵 PUMP1；

c. 打开泵后阀 V11，向 RX01 中进料；

d. 至 VX03 液位小于 0.1m 时停止进料，关泵后阀 V11；

e. 关泵 PUMP1，关泵前阀 V10。

③ 从 VX01 中向反应器 RX01 中进料（CS$_2$）

a. 检查放空阀 V2 开放；

b. 打开进料阀 V4 向 RX01 中进料；

c. 待进料完毕后关闭 V4。

④ 从 VX02 中向反应器 RX01 中进料（邻硝基氯苯）

a. 检查放空阀 V6 开放；

b. 打开进料阀 V8 向 RX01 中进料；

c. 待进料完毕后关闭 V8。

⑤ 进料完毕后关闭放空阀 V12。

（3）开车阶段

① 检查放空阀 V12，进料阀 V4、V8、V11 是否关闭，打开联锁控制；

② 开启反应釜搅拌电机 M1；

③ 适当打开夹套蒸汽加热阀 V19，观察反应釜内温度和压力上升情况，保持适当的升温速率；

④ 控制反应温度直至反应结束。

（4）反应过程控制

① 当温度升至 55～65℃关闭 V19，停止通蒸汽加热。

② 当温度升至 70～80℃时微开 TIC101（冷却水阀 V22、V23），控制升温速率。

③ 当温度升至 110℃以上时，是反应剧烈的阶段。应小心加以控制，防止超温。当温度难以控制时，打开高压水阀 V20，并可关闭搅拌器 M1 以使反应降速。当压力过高时，可微开放空阀 V12 以降低气压，但放空会使 CS$_2$ 损失，污染大气。

④ 反应温度大于 128℃时，相当于压力超过 8atm，已处于事故状态，如联锁开关处于"on"的状态，联锁启动（开高压冷却水阀，关搅拌器，关加热蒸汽阀）。

⑤ 压力超过 15atm（相当于温度大于 160℃），反应釜安全阀作用。

2.热态开车操作规程

（1）反应中要求的工艺参数

① 反应釜中压力不大于 8atm；

② 冷却水出口温度不小于 60℃，如小于 60℃易使硫在反应釜壁和蛇管表面结晶，使传热不畅。

（2）主要工艺生产指标的调整方法

① 温度调节：操作过程中以温度为主要调节对象，以压力为辅助调节对象。升温慢会引起副反应速率大于主反应速率的时间段过长，因而导致反应的产率低，升温快则容易反应失控。

② 压力调节：压力调节主要是通过调节温度实现的，但在超温的时候可以微开放空阀，使压力降低，以达到安全生产的目的。

③ 收率：由于在 90℃ 以下时，副反应速率大于正反应速率，因此在安全的前提下快速升温是收率高的保证。

3. 停车操作规程

在冷却水量很小的情况下，反应釜的温度下降仍较快，则说明反应接近尾声，可以进行停车出料操作了。

（1）打开放空阀 V12 5～10s，放掉釜内残存的可燃气体，关闭 V12。

（2）向釜内通增压蒸汽

① 打开蒸汽总阀 V15；

② 打开蒸汽加压阀 V13 给釜内升压，使釜内气压高于 4 个大气压。

（3）打开蒸汽预热阀 V14 片刻。

（4）打开出料阀门 V16 出料。

（5）出料完毕后保持开 V16 约 10s 进行吹扫。

（6）关闭出料阀 V16（尽快关闭，超过 1min 不关闭将不能得分）。

（7）关闭蒸汽阀 V15。

三、主要仪表

间歇反应釜 3D 仿真系统主要仪表及报警见表 3-28。

表 3-28　间歇反应釜 3D 仿真系统主要仪表及报警一览表

位号	说明	类型	正常值	量程高限	量程低限	高报	低报	高高报	低低报
TIC101	反应釜温度控制/℃	PID	115	500	0	128	25	150	10
TI102	反应釜夹套冷却水温度/℃	AI		100	0	80	60	90	20
TI103	反应釜蛇管冷却水温度/℃	AI		100	0	80	60	90	20
TI104	CS_2 计量罐温度/℃	AI		100	0	80	20	90	10
TI105	邻硝基氯苯罐温度/℃	AI		100	0	80	20	90	10
TI106	多硫化钠沉淀罐温度/℃	AI		100	0	80	20	90	10
LI101	CS_2 计量罐液位/m	AI		1.75	0	1.4	0	1.75	0
LI102	邻硝基氯苯罐液位/m	AI		1.5	0	1.2	0	1.5	0
LI103	多硫化钠沉淀罐液位/m	AI		4	0	3.7	0.1	4.0	0
LI104	反应釜液位/m	AI		1.15	0	2.7	0	2.9	0
PI101	反应釜压力/atm	AI		20	0	8	0	12	0

四、装置事故及处理

1. 超温（压）事故

原因：反应速度过快或冷却介质流量不足。

现象：温度大于 128℃（气压大于 8atm）。

处理方法：① 开大冷却水，打开高压冷却水阀 V20；

② 关闭搅拌器 M1，使反应速率下降；

③ 如果气压超过 12atm，打开放空阀 V12。

2. 搅拌器 M1 停转

原因：搅拌器 M1 出现电气故障或机械故障。

现象：反应速率逐渐下降为低值，产物浓度变化缓慢。

处理方法：停止操作，出料维修。

3. 冷却水阀 V22、V23 卡住（堵塞）

原因：蛇管冷却水阀杂质堵塞或阀门部件损坏。

现象：开大冷却水阀对控制反应釜温度无作用，且出口温度稳步上升。

处理方法：开冷却水旁路阀 V17 调节。

4. 出料管堵塞

原因：出料管硫黄结晶，堵住出料管。

现象：出料时，内气压较高，但釜内液位下降很慢。

处理方法：开出料预热蒸汽阀 V14 吹扫 5min 以上（仿真中采用）。拆下出料管用火烧化硫黄，或更换管段及阀门。

5. 测温电阻连线故障

原因：测温电阻连线断。

现象：温度显示置零。

处理方法：① 改用压力显示对反应进行调节（调节冷却水用量）；

② 升温至压力为 0.3～0.75atm 就停止加热；

③ 升温至压力为 1.0～1.6atm 开始通冷却水；

④ 压力超过 3.6～4atm 范围为反应剧烈阶段；

⑤ 反应压力大于 8atm，相当于温度大于 128℃处于故障状态；

⑥ 反应压力大于 10atm，反应器联锁启动；

⑦ 反应压力大于 15atm，反应器安全阀启动。（以上压力为表压）

五、仿真界面

间歇反应釜工艺 3D 仿真系统运行界面见图 3-53～图 3-55。

图 3-53　间歇反应釜工艺 3D 仿真系统运行场景界面

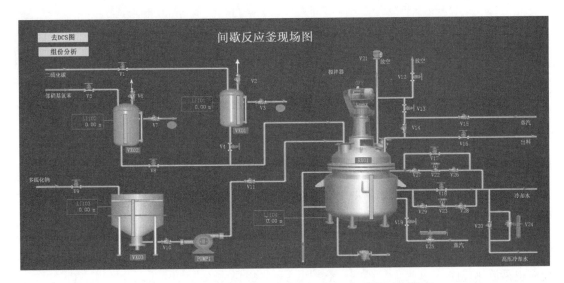

图 3-54　间歇反应釜工艺 3D 仿真系统运行现场工艺界面

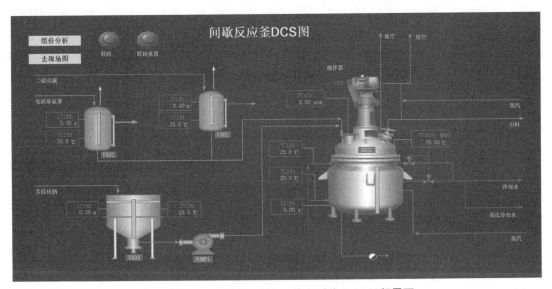

图 3-55　间歇反应釜工艺 3D 仿真系统 DCS 运行界面

六、思考题

1. 间歇反应釜的基本组成和工作原理是什么？

2. 在间歇反应釜仿真系统中，如何设置和操作以实现特定的反应条件？

3. 间歇反应釜仿真系统如何帮助优化反应过程？

4. 在间歇反应釜仿真系统中，如何判断反应是否达到终点？

5. 在间歇反应釜仿真系统中，反应釜温度过高是什么原因导致的，怎么处理？

一、工艺流程说明

1. 工艺说明

本流程为利用催化加氢脱乙炔的工艺。乙炔是通过等温加氢反应器除掉的，反应器温度由壳侧中冷剂温度控制。

主反应为：$nC_2H_2 + 2nH_2 \longrightarrow (C_2H_6)_n$，该反应是放热反应。每克乙炔反应后放出热量约为 34000kcal（1kcal=4.184kJ）。温度超过 66℃ 时有副反应为：$2nC_2H_4 \longrightarrow (C_4H_8)n$，该反应也是放热反应。

冷却介质为液态丁烷，通过丁烷蒸发带走反应器中的热量，丁烷蒸气通过冷却水冷凝。

反应原料分两股，一股为约 −15℃ 的以 C_2 为主的烃原料，进料量由流量控制器 FIC1425 控制；另一股为 H_2 与 CH_4 的混合气，温度约 10℃，进料量由流量控制器 FIC1427 控制。FIC1425 与 FIC1427 为比值控制，两股原料按一定比例在管线中混合后经原料气/反应气换热器（EH423）预热，再经原料预热器（EH424）预热到 38℃，进入固定床反应器（ER424A/B）。预热温度由温度控制器 TIC1466 通过调节预热器 EH424 加热蒸汽（S3）的流量来控制。

ER424A/B 中的反应原料在 2.523MPa、44℃ 下反应生成 C_2H_6。当温度过高时会发生 C_2H_4 聚合生成 C_4H_8 的副反应。反应器中的热量由反应器壳侧循环的加压 C_4 冷剂蒸发带走。C_4 蒸气在水冷器 EH429 中由冷却水冷凝，而 C_4 冷剂的压力由压力控制器 PIC1426 通过调节 C_4 蒸气冷凝回流量来控制，从而保持 C_4 冷剂的温度。

2. 本单元复杂控制回路说明

FF1427：为一比值调节器。根据 FIC1425（以 C_2 为主的烃原料）的流量，按一定的比例，相适应地调整 FIC1427（H_2）的流量。在本单元中，FIC1425（以 C_2 为主的烃原料）为主物料，FIC1427（H_2）的量是随主物料（C_2 为主的烃原料）的量的变化而改变。

3. 设备一览

EH423：原料气/反应气换热器

EH424：原料气预热器

EH429：C_4 蒸气冷凝器

EV429：C_4 闪蒸罐

ER424A/B：C_2H_2 加氢反应器

二、操作规程

1. 开车操作规程

装置的开工状态为反应器和闪蒸罐都处于已进行过氮气冲压置换后，保压在 0.03MPa

状态。可以直接进行实气冲压置换。

（1）EV429 闪蒸罐充丁烷

① 在 DCS 界面查看并确认 EV429 压力为 0.03MPa；

② 打开 EV429 回流阀 PV1426 的前后阀 VV1430、VV1429；

③ 调节 PV1426（PIC1426）阀开度为 50%；

④ EH429 通冷却水，打开 KXV1430，开度为 50%；

⑤ 打开 EV429 的丁烷进料阀门 KXV1420，开度为 50%；

⑥ 当 EV429 液位到达 50%时，关进料阀 KXV1420。

（2）ER424A 反应器充丁烷

① 确认事项

a. 反应器 0.03MPa 保压；

b. EV429 液位到达 50%。

② 充丁烷。打开丁烷冷剂进 ER424A 壳层的阀门 KXV1423，有液体流过，充液结束；同时打开出 ER424A 壳层的阀门 KXV1425。

（3）ER424A 启动

① 启动前准备工作

a. ER424A 壳层有液体流过；

b. 打开 S3 蒸汽进料控制 TIC1466；

c. 调节 PIC1426 设定，压力控制设定在 0.4MPa。

② ER424A 充压、实气置换

a. 打开 FV1425 的前后阀 VV1425、VV1426 和 KXV1412；

b. 打开阀 KXV1418；

c. 微开 ER424A 出料阀 KXV1413，调节乙炔进料控制 FIC1425（手动），慢慢增加进料，提高反应器压力，充压至 2.523MPa；

d. 慢开 ER424A 出料阀 KXV1413 至 50%，充压至压力平衡；

e. 乙炔原料进料控制 FIC1425 投自动，设定值为 56186.8kg/h。

③ ER424A 配氢，调整丁烷冷剂压力

a. 稳定反应器入口温度在 38.0℃，使 ER424A 升温；

b. 当反应器温度接近 38.0℃（超过 35.0℃），准备配氢，打开 FV1427 的前后阀 VV1427、VV1428；

c. 氢气进料控制 FIC1427 设自动，流量设定 80kg/h；

d. 观察反应器温度变化，当氢气量稳定后，FIC1427 设手动；

e. 缓慢增加氢气量，注意观察反应器温度变化；

f. 氢气流量控制阀开度每次增加不超过 5%；

g. 氢气流量最终加至 200 kg/h 左右，此时 $H_2/C_2=2.0$，FIC1427 投串级；

h. 控制反应器温度为 44.0℃ 左右。

2. 正常操作规程

（1）正常工况下工艺参数

① 正常运行时，反应器 ER424A 温度 TI1467A 为 44.0℃，压力 PI1424A 控制在 2.523MPa；

② FIC1425 投自动，设定值为 56186.8kg/h，FIC1427 设串级；

③ PIC1426 压力控制在 0.4MPa，EV429 温度 TI1426 控制在 38.0℃；

④ TIC1466 投自动，设定值为 38.0℃；

⑤ ER424A 出口氢气浓度低于 50μL/L，乙炔浓度低于 200μL/L；

⑥ EV429 液位 LI1426 为 50%。

（2）ER424A 与 ER424B 间切换

① 关闭氢气进料；

② ER424A 温度下降低于 38.0℃ 后，打开 C_4 冷剂进 ER424B 的阀 KXV1424、KXV1426，关闭 C_4 冷剂进 ER424A 的阀 KXV1423、KXV1425；

③ 开 C_2H_2 进 ER424B 的阀 KXV1415，微开 KXV1416。关 C_2H_2 进 ER424A 的阀 KXV1412。

（3）ER424B 的操作

ER424B 的操作与 ER424A 操作相同。

3. 停车操作规程

（1）正常停车

① 关闭氢气进料，关 VV1427、VV1428，FIC1427 设手动，设定值为 0%；

② 关闭加热器 EH424 蒸汽进料，TIC1466 设手动，开度为 0%；

③ 闪蒸罐冷凝回流控制 PIC1426 设手动，开度为 100%；

④ 逐渐减少乙炔进料，开大 EH429 冷却水进料；

⑤ 逐渐降低反应器温度、压力至常温、常压；

⑥ 逐渐降低闪蒸器温度、压力至常温、常压。

（2）紧急停车

① 与正常停车操作规程相同；

② 也可按紧急停车按钮（在 DCS 操作图上）。

4. 联锁说明

（1）联锁源

① 现场手动紧急停车（按紧急停车按钮）；

② 反应器温度高报（TI1467A/B>66℃）。

（2）联锁动作

① 关闭氢气进料，FIC1427 设手动；

② 关闭加热器 EH424 蒸汽进料，TIC1466 设手动；

③ 闪蒸器冷凝回流控制 PIC1426 设手动，开度为 100%；

④ 自动打开电磁阀 XV1426。

注：该联锁有一复位按钮。在复位前，应首先确定反应器温度已降回正常，同时处于手动状态的各控制点的设定应设成最低值。

三、主要仪表

固定床反应器工艺 3D 仿真系统主要仪表及报警见表 3-29。

表 3-29　固定床反应器工艺 3D 仿真系统主要仪表及报警一览表

位号	说明	类型	量程高限	量程低限	工程单位	报警上限	报警下限
PIC1426	EV429 罐压力控制	PID	1.0	0.0	MPa	0.70	无
TIC1466	EH423 出口温控	PID	80.0	0.0	℃	43.0	无
FIC1425	C_2H_2 流量控制	PID	700000.0	0.0	kg/h	无	无
FIC1427	H_2 流量控制	PID	300.0	0.0	kg/h	无	无
FT1425	C_2H_2 流量	PV	700000.0	0.0	kg/h	无	无
FT1427	H_2 流量	PV	300.0	0.0	kg/h	无	无
TC1466	EH423 出口温度	PV	80.0	0.0	℃	43.0	无
TI1467A	ER424A 温度	PV	400.0	0.0	℃	48.0	无
TI1467B	ER424B 温度	PV	400.0	0.0	℃	48.0	无
PC1426	EV429 压力	PV	1.0	0.0	MPa	0.70	无
LI1426	EV429 液位	PV	100	0.0	%	80.0	20.0
AT1428	ER424A 出口氢浓度	PV	200000.0	90.0	ppm[①]	无	无
AT1429	ER424A 出口乙炔浓度	PV	1000000.0	无	ppm	无	无
AT1430	ER424B 出口氢浓度	PV	200000.0	90.0	ppm	无	无
AT1431	ER424B 出口乙炔浓度	PV	1000000.0	无	ppm	无	无

① ppm=10^{-6}。

四、装置事故及处理

1. 氢气进料阀卡住

原因：FIC1427 卡在 20%处。

现象：氢气量无法自动调节。

处理方法：① 降低 EH429 冷却水的量。

　　　　　② 用旁路阀 KXV1404 手动调节氢气量。

2. 预热器 EH424 阀卡住

原因：TIC1466 卡在 70%处。

现象：换热器出口温度超高。

处理方法：① 增加 EH429 冷却水的量。

　　　　　② 减少配氢量。

3. 闪蒸罐压力调节阀卡

原因：PIC1426 卡在 20%处。

现象：闪蒸罐压力、温度超高。

处理方法：增加 EH429 冷却水的量，用旁路阀 KXV1434 手动调节。

4. 反应器漏气

原因：反应器漏气，KXV1414 卡在 50%处。

现象：反应器压力迅速降低。

处理方法：停工整修。

5. EH429 冷却水停

原因：EH429 冷却水供应停止。

现象：闪蒸罐压力、温度超高。

处理方法：停工整修。

6. 反应器超温

原因：闪蒸罐通向反应器的管路有堵塞。

现象：反应器温度超高，会引发乙烯聚合的副反应。

处理方法：增加 EH429 冷却水的量。

五、仿真界面

固定床反应器工艺 3D 仿真系统运行界面见图 3-56～图 3-58。

图 3-56　固定床反应器工艺 3D 仿真系统场景运行界面

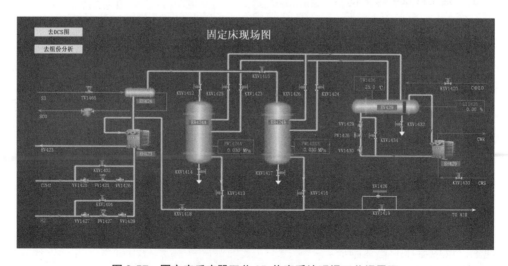

图 3-57　固定床反应器工艺 3D 仿真系统现场工艺场界面

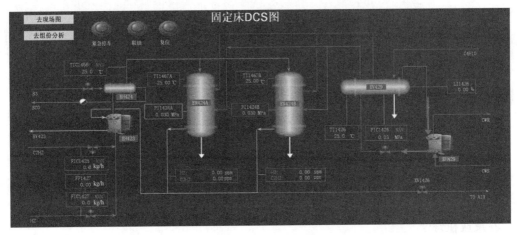

图 3-58　固定床反应器工艺 3D 仿真系统 DCS 运行界面

六、思考题

1. 固定床反应器的定义是什么？
2. 固定床反应器单元仿真系统中，如何控制反应温度？
3. 固定床反应器中，原料的进料量如何控制？
4. 固定床反应器单元仿真系统如何模拟催化剂的再生过程？
5. 如何通过仿真系统分析固定床反应器的操作优化方案？
6. 反应器漏气的原因是什么，怎么解决？
7. 反应器超温的原因是什么，怎么解决？
8. 固定床反应器有哪些优点？

实训十二　流化床反应器工艺单元 3D 仿真实训

一、工艺流程说明

1. 工艺说明

该流化床反应器取材于 HIMONT 工艺本体聚合装置，用于生产高抗冲击共聚物。具有剩余活性的干均聚物（聚丙烯），在压差作用下自闪蒸罐 D301 流到该气相共聚反应器 R401。

在气体分析仪的控制下，氢气被加到乙烯进料管道中，以改进聚合物的本征黏度，满足加工需要。聚合物从顶部进入流化床反应器，落在流化床的床层上。流化气体（反应单体）通过一个特殊设计的栅板进入反应器。由反应器底部出口管路上的控制阀来维持聚合物的料位。聚合物料位决定了停留时间，从而决定了聚合反应的程度，为了避免过度聚合的鳞片状产物堆积在反应器壁上，反应器内配置一转速较慢的刮刀，以使反应器壁保持干净。栅板下部夹带的聚合物细末，用一台小型旋风分离器 S401 除去，并送到下游的袋式过滤器中。

所有未反应的单体循环返回到流化压缩机的吸入口。来自乙烯汽提塔顶部的回收气相与气相反应器出口的循环单体汇合，而补充的氢气、乙烯和丙烯加入压缩机排出口。循环气体用工业色谱仪进行分析，以调节氢气和丙烯的补充量。然后调节补充的丙烯进料量以保证反应器的进料气体满足工艺要求的组成。

用脱盐水作为冷却介质，用一台立式列管式换热器将聚合反应热移出。该热交换器位于循环气体压缩机之前。

共聚物的反应压力约为 1.4MPa（表），温度为 70℃，注意该系统压力位于闪蒸罐压力和袋式过滤器压力之间，从而在整个聚合物管路中形成一定的压力梯度，以避免容器间物料的返混并使聚合物向前流动。

2. 反应机理

乙烯、丙烯以及反应混合气在一定的温度（70℃）、压力（1.35MPa）下，通过具有剩余活性的干均聚物（聚丙烯）的引发，在流化床反应器里进行反应，同时加入氢气以改善共聚物的本征黏度，生成高抗冲击共聚物。

主要原料：乙烯、丙烯、具有剩余活性的干均聚物（聚丙烯）、氢气。

主产物：高抗冲击共聚物（具有乙烯和丙烯单体的共聚物）。

副产物：无。

3. 设备一览

A401：R401 刮刀

C401：R401 循环气体压缩机

E401：R401 气体冷却器

E409：夹套水加热器

P401：开车加热泵

R401：共聚反应器

S401：R401 旋风分离器

二、操作规程

1. 开车操作规程

准备工作包括：系统中用氮气充压，循环加热氮气，随后用乙烯对系统进行置换（按照实际正常的操作，用乙烯置换系统要进行两次，考虑到时间关系，只进行一次）。这一过程完成之后，系统将准备开始单体开车。

（1）系统氮气充压加热

① 充氮：打开充氮阀，用氮气给反应器系统充压；

② 当氮气充压至 0.1MPa（G）时，按照正确的操作规程，启动 C401 共聚循环气体压缩机，将导流叶片（HIC402）定在 40%；

③ 环管充液：启动压缩机后，开进水阀 V4030，给水罐充液，开氮封阀 V4031；

④ 当水罐液位大于 10% 时，开泵 P401 入口阀 V4032，启动泵 P401，调节泵出口阀 V4034 至 60% 开度；

⑤ 冷却水循环流量 FI401 达到 56t/h 左右；

⑥ 手动开低压蒸汽阀 HV451，启动换热器 E409，加热循环氮气；

⑦ 打开循环水阀 V4035；

⑧ 当循环氮气温度达到 70℃时，TC451 投自动，调节其设定值，维持氮气温度 TC401 在 70℃左右。

（2）氮气循环

① 当反应系统压力达 0.7MPa 时，关充氮阀；

② 在不停压缩机的情况下，通过调节 PC402 和排放阀给反应系统泄压至 0.0MPa（G）；

③ 在充氮泄压操作中，不断调节 TC451 设定值，维持 TC401 温度在 70℃左右。

（3）乙烯充压

① 当系统压力降至 0.0MPa（G）时，关闭排放阀；

② 调节 FC403 开始乙烯进料，乙烯进料量达到 567.0kg/h 时投自动，乙烯使系统压力升至 0.25MPa（G）。

（4）干态运行开车　该步骤旨在聚合物进入之前，共聚集反应系统具备合适的单体浓度，另外通过该步骤也可以在实际工艺条件下，预先对仪表进行操作和调节。

（5）反应进料

① 当乙烯充压至 0.25MPa（G）时，启动氢气的进料阀 FC402，氢气进料设定在 0.102kg/h，FC402 投自动；

② 当系统压力升至 0.5MPa（G）时，启动丙烯进料阀 FC404，丙烯进料设定在 400kg/h，FC404 投自动；

③ 打开自乙烯汽提塔来的进料阀 V4010；

④ 当系统压力升至 0.8MPa（G）时，打开旋风分离器 S401 底部阀 HC403 至 20%开度，维持系统压力缓慢上升。

（6）准备接收 D301 来的均聚物

① 再次加入丙烯，将 FIC404 改为手动，调节 FV404 开度为 85%；

② 当 AC402 和 AC403 平稳后，调节 HC403 开度至 25%；

③ 启动共聚反应器的刮刀，准备接收从闪蒸罐（D301）来的均聚物。

（7）共聚反应器的开车

① 确认系统温度 TC451 维持在 70℃左右；

② 当系统压力升至 1.2MPa（G）时，开大 HC403 开度至 40%和 LV401 在 20%～25%，以维持流态化；

③ 打开来自 D301 的聚合物进料阀 TMP20；

④ 停低压加热蒸汽，关闭 HV451。

（8）稳定状态的过渡

① 反应器的液位

a. 随着 R401 料位的增加，系统温度将升高，及时降低 TC451 的设定值，不断取走反应热，维持 TC401 温度在 70℃左右；

b. 调节反应系统压力在 1.35MPa（G）时，PC402 投自动；

c. 手动开启 LV401 至 30%，让共聚物稳定地流过此阀；

d. 当液位达到 60% 时，将 LC401 设置投自动；

e. 随系统压力的增加，料位将缓慢下降，PC402 调节阀自动开大，为了维持系统压力在 1.35MPa，缓慢提高 PC402 的设定值至 1.40MPa（G）；

f. 当 LC401 在 60% 投自动后，调节 TC451 的设定值，待 TC401 稳定在 70℃左右时，TC401 与 TC451 串级控制。

② 反应器压力和气相组成控制

a. 压力和组成趋于稳定时，将 LC401 和 PC403 投串级；

b. FC404 和 AC403 投串级；

c. FC402 和 AC402 投串级。

2. 正常操作规程

正常工况下的工艺参数如下。

（1）FC402：调节氢气进料量（与 AC402 串级），正常值为 0.35kg/h；

（2）FC403：单回路调节乙烯进料量，正常值为 567.0kg/h；

（3）FC404：调节丙烯进料量（与 AC403 串级），正常值为 400.0kg/h；

（4）PC402：单回路调节系统压力，正常值为 1.4MPa；

（5）PC403：主回路调节系统压力，正常值为 1.35MPa；

（6）LC401：反应器料位（与 PC403 串级），正常值为 60%；

（7）TC401：主回路调节循环气体温度，正常值为 70℃；

（8）TC451：分程调节取走反应热量（与 TC401 串级），正常值为 50℃；

（9）AC402：主回路调节反应产物中 H_2/C_2 之比， 正常值为 0.18；

（10）AC403：主回路调节反应产物中 $C_2/(C_3+C_2)$ 之比，正常值为 0.38。

3. 停车操作规程

（1）降反应器料位

① 关闭聚合物进料阀 TMP20；

② 手动缓慢调节反应器料位。

（2）关闭乙烯进料，保压

① 当反应器料位降至 10%，关乙烯进料；

② 当反应器料位降至 0%，关反应器出口阀；

③ 关旋风分离器 S401 上的出口阀。

（3）关丙烯及氢气进料

a. 手动切断丙烯进料阀；

b. 手动切断氢气进料阀；

c. 废气排放至火炬；

d. 停反应器刮刀 A401。

（4）氮气吹扫

① 通氮气吹扫该系统；

② 当压力达 0.35MPa 时放火炬；

③ 停压缩机 C401。

三、主要仪表

流化床反应器 3D 仿真系统主要仪表见表 3-30。

表 3-30　流化床反应器 3D 仿真系统主要仪表一览表

位号	说明	类型	正常值	量程高限	量程低限	工程单位
FC402	氢气进料流量	PID	0.35	5.0	0.0	kg/h
FC403	乙烯进料流量	PID	567.0	1000.0	0.0	kg/h
FC404	丙烯进料流量	PID	400.0	1000.0	0.0	kg/h
PC402	R401 压力	PID	1.40	3.0	0.0	MPa
PC403	R401 压力	PID	1.35	3.0	0.0	MPa
LC401	R401 液位	PID	60.0	100.0	0.0	%
TC401	R401 循环气体温度	PID	70.0	150.0	0.0	℃
FI401	E401 循环水流量	AI	36.0	80.0	0.0	T/h
FI405	R401 气相进料流量	AI	120.0	250.0	0.0	T/h
TI402	循环气 E401 入口温度	AI	70.0	150.0	0.0	℃
TI403	E401 出口温度	AI	65.0	150.0	0.0	℃
TI404	R401 入口温度	AI	75.0	150.0	0.0	℃
TI405/1	E401 入口水温度	AI	60.0	150.0	0.0	℃
TI405/2	E401 出口水温度	AI	70.0	150.0	0.0	℃
TI406	E401 出口水温度	AI	70.0	150.0	0.0	℃

四、装置事故及处理

1. 泵 P401 停

原因：运行泵 P401 发生故障。

现象：TC451 示数急剧上升，然后 TC401 随之升高。

处理方法：① 调节丙烯进料阀 FV404，增加丙烯进料量；

　　　　　② 调节压力调节器 PC402，维持系统压力；

　　　　　③ 调节乙烯进料阀 FV403，维持 C_2/C_3 比。

2. 压缩机 C401 停

原因：压缩机 C401 发生故障。

现象：系统压力急剧上升。

处理方法：① 关闭聚合物进料阀 TMP20；

　　　　　② 手动调节 PC402，维持系统压力；

　　　　　③ 手动调节 LC401，维持反应器料位。

3. 丙烯进料停

原因：丙烯进料阀卡。

现象：丙烯进料量为 0.0。

处理方法：① 手动关小乙烯进料量，维持 C_2/C_3 比；

　　　　　② 关聚合物进料阀 TMP20；

③ 手动关小 PV402，维持压力；

④ 手动关小 LC401，维持料位。

4. 乙烯进料停

原因：乙烯进料阀卡。

现象：乙烯进料量为 0.0。

处理方法：① 手动关小丙烯进料，维持 C_2/C_3 比；

② 手动关小氢气进料，维持 H_2/C_2 比。

5.D301 供料停

原因：D301 供料阀 TMP20 关。

现象：D301 供料停止。

处理方法：① 手动关闭 LV401；

② 手动关小丙烯和乙烯进料；

③ 手动调节压力。

五、仿真界面

流化床反应器工艺 3D 仿真系统运行界面见图 3-59～图 3-61。

图 3-59　流化床反应器工艺 3D 仿真系统运行场景界面

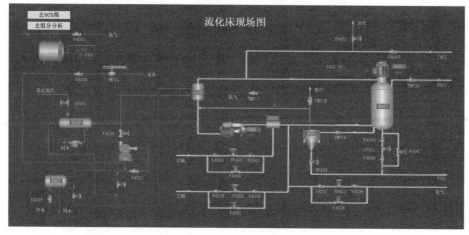

图 3-60　流化床反应器工艺 3D 仿真系统运行现场工艺界面

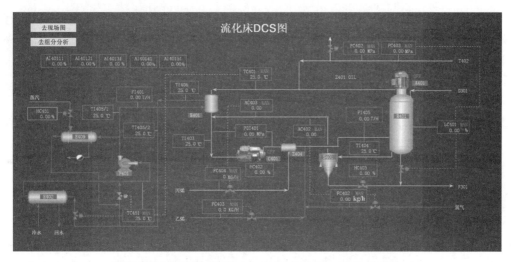

图 3-61　流化床反应器工艺 3D 仿真系统 DCS 运行界面

六、思考题

1. 流化床反应器的定义与工作原理是什么？
2. 流化床反应器在操作过程中要注意什么问题？
3. 流化床反应器的优缺点有哪些？
4. 列举流化床反应器的应用实例。

实训十三　化工过程安全（HAZOP）分析

一、软件背景

石油化学工业简称石油化工，是以石油和天然气为原料，生产石油化工产品的流程工业，在国民经济发展中发挥着极其重要的作用。经过几十年的发展，我国石油化工已成为门类齐全、具有相当规模、自动化水平较高的产业，成为振兴工业、保证国民经济持续稳定发展的支柱性产业。但同时必须看到的是，它在为人类创造巨大财富的同时也给人类带来了威胁。在石油化工生产中，操作介质和产品多为易燃易爆物质，如原油、汽油、液化石油气、乙烯、丙烯等，在生产中还常伴随物料对设备造成严重的腐蚀，而且近年来石化生产装置的发展日趋大型化、自动化、高速化，石油化工生产中存在着大量高压、高温以及剧毒、易燃、易爆等危险化学品，这些都使得石油化工装置一旦发生事故，很可能造成大量人员伤亡、巨大的财产损失以及环境污染，后果将极其严重。随着石化设备的服役期加长，生产规模加大，事故损失也逐渐增加。

HAZOP 分析的重要作用在于，通过结构化和系统化的方式识别潜在的危险与可操作性问题，分析结果有助于确定合适的补救措施。

HAZOP 分析的特点是由各专业技术人员组成分析小组，以"分析会议"的形式进行。会议期间，在分析小组组长的引导下，使用一套核心引导词，对系统的设计进行全面、系统地检查，识别对系统设计意图的偏差。该技术旨在利用系统的方法激发参与者的想象力，识别系统中潜在的危险与可操作性问题。HAZOP 应视为一种基于经验的方法，用于完善设计，而不是要取代其他的经验方法（如标准规范）。

应急管理部近年来一直对 HAZOP 分析方法进行推广和应用，并陆续发布相关文件：《化工建设项目安全设计管理导则》（AQ/T 3033—2022）、《化工过程安全管理导则》（AQ/T 3034—2022）、《危险与可操作性分析（HAZOP 分析）应用导则》（AQ/T 3049—2013）等标准作为中华人民共和国安全生产行业标准。

国家安监总局 2013 年发布 76 号文《关于进一步加强危险化学品建设项目安全设计管理的通知》第 3 条明确提出，建设单位在建设项目设计合同中应主动要求设计单位对设计进行危险与可操作性（HAZOP）审查，并派遣有生产操作经验的人员参加审查，对 HAZOP 分析报告进行审核。涉及"两重点一重大"和首次工业化设计的建设项目，必须在基础设计阶段开展 HAZOP 分析。

随着国家对安全生产工作的日益重视，中石化、中石油、中海油、神华集团等大型石化企业都加入 HAZOP 研究工作中，在新建装置和现役装置上应用 HAZOP 技术进行危害分析，已经形成安全生产制度，用来辨识风险、控制风险。

吸收-解吸单元 HAZOP 分析演练软件具备自动考核、分析表自动生成、成绩评定等功能，内容丰富且贴近生产实际。

吸收-解吸单元 HAZOP 分析演练软件有利于学员的技能提升，提高学习效率，培养学生 HAZOP 分析的全局化思维。

二、考核项目

吸收-解吸单元 HAZOP 分析演练项目如下：

1. 吸收塔尾气分离罐 D102 压力过高偏离分析演练；
2. 解吸塔 T102 回流量过低偏离分析演练；
3. 吸收塔 T101 塔顶压力过低偏离分析演练；
4. 解吸塔 T102 塔顶温度过低偏离分析演练。

三、软件操作简介

1. 软件登录

启动软件后，先进行软件设置，再进行登录，见图 3-62。

（1）设置教师站 IP，这样才能通过教师站激活软件，见图 3-63；

（2）选择画面显示选项，默认选择填充整个画面。

2. 操作流程

吸收-解吸单元 HAZOP 分析演练具体操作流程如下：

（1）吸收-解吸单元 HAZOP 分析演练包括四种分析演练项目，选择具体项目，见图 3-64，点击确定进入。

图 3-62　软件登录

图 3-63　教师站设置

图 3-64　吸收-解吸单元 HAZOP 分析演练项目选择

（2）进入软件的初始界面（图 3-65），其中画面下面为功能键。点击左下角的"操作帮助"，可查看操作视频，见图 3-66，按 Esc 可退出。

图 3-65　进入软件后的画面

图 3-66　进入"操作视频"界面

（3）点击"HAZOP 工作表"查看工作表内容，点击"生成分析报告"形成报告文件，可打印，见图 3-67。

图 3-67　HAZOP 工作表

（4）点击"风险矩阵"查看，参考矩阵资料，见图 3-68。

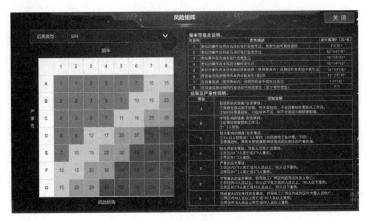

图 3-68　风险矩阵资料

（5）点击"独立保护层 PFD"，查看独立保护层参考表，见图 3-69。

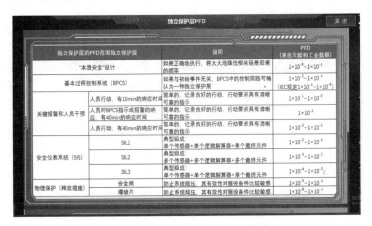

图 3-69　独立保护层 PFD 参考表

（6）点击"工艺资料"查看 PID 图和工艺流程说明，见图 3-70。

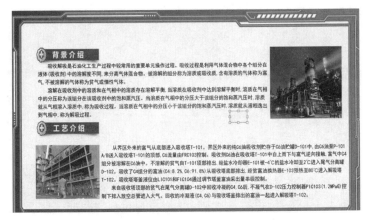

图 3-70　点击"工艺资料"工艺流程说明画面

（7）点击"设置"按钮，调节画面设置，见图3-71。

图3-71　点击"设置"按钮画面

（8）点击"其他资料"按钮，查看MSDS、爆炸区域图、设备清单等资料，见图3-72。

图3-72　点击"其他资料"按钮查看画面

（9）右键选择"添加后果"按钮，进入内容填写界面，见图3-73。

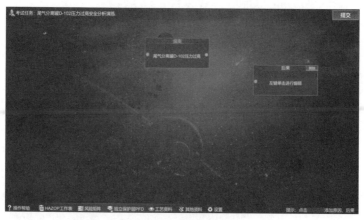

图3-73　内容填写界面

（10）通过下拉按钮，选择"描述"和"后果严重性设置"内容，见图3-74。

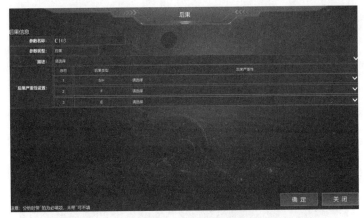

图 3-74 "描述"和"后果严重性设置"显示画面

（11）右键选择"添加原因"，进入填写内容，见图3-75。

图 3-75 "添加原因"进入画面

（12）通过下拉按钮，选择"原因描述"和"频率"内容，见图3-76。

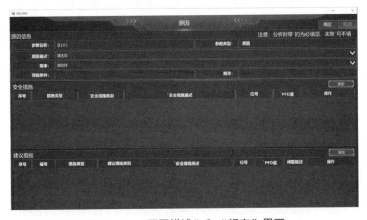

图 3-76 "原因描述"和"频率"界面

（13）在安全措施栏，选择"添加"，填写"安全措施类别""安全措施描述"和"PFD值"，见图3-77。

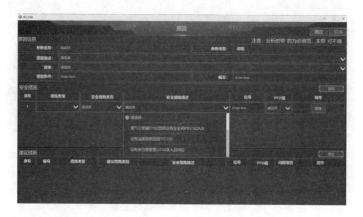

图 3-77 填写"安全措施类别""安全措施描述"和"PFD 值"界面

（14）将原因、偏离、后果连线，并查看"HAZOP工作表"，结合风险矩阵表，判断剩余风险是否可以接受，如果可以接受则在"原因"中添加建议措施（此种偏离剩余风险可以接受），见图3-78；如果不可以接受，在建议措施栏添加"安全措施描述"和"PFD值"，见图3-79。

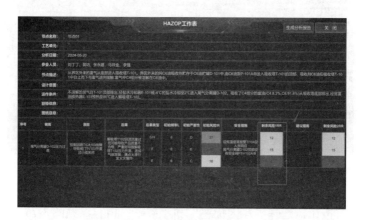

图 3-78 查看 HAZOP 工作表结合风险矩阵表

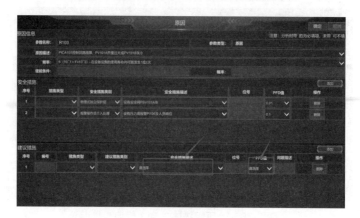

图 3-79 添加"安全措施描述"和"PFD 值"界面

（15）重复以上步骤，完成其他原因的填写，并进行连线，见图 3-80，完成所有步骤后，点击右上角"提交"，关闭软件。

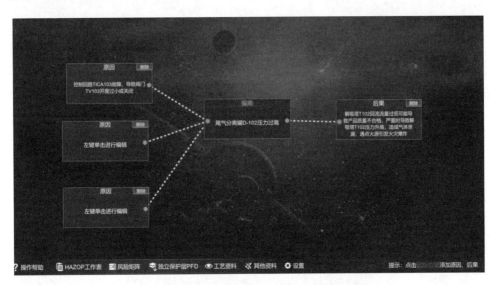

图 3-80　完成其他原因的填写并进行连线界面

四、思考题

1. 吸收岗位的操作是在高压、低温的条件下进行的，这样的操作条件对吸收过程的进行有何有利之处？

2. 结合吸收-解吸单元的具体情况，说明串级控制的工作原理。

3. 操作时若发现富油无法进入解吸塔，可能由哪些原因导致？应如何进行调整？

4. 假如吸收塔的操作已经平稳，这时进料富气温度突然升高，会导致什么现象？如果造成系统不稳定，吸收塔的塔顶压力上升（塔顶 C_4 增加），有几种手段可以将系统调节正常？

5. 请分析本流程的串级控制，如果请你来设计，还有哪些变量间可以通过串级调节控制？这样做的优点是什么？

6. C_6 油贮罐进料阀为一手操阀，是否有必要在此设一个调节阀，使进料操作自动化？为什么？

7. 针对吸收-解吸单元，列举并分析几种可能的偏离情况，如吸收塔尾气分离罐压力过高、解吸塔回流量过低等，并提出相应的预防措施和应急处理方案。

8. 在吸收-解吸单元的 HAZOP 分析演练中，如何识别和管理风险？有哪些安全措施可以确保操作过程的安全？

9. 在进行吸收-解吸单元的设计时，需要考虑哪些设备设计和工艺设计因素以确保系统的稳定性和安全性？

10. 在进行 HAZOP 分析演练时，如何确保团队成员之间的有效沟通和协作？如何确保分析结果的准确性和可靠性？

第四章

化工单元操作实训

实训一　流体输送操作实训

一、工艺流程说明

1. 工业背景

流体是指具有流动性的物体，包括液体和气体，化工生产中所处理的物料大多为流体。这些物料在生产过程中往往需要从一个车间转移到另一个车间，从一道工序转移到另一道工序，从一台设备转移到另一台设备。因此，流体输送是化工生产中最常见的单元操作，做好流体输送工作，对化工生产过程有着非常重要的意义。

本装置设计导入工业泵组、罐区设计概念，着重于流体输送过程中的压力、流量、液位控制，采用不同流体输送设备（离心泵、压缩机、真空泵）和输送形式（动力输送和静压输送），并引入工业流体输送过程常见安全保护装置。

2. 实训功能

本装置模拟工艺生产系统，设置流量比值调节系统，实现流体输送（液相和气相的动力及真空输送），完成离心泵的性能测定实验以及管路的阻力损失实验，训练学生实际操作能力，锻炼学生判断和排除故障的能力。

（1）液体输送岗位技能　离心泵的开停车及流量调节；解决离心泵的气缚、汽蚀问题；离心泵的串、并联；离心泵故障联锁。

（2）气体输送岗位技能　空压机的开停车，压力缓冲罐的调节；真空泵的开停车，真空度的调节。

（3）设备特性岗位技能　离心泵特性曲线的测定；管路特性曲线的测定；直管阻力的测定；阀门局部阻力的测定；孔板流量计性能校核。

（4）现场工控岗位技能　各类泵的变频调节、电动调节阀开度调节和手闸阀调节；贮罐液位高低报警，液位调节控制；气液混合效果操控，液封调节。

（5）化工电气仪表岗位技能　电磁流量计、涡轮流量计、孔板流量计、电动调节阀、差压变送器、光电传感器、热电阻、压力变送器、功率表、无纸记录仪、闪光报警器及各类就地弹簧指针表等的使用；单回路、串级控制和比值控制等控制方案的实施。

（6）就地及远程控制岗位技能　现场控制台仪表与微机通信，实时数据采集及过程监控；总控室控制台 DCS 与现场控制台通信，各操作工段切换、远程监控、流程组态的上传下载等。

（7）盲板管理　为了防止生产过程、检修过程中不同物料的串料，保证管道系统之间的切断，锻炼学生的安全管理意识，本装置设置了盲板管理操作功能。

（8）离心泵故障联锁投运功能　保证安全生产，2#泵系统出现故障停止，自动联锁至 1#泵启动，锻炼学生联锁系统的投运、切换、检修的能力。

3. 流程简介

流体输送操作实训装置的工艺流程见图 4-1。

（1）常压流程　原料槽 V101 料液输送到高位槽 V102，有三种途径：由 1#泵或 2#离心泵输送；1#泵和 2#泵串联输送；1#泵和 2#泵并联输送。高位槽 V102 内料液通过三根平行管（一根可测离心泵特性、一根可测直管阻力、一根可测局部阻力），进入吸收塔 T101 上部，与下部上升的气体充分接触后，从吸收塔底部排出，返回原料槽 V101 循环使用。

空气由空气压缩机 C101 压缩、经过缓冲罐 V103 后，进入吸收塔 T101 下部，与液体充分接触后顶部放空。

（2）真空流程　本装置配置了真空流程，主物料流程如常压流程。关闭 1#泵 P101 和 2#泵 P102 的灌泵阀，高位槽 V102、吸收塔 T101 的放空阀和进气阀，启动真空泵 P103，被抽出的系统物料气体由真空泵 P103 抽出放空。

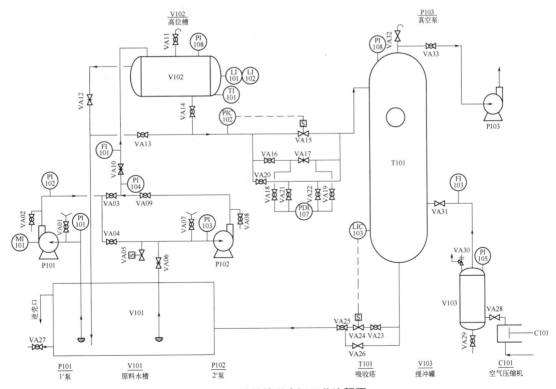

图 4-1　流体输送实训工艺流程图

4.装置布置示意图

流体输送操作实训装置的布置图见图 4-2～图 4-4。

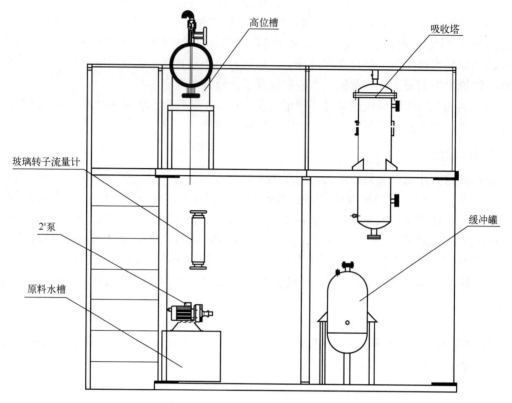

图 4-2　流体输送装置布置立面图

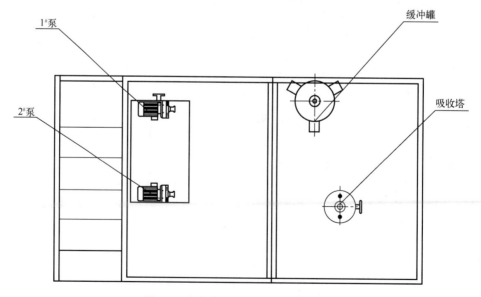

图 4-3　流体输送装置一层平面布置图

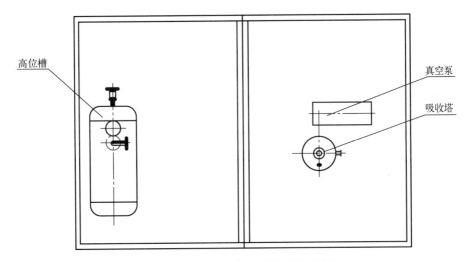

图 4-4　流体输送装置二层平面布置图

5.设备一览表

流体输送操作实训装置中涉及的设备包括静设备和动设备，分别见表 4-1 和表 4-2。

表 4-1　流体输送静设备一览表

序号	名称	规格	容积（估算）	材质	结构形式
1	吸收塔	$\phi325mm\times1300mm$	110L	304 不锈钢	立式
2	高位槽	$\phi426mm\times700mm$	100L	304 不锈钢	立式
3	缓冲罐	$\phi400mm\times500mm$	60L	304 不锈钢	立式
4	原料水槽	$1000mm\times600mm\times500mm$	3000L	304 不锈钢	立式

表 4-2　流体输送动设备一览表

编号	名称	规格型号	数量
1	1#泵	离心泵，$P=0.5kW$，流量 $Q_{max}=6m^3/h$，$U=380V$	1
2	2#泵	离心泵，$P=0.5kW$，流量 $Q_{max}=6m^3/h$，$U=380V$	1
3	真空泵	旋片式，$P=0.37kW$，真空度 $p_{max}=-0.06kPa$，$U=220V$	1
4	空气压缩机	往复空压机，$P=2.2kW$，流量 $Q_{max}=0.25m^3/min$，$U=220V$	1

二、生产技术指标

在化工生产中，对各工艺变量有一定的控制要求。有些工艺变量对产品的数量和质量起着决定性的作用。有些工艺变量虽不直接影响产品的数量和质量，但保持其平稳却是使生产获得良好控制的前提。

为了满足实训操作需求，可以有两种生产方式：一是人工控制；二是自动控制，使用自动化仪表等控制装置来代替人的观察、判断、决策和操作。

先进的控制策略在化工生产过程的推广应用，能够有效提高生产过程的平稳性和产品质量的合格率，对于降低生产成本、节能减排降耗、提升企业的经济效益具有重要意义。

1. 各项工艺操作指标

（1）压力控制

离心泵进口压力：−15～−6kPa；

1 号泵单独运行时出口压力：0.15～0.27MPa（流量为 0～6m³/h）；

两台泵串联时出口压力：0.27～0.53MPa（流量为 0～6m³/h）；

两台泵并联时出口压力：0.12～0.28MPa（流量为 0～7m³/h）。

（2）压降范围

光滑管阻力压降：0～7kPa（流量为 0～3m³/h）；

局部阻力管阻力压降：0～22kPa（流量为 0～3m³/h）。

（3）流量控制

离心泵特性流体流量：2～7m³/h；

阻力特性流体流量：0～3m³/h。

（4）液位控制

吸收塔液位：1/3～1/2。

2. 主要控制点的控制方案

（1）水路流量　水路调节方案见图4-5。

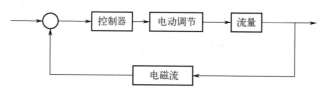

图4-5　流体输送实训水路流量控制回路图

（2）吸收塔液位　吸收塔液位控制方案见图4-6。

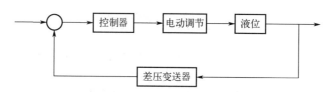

图4-6　流体输送实训吸收塔液位控制回路图

（3）报警联锁　当联锁投运时，将联锁开关（26）切换至投运状态，当 2# 泵进口压力低于电接点压力表给定值时，2# 泵自动停止，1# 泵自动开启。

三、实训操作规程

实训操作之前，请仔细阅读实训操作规程，以便完成实训操作。

注： 开车前应检查所有设备、阀门、仪表所处状态。

1. 开车前准备

（1）由相关操作人员组成装置检查小组，对本装置所有设备、管道、阀门、仪表、电气、照明、分析、保温等按工艺流程图要求和专业技术要求进行检查。

（2）检查所有仪表是否处于正常状态。

（3）检查所有设备是否处于正常状态。

（4）试电

① 检查外部供电系统，确保控制柜上所有开关均处于关闭状态。

② 开启外部供电系统总电源开关。

③ 打开控制柜上空气开关33（QF1）。

④ 打开空气开关10（QF2），打开仪表电源开关8（SA1）。查看所有仪表是否上电，指示是否正常。

⑤ 将各阀门顺时针旋转操作到关闭状态。检查孔板流量计正压阀和负压阀是否均处于开启状态（实验中保持开启）。

（5）加装实训用水。关闭原料水槽排水阀（VA27），原料水槽加水至浮球阀关闭，关闭自来水。

2.开车

（1）输送过程

1）流体输送

① 单泵实验（1#泵）

方法一：开阀 VA03，开溢流阀 VA12，关阀 VA04、VA06、VA09、VA13、VA14，放空阀 VA11 适当打开。液体直接从高位槽流入原料水槽。

方法二：开阀 VA03，关溢流阀 VA12，关阀 VA04、VA06、VA09、VA11、VA13、VA16、VA20、VA18、VA21、VA19、VA22、VA17、VA33、VA31。放空阀 VA32 适当打开，打开阀 VA14、VA23、VA25 或打开旁路阀 VA26（适当开度），液体从高位槽经吸收塔流入原料水槽。

启动 1#泵，开阀 VA10（泵启动前关闭，泵启动后根据要求开到适当开度），由阀 VA10 或电动调节阀 VA15 调节液体流量分别为 2、3、4、5、6、7m³/h。在 C3000 仪表上或监控软件上观察离心泵特性数据。等待一定时间后（至少 5min），记录相关实验数据。

② 泵并联操作

方法一：开阀 VA03、VA09、VA06、VA12，关阀 VA04、VA13、VA14，放空阀 VA11 适当打开。液体直接从高位槽流入原料水槽。

方法二：开阀 VA03、VA09、VA06，关溢流阀 VA12，关阀 VA04、VA11、VA13、VA16、VA20、VA18、VA21、VA19、VA22、VA17、VA33、VA31。放空阀 VA32 适度打开，打开阀 VA14、VA23、VA25 或打开旁路阀 VA26（适当开度），液体从高位槽经吸收塔流入原料水槽。

启动 1#和启动 2#泵，由阀 VA10（泵启动前关闭，泵启动后根据要求开到适当开度）或电动调节阀 VA15 调节液体流量分别为 2、3、4、5、6、7m³/h，在 C3000 仪表上或监控软件上观察离心泵特性数据。等待一定时间后（至少 5min），记录相关实验数据。

③ 泵串联操作

方法一：开阀 VA04、VA09、VA12，关阀 VA03、VA06、VA13、VA14，放空阀 VA11 适当打开。液体直接从高位槽流入原料水槽。

方法二：开阀 VA04、阀 VA09，关溢流阀 VA12，关阀 VA03、VA06、VA11、VA13、

VA16、VA20、VA18、VA21、VA19、VA22、VA17、VA33、VA31。放空阀 VA32 适度打开，打开阀 VA14、VA23、VA25 或打开旁路阀 VA26（适当开度），液体从高位槽经吸收塔流入原料水槽。

启动 1#和启动 2#泵，由阀 VA10（泵启动前关闭，泵启动后根据要求开到适当开度）或电动调节阀 VA15 调节液体流量分别为 2、3、4、5、6、7m^3/h，在 C3000 仪表上或监控软件上观察离心泵特性数据。等待一定时间后（至少 5min），记录相关实验数据。

④ 泵的联锁投运

a. 切除联锁，启动 2#泵至正常运行后，投运联锁。

b. 设定好 2#泵进口压力报警下限值，逐步关小阀门 VA10，检查泵运转情况。

c. 当 2#泵有异常声音产生、进口压力低于下限时，操作台发出报警，同时联锁启动：2#泵自动跳闸停止运转，1#泵自动启动。

d. 保证流体输送系统的正常稳定进行。

注：联锁投运时，阀 VA03、VA06、VA09 必须打开，阀 VA04 必须关闭。

当单泵无法启动时，应检查联锁是否处于投运状态。

2）真空输送实验

在离心泵处于停车状态下进行。

① 开阀 VA03、VA06、VA09、VA14。

② 关阀 VA04、VA10、VA12、VA13、VA16、VA20、VA23、VA25、VA24、VA26、VA17、VA18、VA21、VA22、VA19，并在阀 VA31 处加盲板。

③ 开阀 VA32、VA33（适度开度）后，再启动真空泵，用阀 VA32、VA33 调节吸收塔内真空度，并保持稳定。

④ 用电动调节阀 VA15 控制流体流量，使流体在吸收塔内均匀淋下。

⑤ 当吸收塔内液位达到 1/3～2/3 范围时，关闭电动调节阀 VA15，开阀 VA23、VA25，并通过电动调节阀 VA24 控制吸收塔内液位稳定。

3）配比输送

以水和压缩空气作为配比介质，模仿实际的流体介质配比操作。以压缩空气的流量为主流量，以水作为配比流量。

① 检查阀 VA31 处的盲板是否已抽除（见盲板操作管理），阀 VA31 是否在关闭状态。

② 开阀 VA03，关溢流阀 VA12，关阀 VA04、VA28、VA06、VA09、VA11、VA13、VA16、VA20、VA18、VA21、VA19、VA22、VA17、VA33、VA31。放空阀 VA32 适当打开，打开阀 VA14、VA23、VA25 或打开旁路阀 VA26（适当开度），液体从高位槽经吸收塔流入原料水槽。

③ 按上述步骤启动 1#水泵，调节 FIC102 流量在 4m^3/h 左右，并调节吸收塔液位在 1/3～2/3。

④ 启动空气压缩机，缓慢开启阀 VA28，观察缓冲罐压力上升速率，控制缓冲罐压力 ≤0.1MPa。

⑤ 当缓冲罐压力达到 0.05MPa 以上时，缓慢开启阀 VA31，向吸收塔送空气，并调节 FIC103 流量在 8～10m^3/h（标况下）。

⑥ 根据配比需求，调节 VA32 的开度，观察流量大小。

若投自动，在 C3000 仪表中设定配比值（1:2，1:1 或 1:3），进行自动控制。

（2）管阻力实验

① 光滑管阻力测定。在上述单泵操作的基础上，启动 1#泵，开阀 VA03、VA14、VA20、VA21、VA22、VA23、VA25，关阀 VA04、VA09、VA06、VA10、VA13、VA16、VA17、VA18、VA19、电动调节阀 VA15、VA33、VA31，阀 VA32 适度打开。用阀 VA10（泵启动前关闭，泵启动后根据要求开到适当开度）或电动调节阀 VA15 控制液体流量为 2.2m³/h，通过调节 VA20 的开度控制流量分别为 1、1.5、2、2.5、3m³/h，记录光滑管阻力测定数据。

② 局部阻力管阻力测定。启动 1#泵，开阀 VA03、VA10、VA14、VA16、VA18、VA19、VA23、VA25（或旁路阀 VA26），关阀 VA04、VA09、VA06、VA13、VA20、VA21、VA22、电动调节阀 VA15、VA33、VA31，阀 VA32 适度打开。用阀 VA10（泵启动前关闭，泵启动后根据要求开到适当开度）或电动调节阀 VA15 控制液体流量为 2.2m³/h，通过调节 VA16 的开度控制流量分别为 1、1.5、2、2.5、3m³/h，记录局部阻力管阻力测定数据。

③ 盲板操作管理（附盲板使用申请表）。在实际化工生产中，因为生产、检修等需要在一段时间内彻底隔绝部分设备管道的连接，防止阀门渗漏或误操作，而发生中毒、爆炸等事故，化工企业中经常进行盲板操作。而加强盲板操作管理，对保证化工生产安全、稳定、长周期的运转，杜绝设备、人身伤害（亡）等事故的发生，有着非常重要的现实意义。

a. 对需隔绝设备管口、管道连接处装盲板的部位，提出盲板安装申请。

b. 盲板安装申请批准后，根据管径、生产中的介质、工作温度和压力等条件，选取合适的材质，制作盲板（按 HB 标准）、标识。

c. 盲板安装的同时，挂好标识、编号，安装人、监护人分别在申请表上签名记录。

d. 使用过程中，要定期检查盲板使用情况。

e. 盲板拆除时，拆除人、监护人、复核检查人分别在申请表上签名记录拆除情况。

f. 要定期进行盲板使用台账登记。

3. 停车

（1）按操作步骤分别停止所有运转设备。

（2）打开阀 VA11、VA13、VA14、VA16、VA20、VA32、VA23、VA25、VA26、VA24，将高位槽 V102、吸收塔 T101 中的液体排空至原料水槽 V101。

（3）检查各设备、阀门状态，做好记录。

（4）关闭控制柜上各仪表开关。

（5）切断装置总电源。

（6）清理现场，做好设备，电气，仪表等防护工作。

4. 紧急停车

遇到下列情况之一者，应紧急停车处理：

（1）泵内发出异常的声响；

（2）泵突然发生剧烈振动；

（3）电机电流超过额定值持续不降；

（4）泵突然不出水；

（5）空压机有异常的声音；

（6）真空泵有异常的声音。

5.设备维护及检修

（1）风机的开、停，正常操作及日常维护。

（2）系统运行结束后，相关操作人员应对设备进行维护，保持现场、设备、管路、阀门清洁，方可离开现场。

（3）定期组织学生进行系统检修。

四、安全生产技术

1.异常现象及处理

流体输送操作实训运行过程中可能出现的异常现象、原因及处理方法见表4-3。

表4-3　异常现象、原因及处理方法

序号	异常现象	原因分析	处理方法
1	泵启动时不出水	检修后电机接反电源； 启动前泵内未充满水； 叶轮密封环间隙太大； 入口法兰漏气	重新接电源线； 排净泵内空气； 调整密封环； 消除漏气缺陷或更换法兰
2	泵运行中发生振动	地脚螺栓松动； 原料水槽供水不足； 泵壳内气体未排净或有汽化现象； 轴承盖紧力不够，使轴瓦跳动	紧固地脚螺栓； 补充原料水槽内的水； 排尽气体重新启动泵； 调整轴承盖紧力为适度
3	泵运行中出现异常声音	叶轮、轴承松动； 轴承损坏或径向紧力过大； 电机有故障	紧固松动部件； 调整轴承调整紧力为适度； 检修电机
4	压力表读数过低（压力表正常）	泵内有空气或漏气严重； 轴封严重磨损； 系统需水量大	排尽泵内空气或堵漏； 更换轴封； 启动备用泵

2.故障模拟

在流体输送正常操作中，由教师给出隐蔽指令，通过不定时改变某些阀门、风机或泵的工作状态来扰动流体输送系统正常的工作状态，分别模拟出流体输送实际生产过程中的常见故障，学生根据各参数的变化情况、设备运行异常现象，分析故障原因，找出故障并动手排除故障，以提高学生对工艺流程的认知度和实际动手能力。

（1）离心泵进口加水加不满　在流体输送正常操作中，教师给出隐蔽指令，改变离心泵的工作状态（离心泵进口管漏水），学生通过观察离心泵启动时的变化情况，分析引起系统异常的原因并做处理，使系统恢复到正常操作状态。

（2）真空输送不成功　在流体输送正常操作中，教师给出隐蔽指令，改变真空输送的工作状态（真空放空，真空保不住），学生通过观察吸收塔内压力（真空度）、液位等参数的变化情况，分析引起系统异常的原因并作处理，使系统恢复到正常操作状态。

（3）吸收塔压力异常　在流体输送正常操作中，教师给出隐蔽指令，改变空压机的工作状态（空压机跳闸），学生通过观察吸收塔液位、压力等参数的变化情况，分析引起系统异常的原因并作处理，使系统恢复到正常操作状态。

3. 工业卫生和劳动保护

参加实训的老师和学生进入化工单元实训基地后必须佩戴合适的防护手套，无关人员不得进入化工单元实训基地。

（1）动设备操作安全注意事项

① 启动电动机，上电前先用手转动一下电机的轴，通电后，立即查看电机是否已转动；若不转动，应立即断电，否则电机很容易烧毁。

② 确认工艺管线，工艺条件正常。

③ 启动电机后看其工艺参数是否正常。

④ 观察有无过大噪声，振动及松动的螺栓。

⑤ 电机运转时不可接触转动件。

（2）静设备操作安全注意事项

① 操作及取样过程中注意防止静电产生。

② 流化床在需清理或检修时应按安全作业规定进行。

③ 容器应严格按规定的装料系数装料。

五、思考题

1. 请列举并解释液体输送岗位技能中离心泵的开停车及流量调节的步骤。

2. 请列举并解释现场工控岗位技能中电动调节阀开度调节和贮罐液位高低报警的具体作用。

3. 遇到离心泵启动不出水或运行中振动异常等故障时，应如何处理？

4. 离心泵故障联锁投运功能的作用是什么？在实训中如何模拟这一功能？

5. 在紧急情况下，应如何进行紧急停车操作？请描述具体步骤。

实训二　传热操作实训

一、工艺流程说明

1. 工业背景

传热过程即热量传递过程。在化工生产过程中，几乎所有的化学反应过程都需要控制温度范围，此时就要涉及传热过程，即将物料加热或冷却到一定的温度。传热主要可分为直接传热和间接传热两大类。在工业生产中，间接传热是主要的传热形式，作为间接传热的设备——换热器，因其所涉及介质的不同、传热要求不同，结构形式也不同。

本装置是以"水-冷空气、冷空气-热空气、冷空气-蒸汽"为体系，选用列管式换热器、板式换热器、套管换热器等三种形式的换热器，结合高校实训教学大纲要求设计而成的。

2. 实训功能

（1）换热体系岗位技能　冷空气-热空气换热体系，冷热风机启停，水冷却器操作，热风加热器操作；冷空气-水蒸气换热体系，疏水阀操作。

（2）换热器岗位技能　套管式换热器操作；列管式换热器操作；板式换热器操作。

（3）换热流程岗位技能　换热器内的逆、并流操作；各换热器间串、并联操作；各换热体系间逆、并流操作。

（4）现场工控岗位技能　各风机的变频调节及手阀调节；各热风加热器温度测控；蒸汽输送压力测控；各换热器总传热系数测定。

（5）化工仪表岗位技能　孔板流量计、变频器、差压变送器、热电阻、无纸记录仪、声光报警器、调压模块及各类就地弹簧指针表等的使用；单回路、串级控制等控制方案的实施。

（6）就地及远程控制岗位技能　现场控制台仪表与微机通信，实时数据采集及过程监控；总控室控制台 DCS 与现场控制台通信，各操作工段切换、远程监控、流程组态的上传下载等。

3. 流程简介

传热操作实训装置的工艺流程图见图 4-7。

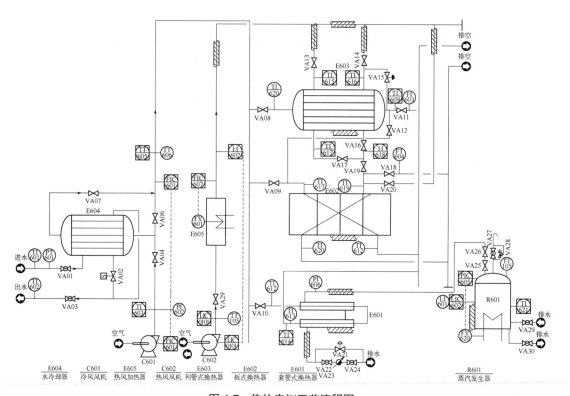

图 4-7　传热实训工艺流程图

介质 A：空气经增压气泵（冷风机）C601 送到水冷却器 E604，调节空气温度至常温后，作为冷介质使用。

介质 B：空气经增压气泵（热风机）C602 送到热风加热器 E605，经加热器加热至 70℃后，作为热介质使用。

介质 C：来自外管网的自来水。

介质 D：水经过蒸汽发生器 R601 汽化，产生压力为≤0.2MPa（G）的饱和水蒸气。

从冷风风机 C601 出来的冷风经水冷却器 E604 和其旁路控温后，分为四路：一路进入列管式换热器 E603 的管程，与热风换热后放空；二路经板式换热器 E602 与热风换热后放空；三路经套管式换热器 E601 内管，与水蒸气换热后放空；四路经列管式换热器 E603 管程后，再进入板式换热器 E602，与热风换热后放空。

从热风风机 C602 出来的热风经热风加热器 E605 加热后，分为三路：一路进入列管式换热器 E603 的壳程，与冷风换热后放空；二路进入板式换热器 E602，与冷风换热后放空；三路经列管式换热器 E603 壳程换热后，再进入板式换热器 E602，与冷风换热后放空。其中，热风进入列管式换热器 E603 的壳程分为两种形式，与冷风并流或逆流。

从蒸汽发生器 R601 出来的蒸汽，经套管式换热器 E601 的外管与内管的冷风换热后排空。

4. 装置布置示意图

传热操作实训装置的布置图见图 4-8～图 4-10。

5. 设备一览表

传热操作实训装置中涉及的设备包括静设备和动设备，分别见表 4-4 和表 4-5。

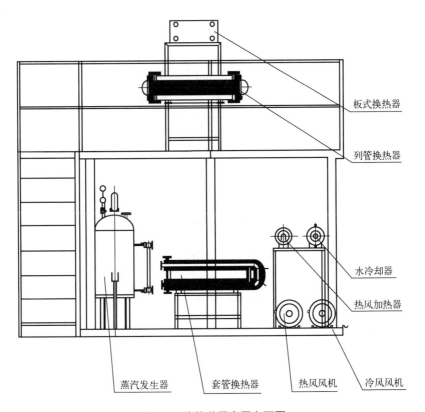

图 4-8　传热装置布置立面图

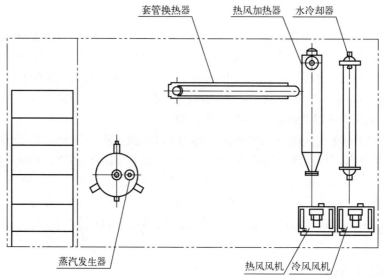

图 4-9 传热装置一层平面布置示意图

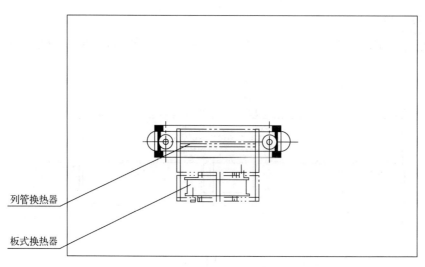

图 4-10 传热装置二层平面布置示意图

表 4-4 传热静设备一览表

编号	名称	规格型号	材质	形式
1	列管式换热器	$\phi260mm\times1170mm$，$F=1.0m^2$	不锈钢	卧式
2	板式换热器	$550mm\times150mm\times250mm$，$F=1.0m^2$	不锈钢	卧式
3	套管式换热器	$\phi500mm\times1250mm$，$F=0.2m^2$	不锈钢	卧式
4	水冷却器	$\phi108mm\times1180mm$，$F=0.3m^2$	不锈钢	卧式
5	蒸汽发生器（含汽包）	$\phi426mm\times870mm$，加热功率 $P=7.5kW$	不锈钢	立式
6	热空加热器	$\phi190mm\times1120mm$，加热功率 $P=5.5kW$	不锈钢	卧式

表 4-5　传热动设备一览表

编号	名称	规格型号	数量
1	热风风机	风机功率 P=1.1kW，流量 Q_{max}=180m³/h，U=380V	1
2	冷风风机	风机功率 P=1.1kW，流量 Q_{max}=180m³/h，U=380V	1

二、生产技术指标

在化工生产中，对各工艺变量有一定的控制要求。有些工艺变量对产品的数量和质量起着决定性的作用。有些工艺变量虽不直接影响产品的数量和质量，然而保持其平稳却是使生产获得良好控制的前提。例如，蒸汽发生器的压力控制对套管式换热效果起着很重要的作用。

为了满足实训操作需求，可以有两种方式，一是人工控制，二是自动控制，后者是使用自动化仪表等控制装置来代替人的观察、判断、决策和操作。

先进的控制策略在化工生产过程的推广应用，能够有效提高生产过程的平稳性和产品质量的合格率，对于降低生产成本、节能减排降耗、提高企业的经济效益具有重要意义。

1. 各项工艺操作指标

（1）压力控制
蒸汽发生器内压力：0～0.1MPa；
套管式换热器内压力：0～0.05MPa。
（2）温度控制
热风加热器出口热风温度：0～80℃，高位报警 H=100℃；
水冷却器出口冷风温度：0～30℃；
列管式换热器冷风出口温度：40～50℃，高位报警 H=70℃。
（3）流量控制
冷风流量：15～60m³/h；
热风流量：15～60m³/h。
（4）液位控制
蒸汽发生器液位：200～500mm，低位报警 L=200mm。

2. 主要控制回路

（1）热风风机出口流量控制　热风风机出口流量控制见图 4-11。

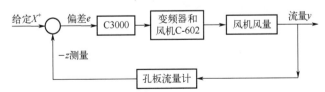

图 4-11　传热实训热风风机出口流量控制回路图

（2）蒸汽发生器内压力控制　蒸汽发生器内压力控制见图 4-12。

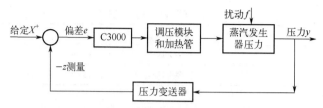

图 4-12　传热实训蒸汽发生器内压力控制回路图

（3）热风出口温度控制　热风出口温度控制见图 4-13。

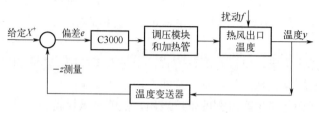

图 4-13　传热实训热风出口温度控制回路图

（4）手动控制水冷却器出口冷风温度　手动控制水冷却器出口冷风温度见图 4-14。

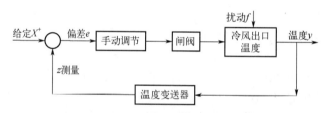

图 4-14　传热实训冷却器出口控制回路图

三、实训操作

实训操作之前，请仔细阅读实验装置操作规程，以便完成实训操作。

注：开车前应检查所有设备、阀门、仪表所处状态。

1. 开车前准备

（1）由相关操作人员组成装置检查小组，对本装置所有设备、管道、阀门、仪表、电气、保温等按工艺流程图要求和专业技术要求进行检查。

（2）检查所有仪表是否处于正常状态。

（3）检查所有设备是否处于正常状态。

（4）试电

① 检查外部供电系统，确保控制柜上所有开关均处于关闭状态。

② 开启总电源开关。

③ 打开控制柜上空气开关 33（QF1）。

④ 打开装置仪表电源总开关 10（QF2），打开仪表电源开关 8（SA1），查看所有仪表是

否上电，指示是否正常。

⑤ 将各阀门顺时针旋转操作到关的状态。检查孔板流量计正压阀和负压阀是否均处于开启状态（实验中保持开启）。

（5）准备原料

接通自来水管，打开阀门 VA29，向蒸汽发生器内通入自来水，到其正常液位的1/2～2/3 处。

2. 开车

（1）启动热风机 C602，调节风机出口流量 FIC602 为某一实验值，开启 C602 热风风机出口阀 VA05，列管式换热器 E603 热风进、出口阀和放空阀（VA13、VA16、VA18），启动热风加热器 E605（首先在 C3000A 上手动控制加热功率大小，待温度缓慢升高到实验值时，调为自动），控制热空气温度稳定在 80℃。

注意： 当流量 FIC602≤20% 时禁止使用热风加热器，而且风机运行时，尽量调到最大功率运行。

（2）启动蒸汽发生器 R601 的电加热装置，调节合适加热功率，控制蒸汽压力 PIC605（0.07～0.1MPa）。（首先在 C3000B 上手动控制加热功率大小，待压力缓慢升高到实验值时，调为自动）

注意： 当液位 LI601≤1/3 时禁止使用电加热器。

（3）列管式换热器开车

① 设备预热

依次开启换热器热风进、出口阀和放空阀（VA13、VA16、VA18），关闭其他与列管式换热器相连接管路阀门，通入热风（风机全速运行），待列管式换热器热风进、出口温度基本一致时，开始下步操作。

② 并流操作

a. 依次开启列管式换热器冷风进、出口阀（VA08、VA11），热风进、出口阀和放空阀（VA13、VA16、VA18），关闭其他与列管式换热器相连接的管路阀门。

b. 启动冷风风机 C601，调节其流量 FIC601 为某一实验值，开启冷风风机出口阀 VA04，开启水冷却器 E604 冷风出口阀 VA07，自来水进、出口阀（VA01、VA03），通过阀门 VA01 调节冷却水流量，通过阀门 VA06 控制冷空气温度 TI605 稳定在 30℃（其控温方法为手动）。

c. 调节热风进口流量 FIC602 为某一实验值、热风加热器出口温度 TIC607（控制在80℃）稳定，调节热风电加热器加热功率，控制热风出口温度稳定。待列管式换热器冷、热风进出口温度基本恒定时，可认为换热过程基本平衡，记录相应的工艺参数。

d. 以冷风或热风的流量作为恒定量，改变另一介质的流量，从小到大，做 3～4 组数据，做好操作记录。

③ 逆流操作

a. 依次开启列管式换热器冷风进、出口阀（VA08、VA11），热风进、出口阀和放空阀（VA14、VA17、VA18），关闭其他与列管式换热器相连接的管路阀门。

b. 启动冷风风机 C601，调节其流量 FIC601 为某一实验值，开启冷风风机出口阀 VA04，开启水冷却器空气出口阀 VA07，自来水进、出口阀（VA01、VA03），通过阀门

VA01 调节冷却水流量，通过阀门 VA06 控制冷空气温度 TI605 稳定在 30℃（其控温方法为手动）。

c. 调节热风进口流量 FIC602 为某一实验值、热风加热器出口温度 TIC607（控制在 80℃）稳定，调节热风电加热器加热功率，控制热风出口温度稳定。待列管式换热器冷、热风进出口温度基本恒定时，可认为换热过程基本平衡，记录相应的工艺参数。

d. 以冷风或热风的流量作为恒定量，改变另一介质的流量，从小到大，做 3～4 组数据，做好操作记录。

④ 板式换热器开车

a. 设备预热：开启板式换热器热风进口阀（VA20），关闭其他与板式换热器相连接的管路阀门，通入热风（风机全速运行），待板式换热器热风进、出口温度基本一致时，开始下步操作。

b. 依次开启板式换热器阀冷风进口阀（VA09），热风进口阀（VA20），关闭其他与板式换热器相连接的管路阀门。

c. 启动冷风风机 C601，调节其流量 FIC601 为某一实验值，开启冷风风机出口阀 VA04，开启水冷却器空气出口阀 VA07，自来水进、出口阀（VA01、VA03），通过阀门 VA01 调节冷却水流量，通过阀门 VA06 控制冷风温度 TI605 稳定在 30℃（其控温方法为手动）。

d. 调节热风进口流量 FIC602 为某一实验值、热风加热器出口温度 TIC607（控制在 80℃）稳定，调节热风电加热器加热功率，控制热风出口温度稳定。待板式换热器冷、热风进出口温度基本恒定时，可认为换热过程基本平衡，记录相应的工艺参数。

e. 以冷风或热风的流量作为恒定量，改变另一介质的流量，从小到大，做 3～4 组数据，做好操作记录。

⑤ 列管式换热器（并流）、板式换热器串联开车

a. 设备预热：依次冷热风开启列管式、板式换热器热风进、出口阀（VA13、VA16、VA19），关闭其他与列管式、板式换热器相连接的管路阀门，通入热风（风机全速运行），待列管式换热器并流热风进口温度 TI615 与板式换热器热风出口温度 TI620 基本一致时，开始下步操作。

b. 依次开启冷风管路阀（VA08、VA12），热风管路阀（VA13、VA16、VA19），关闭其他与列管式换热器、板式换热器相连接的管路阀门。

c. 启动冷风风机 C601，调节其流量 FIC601 为某一实验值，开启冷风风机出口阀 VA04，开启水冷却器空气出口阀 VA07，自来水进、出口阀（VA01、VA03），通过阀门 VA01 调节冷却水流量，通过阀门 VA06 控制冷风温度 TI605 稳定在 30℃（其控温方法为手动）。

d. 调节热风进口流量 FIC602 为某一实验值、热风加热器出口温度 TIC607（控制在 80℃）稳定，调节热风电加热器加热功率，控制热风出口温度稳定。待列管式换热器冷、热风进口温度和板式换热器冷、热风出口温度基本恒定时，可认为换热过程基本平衡，记录相应的工艺参数。

e. 以冷风或热风的流量作为恒定量，改变另一介质的流量，从小到大，记录 3～4 组不同流量下的数据，做好操作记录。

⑥ 列管式换热器（逆流）、板式换热器串联开车

a. 设备预热：依次冷热风开启列管式、板式换热器热风进、出口阀（VA14、VA17、

VA19），关闭其他与列管式、板式换热器相连接的管路阀门，通入热风（风机全速运行），待列管式换热器逆流热风进口温度 TI616 与板式换热器热风出口温度 TI620 基本一致时，开始下步操作。

b. 依次开启冷风管路阀（VA08、VA12），热风管路阀（VA14、VA17、VA19），关闭其他与列管式换热器、板式换热器相连接的管路阀门。

c. 启动冷风风机 C-601，调节其流量 FIC601 为某一实验值，开启冷风风机出口阀 VA04，开启水冷却器空气出口阀 VA07，自来水进、出口阀（VA01、VA03），通过阀门 VA01 调节冷却水流量，通过阀门 VA06 控制冷风温度 TI605 稳定在 30℃（其控温方法为手动）。

d. 调节热风进口流量 FIC602 为某一实验值、热风加热器出口温度 TIC607（控制在 80℃）稳定，调节热风电加热器加热功率，控制热风出口温度稳定。待列管式换热器冷、热风进口温度和板式换热器冷、热风出口温度基本恒定时，可认为换热过程基本平衡，记录相应的工艺参数。

e. 以冷风或热风的流量作为恒定量，改变另一介质的流量，从小到大，记录 3～4 组不同流量下的数据，做好操作记录。

⑦ 列管式换热器（并流）、板式换热器并联开车

a. 设备预热：依次开启列管式、板式换热器热风进、出口阀（VA13、VA16、VA18、VA20），关闭其他与列管式、板式换热器相连接的管路阀门，通入热风（风机全速运行），待列管式换热器并流热风进、出口温度 TI615 与 TI618，板式换热器热风进出口温度 TI619 与 TI620 基本一致时，开始下步操作。

b. 依次开启冷风管路阀（VA08、VA11、VA09）、热风管路阀（VA13、VA16、VA18、VA20），关闭其他与列管式换热器（逆流）、板式换热器相连接的管路阀门。

c. 启动冷风风机 C-601，调节其流量 FIC601 为某一实验值，开启冷风风机出口阀 VA04，开启水冷却器空气出口阀 VA07，自来水进、出口阀（VA01、VA03），通过阀门 VA01 调节冷却水流量，通过阀门 VA06 控制冷风温度 TI605 稳定在 30℃（其控温方法为手动）。

d. 调节热风进口流量 FIC602 为某一实验值、热风加热器出口温度 TIC607（控制在 80℃）稳定，调节热风电加热器加热功率，控制热风出口温度稳定。待列管式换热器冷、热风进出口温度和板式换热器冷、热风进出口温度基本恒定时，可认为换热过程基本平衡，记录相应的工艺参数。

e. 以冷风或热风的流量作为恒定量，改变另一介质的流量，从小到大，做 3～4 组数据，做好操作记录。

⑧ 列管式换热器（逆流）、板式换热器并联开车

a. 设备预热：依次开启列管式、板式换热器热风进、出口阀（VA14、VA17、VA18、VA20），关闭其他与列管式、板式换热器相连接的管路阀门，通入热风（风机全速运行），待列管式换热器逆流热风进出口温度 TI616 与 TI617，板式换热器热风进出口温度 TI619 与 TI620 基本一致时，开始下步操作。

b. 依次开启冷风管路阀（VA08、VA11、VA09）、热风管路阀（VA14、VA17、VA18、VA20），关闭其他与列管式换热器（逆流）、板式换热器相连接的管路阀门。

c. 启动冷风风机 C-601，调节其流量 FIC601 为某一实验值，开启冷风风机出口阀

VA04，开启水冷却器空气出口阀 VA07，自来水进、出口阀（VA01、VA03），通过阀门 VA01 调节冷却水流量，通过阀门 VA06 控制冷风温度 TI605 稳定在 30℃（其控温方法为手动）。

d. 调节热风进口流量 FIC602 为某一实验值、热风加热器出口温度 TIC607（控制在 80℃）稳定，调节热风电加热器加热功率，控制热风出口温度稳定。待列管式换热器冷、热风进出口温度和板式换热器冷、热风进出口温度基本恒定时，可认为换热过程基本平衡，记录相应的工艺参数。

e. 以冷风或热风的流量作为恒定量，改变另一介质的流量，从小到大，做 3～4 组数据，做好操作记录。

⑨ 套管式换热器开车

a. 设备预热：依次开启套管式换热器蒸汽进、出口阀（VA25、VA26、VA22、VA23、VA24），关闭其他与套换热器相连接的管路阀门，通入水蒸气，待蒸汽发生器内温度 TI621 和套管式换热器冷风出口温度 TI614 基本一致时，开始下步操作。

注意：首先打开阀门 VA25，再缓慢打开阀门 VA26，观察套管式换热器进口压力 PI606，使其控制在 0.02MPa 以内的某一值。

b. 控制蒸汽发生器 R601 加热功率，保证其压力和液位在实验范围内，注意调节 VA26，控制套管式换热器内蒸汽压力为 0～0.15MPa 之间的某一恒定值。

c. 打开套管式换热器冷风进口阀（VA10），启动冷风风机 C601，调节其流量 FIC601 为某一实验值，开启冷风风机出口阀 VA04，开启水冷却器空气出口阀 VA07，自来水进、出口阀（VA01、VA03），通过阀门 VA01 调节冷却水流量，通过阀门 VA06 控制冷风温度稳定在 30℃（其控温方法为手动）。

d. 待套管式换热器冷风进出口温度和套管式换热器内蒸汽压力基本恒定时，可认为换热过程基本平衡，记录相应的工艺参数。

e. 以套管式换热器内蒸汽压力作为恒定量，改变冷风流量，从小到大，记录 3～4 组不同冷风流量下的数据，做好操作记录。

3. 停车

（1）停止蒸汽发生器电加热器运行，关闭蒸汽出口阀 VA25、VA26，开启蒸汽发生器放空阀 VA27，开套管式换热器疏水阀组旁路阀 VA21，将蒸汽系统压力卸除。

（2）停热风加热器。

（3）继续大流量运行冷风风机和热风风机，当冷风风机出口总管温度接近常温时，停冷风、停冷风风机出口冷却器冷却水；当热风加热器出口温度 TIC607 低于 40℃时，停热风风机。

（4）将套管式换热器残留水蒸气冷凝液排净。

（5）装置系统温度降至常温后，关闭系统所有阀门。

（6）切断控制台、仪表盘电源。

（7）清理现场，搞好设备、管道、阀门维护工作。

4. 正常操作注意事项

（1）经常检查蒸汽发生器运行状况，注意水位和蒸汽压力变化，蒸汽发生器水位不得低于 400mm，如有异常现象，应及时处理。

（2）经常检查风机运行状况，注意电机温升。

（3）蒸汽发生器不得干烧，热风加热器运行时，空气流量不得低于 $30m^3/h$，热风机停车时，热风加热器出口温度 TIC607 不得超过 40℃。

（4）在换热器操作中，首先通入热风或水蒸气对设备预热，待设备热风进、出口温度基本一致时，再开始传热操作。

（5）做好操作巡检工作。

5.设备维护及检修

（1）风机的开、停，正常操作及日常维护。

（2）系统运行结束后，相关操作人员应对设备进行维护，保持现场、设备、管路、阀门清洁，方可离开现场。

（3）定期组织学生进行系统检修演练。

四、安全生产技术

1.异常现象及处理

传热操作实训中可能出现的异常现象、原因及处理方法见表 4-6。

表 4-6　异常现象、原因及处理方法

异常现象	原因	处理方法
水冷却器冷空气进出口温差小，出口温度高	水冷却器冷却量不足	加大自来水开度
换热器换热效果下降	换热器内不凝气体集聚或冷凝液集聚	排放不凝气体或冷凝液
	换热器管内、外严重结垢	对换热器进行清洗
换热器发生振动	冷流体或热流体流量过大	调节冷流体或热流体流量
蒸汽发生器系统安全阀起跳	超压	立即停止蒸汽发生器电加热装置，手动放空
	蒸汽发生器内液位不足，缺水	严重缺水时（液位计上看不到液位），停止电加热器加热，打开蒸汽发生器放空阀，不得直接往蒸汽发生器内补水

2.正常操作中的故障扰动（故障设置实训）

在正常操作中，由教师给出隐蔽指令，通过不定时改变某些阀门、加热器或风机的工作状态来扰动传热系统正常的工作状态，分别模拟实际生产工艺过程中的常见故障，学生根据各参数的变化情况、设备运行异常现象，分析故障原因，找出故障并动手排除故障，以提高学生对工艺流程的认知度和实际动手能力。

3.水冷却器出口冷风温度异常

在传热正常操作中，教师给出隐蔽指令，改变冷却水的流向（打开冷却水出口电磁阀

VA02，使冷却水短路），学生通过观察出口冷风温度、冷却水的压力等的变化，分析系统异常的原因并作处理，使系统恢复到正常操作状态。

4. 列管式换热器冷风出口流量、热风出口流量与进口流量有差异

在传热正常作中，教师给出隐蔽指令，改变列管式换热器热风逆流进口的工作状态（打开旁路电磁阀 VA15，使部分热风不经换热直接随冷风排出），学生通过观察冷风、热风经过换热前后流量，冷风出口温度的变化，分析系统异常的原因并作处理，使系统恢复到正常操作状态。

5. 工业卫生和劳动保护

化工单元实训基地的老师和学生进入化工单元实训基地后必须佩戴合适的防护手套，无关人员不得进入化工单元实训基地。

（1）动设备操作安全注意事项

① 启动风机，上电前观察风机的正常运转方向，通电并很快断电，利用风机转速缓慢降低的过程，观察风机是否正常运转；若运转方向错误，立即调整风机的接线。

② 确认工艺管线、工艺条件正常。

③ 启动风机后看其工艺参数是否正常。

④ 观察有无过大噪声、振动及松动的螺栓。

⑤ 电机运转时不可接触转动件。

（2）静设备操作安全注意事项

① 操作及取样过程中注意防止静电产生。

② 换热器在需要清理或检修时应按安全作业规定进行。

③ 容器应严格按规定的装料系数装料。

五、思考题

1. 要想实现列管换热器、板式换热器的串、并联换热，应该怎样操作？

2. 冷热风换热时，应该先启动哪一个？

3. 蒸汽发生器的压力怎样控制？若压力过高，该怎样处理？

4. 蒸汽发生器蒸汽排出管道上安装两个阀门，为什么？

5. 启动风机时应该注意什么问题？

6. 蒸汽发生器上安装的压力表引压管为什么做成环形？

7. 板式换热器的结构和工作原理是什么？

一、工艺流程说明

1. 工业背景

精馏利用液体混合物中各组分挥发度的差别，使液体混合物部分汽化并随之使蒸气部分冷凝，从而实现所含组分的分离，是一种属于传质分离的单元操作。广泛应用于炼油、化工、轻工等领域。其原理是料液加热使它部分汽化，易挥发组分在蒸气中得到增浓，难挥发组分在剩余液中也得到增浓，这在一定程度上实现了两组分的分离。两组分的挥发能力相差越大，则上述的增浓程度也越大。在工业精馏设备中，使部分汽化的液相与部分冷凝的汽相直接接触，以进行汽液相际传质，结果是汽相中的难挥发组分部分转入液相，液相中的易挥发组分部分转入汽相，也即同时实现了液相的部分汽化和汽相的部分冷凝。同时，还需要为该过程提供物料的贮存、输送、传热、分离、控制等设备和仪表。

本装置根据教学特点，为降低学生实训过程中的危险性，采用水-乙醇作为精馏体系。

2. 实训功能

（1）间歇精馏岗位技能　再沸器温控操作；塔釜液位测控操作；采出液浓度与产量联调操作。

（2）连续精馏岗位技能　全回流全塔性能测定；连续进料下部分回流操作；回流比调节；冷凝系统水量及水温调节；进料预热系统调节；塔视镜及分配罐状况控制。

（3）精馏现场工控岗位技能　再沸器温控操作；塔釜液位测控操作；采出液浓度与产量联调操作；冷凝系统水量及水温调节；进料预热系统调节；塔视镜及分配罐状况控制。

（4）质量控制岗位技能　全塔温度/浓度分布检测；全塔、各液相检测点取样分析操作；塔流体力学性能及筛板塔气液鼓泡接触控制。

（5）化工仪表岗位技能　增压泵、微调转子流量计、变频器、差压变送器、热电阻、无纸记录仪、声光报警器、调压模块及各类就地弹簧指针表等的使用；单回路、串级控制和比值控制等控制方案的实施。

（6）就地及远程控制岗位技能　现场控制台仪表与微机通信，实时数据采集及过程监控；总控室控制台 DCS 与现场控制台通信，各操作工段切换、远程监控、流程组态的上传下载等。

3. 流程简介

精馏操作实训装置的工艺流程见图 4-15。

（1）常压精馏流程　原料槽 V703 内约 20%的水-乙醇混合液，经原料泵 P702 输送至原料加热器 E701，预热后，由精馏塔中部进入精馏塔 T701，进行分离。气相由塔顶馏出，经冷凝器 E702 冷却后，进入冷凝液槽 V705，经产品泵 P701，一部分送至精馏塔上部第一块塔板作回流；另一部分送至塔顶产品槽 V702 作为产品采出。塔釜残液经塔底换热器 E703

冷却后送残液槽 V701。

（2）真空精馏流程　本装置配置了真空流程，主物料流程与常压精馏流程相同，只是在原料槽 V703、冷凝液槽 V705、产品槽 V702、残液槽 V701 均设置抽真空阀。被抽出的系统物料气体经真空总管进入真空缓冲罐 V704，然后由真空泵 P703 抽出后放空。

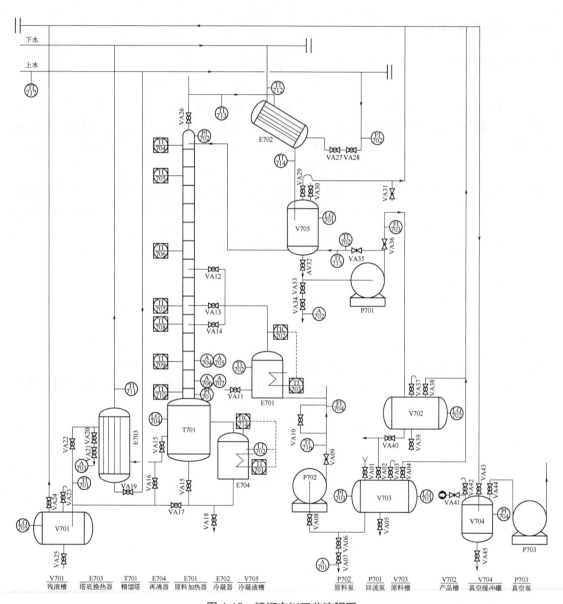

图 4-15　精馏实训工艺流程图

4. 装置布置示意图

精馏操作实训装置的布置图见图 4-16～图 4-18。

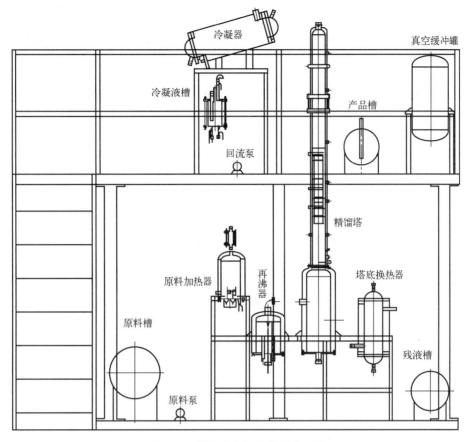

图 4-16　精馏实训设备布置立面图

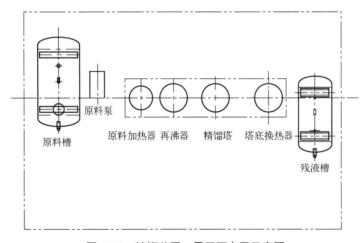

图 4-17　精馏装置一层平面布置示意图

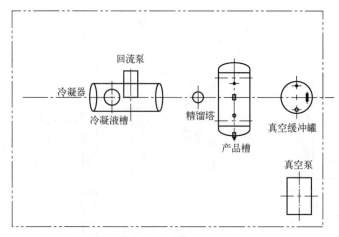

图 4-18 精馏装置二层平面布置示意图

5.设备一览表

精馏操作实训装置中涉及的设备包括静设备和动设备，分别见表 4-7 和表 4-8。

表 4-7 精馏静设备一览表

编号	名称	规格型号	数量
1	残液槽	不锈钢（牌号 SUS304，下同），ϕ300mm×680mm，V=40L	1
2	产品槽	不锈钢，ϕ300mm×680mm，V=40L	1
3	原料槽	不锈钢，ϕ400mm×825mm，V=84L	1
4	真空缓冲罐	不锈钢，ϕ300mm×680mm，V=40L	1
5	冷凝液槽	工业高硼硅视镜，ϕ108mm×200mm，V=1.8L	1
6	原料加热器	不锈钢，ϕ219mm×380mm，V=6.4L，P=2.5kW	1
7	冷凝器	不锈钢，ϕ260mm×780mm，F=0.7m^2	1
8	再沸器	不锈钢，ϕ273mm×380mm，P=5.5kW	1
9	塔底换热器	不锈钢，ϕ240mm×780mm，F=0.55m^2	1
10	精馏塔	主体：不锈钢，DN100，共 14 块塔板 塔釜：不锈钢，ϕ273mm×680mm	1

表 4-8 精馏动设备一览表

编号	名称	规格型号	数量
1	回流泵	离心泵/齿轮泵	1
2	原料泵	离心泵/齿轮泵	1
3	真空泵	旋片式真空泵（流量 4L/s）	1

二、生产技术指标

在化工生产中，对各工艺变量有一定的控制要求。有些工艺变量对产品的数量和质量起着决定性的作用。有些工艺变量虽不直接影响产品的数量和质量，但保持其平稳却是使生产获得良好控制的前提。例如，床层的温度和压差对干燥效果起很重要的作用。

为了满足实训操作需求，可以有两种方式：一是人工控制；二是自动控制，使用自动化仪表等控制装置来代替人的观察、判断、决策和操作。

先进的控制策略在化工生产过程的推广应用，能够有效提高生产过程的平稳性和产品质量的合格率，对于降低生产成本、节能减排降耗、提升企业的经济效益具有重要意义。

1. 各项工艺操作指标

（1）温度控制　预热器出口温度（TICA712）：75～85℃，高限报警 H=85℃（具体根据原料的浓度来调整）；

再沸器温度（TICA714）：80～100℃，高限报警 H=100℃（具体根据原料的浓度来调整）；

塔顶温度（TIC703）：78～80℃（具体根据产品的浓度来调整）。

（2）流量控制　冷凝器上冷却水流量：进料流量为 0～10L/h，回流流量由塔顶温度控制，产品流量由冷凝液槽液位控制。

（3）液位控制　塔釜液位 0～600mm，高限报警 H=400mm，低限报警 L=200mm；原料槽液位 0～400mm，高限报警 H=300mm，低限报警 L=100mm。

（4）压力控制　系统压力：-0.04～0.02MPa。

（5）质量浓度控制　原料中乙醇含量 20% 左右，塔顶产品乙醇含量大于 90%，塔底产品乙醇含量低于 5%。

注：以上浓度分析指标是指用酒精比重计测定所得的乙醇质量浓度，若分析方法改变，则应作相应换算。

2. 主要控制回路

（1）再沸器温度控制　再沸器温度控制见图 4-19。

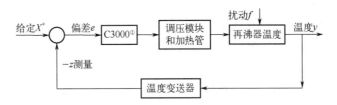

图 4-19　精馏实训再沸器温度控制回路图

①过程控制器。

（2）预热器温度控制　预热器温度控制见图 4-20。

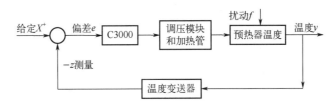

图 4-20　精馏实训预热器温度控制回路图

（3）塔顶温度控制　塔顶温度控制见图 4-21。

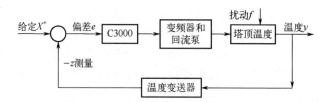

图 4-21 精馏实训塔顶温度控制回路图

三、实训操作规程

实训操作之前，请仔细阅读实验装置操作规程，以便完成实训操作。

注：开车前应检查所有设备、阀门、仪表所处状态。

1. 开车前准备

（1）由相关操作人员组成装置检查小组，对本装置所有设备、管道、阀门、仪表、电气、分析、保温等按工艺流程图要求和专业技术要求进行检查。

（2）检查所有仪表是否处于正常状态。

（3）检查所有设备是否处于正常状态。

（4）试电

① 检查外部供电系统，确保控制柜上所有开关均处于关闭状态。

② 开启外部供电系统总电源开关。

③ 打开控制柜上空气开关 33（QF1）。

④ 打开装置仪表电源总开关 10（QF2），打开仪表电源开关 8（SA1），查看所有仪表是否上电，指示是否正常。

⑤ 将各阀门顺时针旋转操作到关的状态。

（5）准备原料　配制质量比为 20% 的乙醇溶液 60L，通过原料槽进料阀（VA01）加入原料槽，到其容积的 1/2～2/3。

（6）开启公用系统　将冷却水管进水总管和自来水龙头相连、冷却水出水总管接软管到下水道，已备用。

2. 开车

（1）常压精馏操作

① 确认关闭原料槽、原料加热器和塔釜排污阀（VA05、VA11、VA18）、再沸器至塔底换热器连接阀门（VA17）、塔釜出料阀 VA15、冷凝液槽出口阀 VA32、与真空系统的连接阀（VA04、VA24、VA30、VA38）。

② 开启控制台、仪表盘电源。

③ 将配制好的原料液，加到原料槽。

④ 开启原料泵进、出口阀门（VA08、VA09），精馏塔原料液进口阀（VA12、VA13、VA14）中的任一阀门（根据具体操作选择）。

⑤ 开启塔顶冷凝液槽放空阀（VA29）。

⑥ 确认关闭预热器和塔釜排污阀（VA13 和 VA18）、再沸器至塔底换热器连接阀门（VA17）、塔顶冷凝液槽出口阀（VA32）。

⑦ 启动原料泵通过旁路快速进料，当观察到原料加热器上的视盅中有一定的料液后，可缓慢开启原料加热器加热系统，同时继续向精馏塔塔釜内进料，调节好再沸器液位，并酌情停原料泵。

⑧ 启动精馏塔再沸器加热系统，系统缓慢升温，开启精馏塔塔顶冷凝器冷却水进水阀（VA27、VA28），调节好冷却水流量，关闭冷凝液槽放空阀（VA29）。

⑨ 当冷凝液槽液位达到 1/3 时，开冷凝液槽出料阀 VA32 和回流阀 VA35，启动回流泵，系统进行全回流操作，控制冷凝液槽液位稳定，控制系统压力、温度稳定。当系统压力偏高时，可通过冷凝液槽放空阀 VA29 适当排放不凝性气体。

⑩ 当精馏塔塔顶气相温度稳定于 78～79℃时（或较长时间回流后，精馏塔塔节上部几点温度趋于相等，接近乙醇沸点温度，可视为系统全回流稳定），用酒精比重计分析塔顶产品含量，当塔顶产品乙醇含量 90%时，塔顶采出产品合格。

⑪ 开塔底换热器冷却水进口阀 VA19，根据塔釜温度，开塔釜残液出料阀 VA15、产品进料阀 VA36、塔底换热器料液出口阀 VA22。

⑫ 当再沸器液位开始下降时，启动原料泵，控制加热器加热功率为额定功率 50%～60%，原料液预热温度在 75～85℃，送精馏塔。

⑬ 调整精馏系统各工艺参数，稳定塔操作系统。

⑭ 及时做好操作记录。

（2）减压精馏操作

① 确认关闭原料槽、原料加热器和塔釜排污阀（VA05、VA11、VA18）、再沸器至塔底冷凝器连接阀门（VA17）、塔釜出料阀 VA15、冷凝液槽出口阀 VA32。

② 开启控制台、仪表盘电源。

③ 将配制好的原料液，加入原料槽。

④ 开启原料泵进、出口阀（VA08、VA09），精馏塔进料阀（根据操作，可选择阀 VA12、VA13、VA14 中的任一阀门，此阀在整个实训操作过程中禁止关闭）、冷凝液槽放空阀 VA29。

⑤ 开启真空缓冲罐抽真空阀 VA44，确认关闭真空缓冲罐进气阀 VA43、真空缓冲罐放空阀 VA42。

⑥ 启动真空泵，当真空缓冲罐压力达到 -0.06MPa 时，缓开真空缓冲罐进气阀 VA43 及开启各贮槽的抽真空阀门（VA24、VA30、VA38、VA04、VA44）。当系统真空度达到 0.02～0.04MPa 时，关真空缓冲罐抽真空阀 VA44，停真空泵。系统真空度控制采用间歇启动真空泵方式，当系统真空度高于 0.04MPa 时，停真空泵；当系统真空度低于 0.02MPa 时，启动真空泵。

⑦ 启动原料泵通过旁路快速进料，当观察到预热器上的视盅中有一定的料液后，可缓慢开启原料加热器加热系统，同时继续往精馏塔塔釜内加入原料液，调节好再沸器液位至其容积的 1/2～2/3，并酌情停原料泵。

⑧ 启动精馏塔再沸器加热系统（首先在 C3000A 上手动控制加热功率大小，待压力缓慢升高到实验值时，切换为自动调节），当塔顶温度上升至 50℃左右时，开启塔顶冷凝器冷却水进水阀 VA27、VA28，调节好冷却水流量，关闭冷凝液槽放空阀 VA29。

⑨ 当冷凝液槽液位达到 1/3～2/3 时，开冷凝液槽出料阀 VA32 和回流阀 VA35，启动回流泵，系统进行全回流操作，控制冷凝液槽液位稳定，控制系统压力、温度稳定。当系统压

力偏高时可通过调节真空泵抽气量适当排放不凝性气体。

⑩ 当精馏塔塔顶气相温度稳定（具体温度应根据系统真空度换算确定）时（或较长时间回流后，精馏塔塔节上部几点温度趋于相等，接近乙醇沸点温度，可视为系统全回流稳定），用酒精比重计分析塔顶产品中乙醇含量，当塔顶产品乙醇含量大于90%，塔顶采出合格产品。

⑪ 开塔底换热器冷却水进口阀VA19，根据塔釜温度，开塔釜残液出料阀VA15、产品进料阀VA36、塔底换热器料液出口阀VA22。

⑫ 当再沸器液位开始下降时，可启动原料泵，并控制预热器加热功率为额定功率50%～60%，将原料液预热温度到75～85℃后，送精馏塔。

⑬ 调整精馏系统各工艺参数，稳定塔操作系统。

⑭ 及时做好操作记录。

3. 停车操作

（1）常压精馏停车

① 系统停止加料，原料加热器停止加热，关原料液泵进、出口阀（VA08、VA09），停原料泵。

② 根据塔内物料情况，再沸器停止加热。

③ 当塔顶温度下降，无冷凝液馏出后，关闭塔顶冷凝器冷却水进水阀（VA27、VA28），停冷却水，停回流泵，关泵进、出口阀。

④ 当再沸器和加热器物料冷却后，开加热器和塔釜排污阀（VA11、VA18），放出加热器及再沸器内物料，开塔底冷凝器排污阀（VA20、VA21）、塔底产品槽排污阀VA25，放出塔底冷凝器内物料、塔底产品槽V701内物料。

⑤ 停控制台、仪表盘电源。

⑥ 做好设备及现场的整理工作。

（2）减压精馏停车

① 系统停止加料，停止原料加热器加热，关闭原料液泵进、出口阀（VA08、VA09），停原料泵。

② 根据塔内物料情况，停止再沸器加热。

③ 当塔顶温度下降，无冷凝液馏出后，关闭塔顶冷凝器冷却水进水阀（VA27、VA28），停冷却水，停回流泵，关泵进、出口阀。

④ 当系统温度降到40℃左右，缓慢开启真空缓冲罐放空阀门（VA42），破除真空，然后开精馏系统各处放空阀（开阀门时应缓慢），破除系统真空，系统恢复至常压状态。

⑤ 当再沸器和加热器物料冷却后，开加热器和塔釜排污阀（VA11、VA18），放出加热器及再沸器内物料，开塔底冷凝器排污阀（VA20、VA21）、塔底产品槽排污阀VA25，放出塔底冷凝器内物料、塔底产品槽内物料。

⑥ 停控制台、仪表盘电源。

⑦ 做好设备及现场的整理工作。

4. 正常操作注意事项

（1）精馏塔系统采用自来水做试漏检验时，系统加水速率应缓慢，系统高点排气阀应打开，密切监视系统压力，严禁超压。

（2）再沸器内液位高度一定要超过 100mm，才可以启动再沸器电加热器进行系统加热，严防干烧损坏设备。

（3）原料加热器启动时应保证液位满罐，严防干烧损坏设备。

（4）热胀冷缩易造成塔视镜破裂，大量轻、重组分同时蒸发至塔釜内，延长塔系统达到平衡时间。

（5）精馏塔塔釜初始进料时进料速度不宜过快，防止塔系统进料速度过快、满塔。

（6）系统全回流时应控制回流流量和冷凝流量基本相等，保持冷凝液槽液位稳定，防止回流泵抽空。

（7）系统全回流流量控制在 6～10L/h，保证塔系统气液接触效果良好，塔内鼓泡明显。

（8）减压精馏时，系统真空度不宜过高，控制在 0.02～0.04MPa，系统真空度控制采用间歇启动真空泵方式，当系统真空度高于 0.04MPa 时，停真空泵；当系统真空度低于 0.02MPa 时，启动真空泵。

（9）减压精馏采样为双阀采样，操作方法为：先开上端采样阀，当样液充满上端采样阀和下端采样阀间的管道时，关闭上端采样阀，开启下端采样阀，用量筒接取样液，采样后关下端采样阀。

（10）在系统进行连续精馏时，应保证进料流量和采出流量基本相等，各处流量计操作应互相配合，默契操作，保持整个精馏过程的操作稳定。

（11）塔顶冷凝器的冷却水流量应保持在 100～120L/h，保证出冷凝器塔顶液相温度保持在 30～40℃、塔底冷凝器产品出口温度保持在 40～50℃。

（12）分析方法为酒精比重计分析。

5. 设备维护及检修

（1）泵的开、停，正常操作及日常维护

① 在零负荷条件下启动泵或停泵。

② 在泵运行过程中要注意泵外壳、轴承等处的温度，防止异常发热现象，如有发生，立即停泵检查原因。

（2）系统运行结束后，相关操作人员应对设备进行维护，保持现场、设备、管路、阀门清洁，方可以离开现场。

（3）定期组织学生进行系统检修。

四、安全生产技术

1. 异常现象及处理

精馏操作实训运行过程中可能出现的异常现象及处理方法见表 4-9。

表 4-9　异常现象种类、原因及处理方法

序号	异常现象	原因分析	处理方法
1	精馏塔液泛	塔负荷过大	调整负荷/调节加料量，降低釜温
		回流量过大	减少回流，加大采出
		塔釜加热过猛	减小加热量

序号	异常现象	原因分析	处理方法
2	系统压力增大	不凝气积聚	排放不凝气
		采出量少	加大采出量
		塔釜加热功率过大	调整加热功率
3	系统压力负压	冷却水流量偏大	减小冷却水流量
		进料温度低于进料塔节温度	调节原料加热器加热功率
4	塔压差大	负荷大	减少负荷
		回流量不稳定	调节回流比
		液泛	按液泛情况处理

2. 正常操作中的故障扰动（故障设置实训）

在精馏正常操作中，由教师给出隐蔽指令，通过不定时改变某些阀门的工作状态来扰动精馏系统正常的工作状态，分别模拟出实际精馏生产过程中的常见故障，学生根据各参数的变化情况、设备运行异常现象，分析故障原因，找出故障并动手排除故障，以提高学生对工艺流程的认识度和实际动手能力。

（1）塔顶冷凝器无冷凝液产生　在精馏正常操作中，教师给出隐蔽指令，停通冷却水（关闭塔顶冷却水入口的电磁阀 VA28），学生通过观察温度、压力及冷凝器冷凝量等的变化，分析系统异常的原因并作处理，使系统恢复到正常操作状态。

（2）真空泵全开时系统无负压　在减压精馏正常操作中，教师给出隐蔽指令，使管路直接与大气相通（打开真空管道中的电磁阀 VA31），学生通过观察压力、塔顶冷凝器冷凝量等的变化，分析系统异常的原因并作处理，使系统恢复到正常操作状态。

3. 工业卫生和劳动保护

化工单元实训基地的老师和学生进入化工单元实训基地后必须佩戴合适的防护手套，无关人员不得进入化工单元实训基地。

（1）动设备操作安全注意事项

① 启动风机，上电前观察风机的正常运转方向，通电并很快断电，利用风机转速缓慢降低的过程，观察风机是否正常运转；若运转方向错误，立即调整风机的接线。

② 确认工艺管线，工艺条件正常。

③ 启动风机后看其工艺参数是否正常。

④ 观察有无过大噪声、振动及松动的螺栓。

⑤ 电机运转时不可接触转动件。

（2）静设备操作安全注意事项

① 操作及取样过程中注意防止静电产生。

② 换热器在需要清理或检修时应按安全作业规定进行。

③ 容器应严格按规定的装料系数装料。

五、思考题

1. 精馏工艺流程中的常压精馏和减压精馏有何主要区别？

2. 为什么精馏过程中需要控制塔顶温度、再沸器温度等参数？

3. 如何调节精馏系统的回流比？它对精馏效果有何影响？

4. 在精馏实训中，如何判断系统是否达到全回流稳定状态？

5. 简述精馏实训中的开车和停车操作步骤，并指出各步骤的关键点。

6. 在精馏实训过程中，如果遇到系统压力异常（如超压或负压），应如何分析和处理？

实训四　天然产物提取与分离操作实训

一、工艺流程说明

1. 流程简介

天然产物中含有药效成分，具有不同的医疗保健等功能。以艾草为例，艾草是一味应用历史悠久的中药，随着科学技术的发展，艾草精油的一些药用成分得到不断开发，但艾叶精油药理作用广泛、化学成分复杂，其化学成分主要分为水溶性和脂溶性两类化合物，其主要有效成分为精油、黄酮类化合物和三萜类化合物。精油的化学成分主要有樟脑、龙脑、丁香酚等40多种物质，采用水蒸气回流提取，并分析艾叶精油的提取量和纯度。黄酮类化合物采用超声萃取醇提、真空浓缩、层析分离工序提取并分析，工艺流程见图4-22。

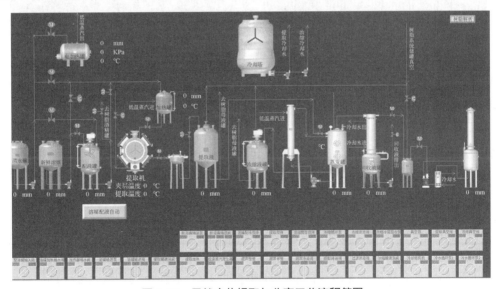

图 4-22　天然产物提取与分离工艺流程简图

（1）提取及过滤工段　提取工段采用多功能超声提取罐，既能满足常规提取罐的低、常、高温提取，又能实现双频率超声提取。超声频率有 26kHz 和 70 kHz，超声功率 800W，可实现强、弱双挡超声功率输出。根据产量，可分别实现整管或半管提取（20 L/10 L）。药材原料进料口采取快开门形式，全玻璃视窗结构，可以清晰地观测提取管内的药材提取工作运行情况。过滤器过滤精度最高可达 5μm 以上，确保过滤澄清液达到层析柱进液的要求。

（2）浓缩工段　采用低温蒸汽加热，加热温度 50～80℃（可调可控），避免高温对热敏性有效成分造成破坏，影响品质。无粘壁、糊层现象，易清洗。

（3）层析工段　将层析吸附、清洗、解吸、清洗等多工序交叉、多管线阀门操作等复杂的过程，通过层析柱的移动来实现吸附、清洗、解吸、清洗等工序的自动切换、连续化运行，通过流量检测、定时控制来实现每一个工序的自动控制（见图 4-23）。完全实现连续化运行、自动化控制，避免了人为操作容易出现误操作、造成损失的问题。

三段吸附确保无有效成分漏料、跑料损失，每次清洗、解吸的层析柱为饱和吸附，使用最少量的水、解吸溶剂，达到最佳的清洗、解吸效果，减少浪费。

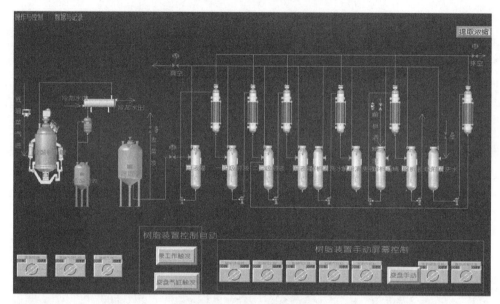

图 4-23　层析工段示意图

2. 工艺设备

（1）中试型管道式多功能超声波提取成套设备

超声波提取中药材的优越性，是基于超声波的特殊物理性质。主要通过压电换能器产生的快速机械振动波来减少目标萃取物与样品基体之间的作用力从而实现固-液萃取分离。

① 萃取原理

a. 加速介质质点运动。高于 20kHz 声波频率的超声波在连续介质（例如水）中传播时，根据惠更斯波动原理，在其传播的波阵面上将引起介质质点（包括药材重要有效成分的质点）的运动，使介质质点运动获得巨大的加速度和动能。质点的加速度经计算一般可达重力加速度的两千倍以上。由于介质质点将超声波能量作用于药材中药效成分质点上而使之获得巨大的加速度和动能，迅速逸出药材基体而游离于水中。

b. 空化作用。超声波在液体介质中传播产生特殊的"空化效应"，"空化效应"不断产生无数内部压力达到上千个大气压的微气穴并不断"爆破"产生微观上的强大冲击波作用在中药材上，使药效成分物质被"轰击"逸出，并使得药材基体被不断剥蚀，其中不属于植物结构的药效成分不断被分离出来。加速植物有效成分的浸出提取。

c. 匀化作用。超声波的振动匀化使样品介质内各点受到的作用均匀，使整个样品萃取更均匀。

综上所述，中药材中的药效成分在超声波场作用下不但作为介质质点获得自身的巨大加速度和动能，而且通过"空化效应"获得强大的外力冲击，所以能高效率并充分分离出来。

② 多功能（超声）提取装置

夹层式超声提取管 1 件，直径 300mm，容积 20L；超声频率有 26、70kHz 两个频段，每个频段有±3kHz 的频率调节，配备超声频率液晶数字随机显示，超声功率 800W，连续可调；搅拌功率 0.75kW，转速可调可控；配备夹层加热及冷却水循环、在线温度计 2 件、1/4 螺纹自控阀 1 件、DN32 自控阀 1 件、0.23m^2 列管式冷凝器 1 件。超声提取罐顶部设有进料口、汽化液出口和回流液进口；超声提取罐底部设有快开卸料口和提取液出口；超声提取罐的罐体为夹套式结构，外层壁设有蒸汽或导热油的进口和出口，并设有保温层，内层壁的外表面均匀分布有超声换能器；超声提取罐内设有搅拌系统，搅拌系统包括搅拌电机、搅拌轴和搅拌桨。

③ 超声波提取成套设备

本成套设备以超声波提取管为主体设备（图4-24），配备提取溶剂储液罐、电加热器、进液泵、流量计、药液储液罐、提取药液过滤器、有机溶剂冷凝器、清洗装置等辅助设备，配置温度调节控制系统、流量调节控制系统，以及超声双挡频段（配备超声频率液晶显示）、双挡功率控制系统、电气操作控制系统，工作流程见图 4-25。

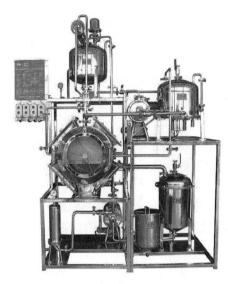

图 4-24　超声波提取成套设备

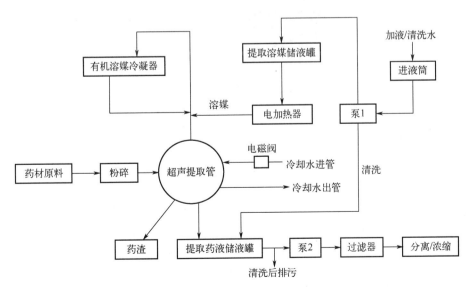

图 4-25　超声波提取成套设备工作流程图

④ 特点

a. 提取效率高。超声波独具的物理特性能促使植物细胞组织破壁或变形，使中药有效成分提取更充分，提取率比传统工艺显著提高达 50%～500%。

b. 提取时间短。超声波强化中药提取通常在 24～40min 即可获得最佳提取率，提取时间较传统方法大大缩短 2/3 以上，药材原材料处理量大。

c. 提取温度低。超声波提取中药材的最佳温度在 40～60℃，对遇热不稳定、易水解或氧化的药材有效成分具有保护作用，同时大大节约能耗。

d. 适应性广。超声波提取中药材不受成分极性、分子量大小的限制，适用于绝大多数种类中药材和各类成分的提取；提取药液杂质少，有效成分易于分离、纯化；提取工艺运行成本低，综合经济效益显著；操作简单易行，设备维护、保养方便。

（2）动态循环低温蒸发浓缩器

现有的蒸发浓缩设备，虽然通过真空减压降低了蒸发的温度，但由于使用蒸汽加热，这种低温蒸发浓缩实际是一种假低温，其存在的问题有：局部高温对热敏性有效成分造成破坏，影响品质；物料易形成粘壁、糊层，难清洗；热交换效率低，耗能大。动态循环低温真空浓缩机组，解决了现有真空浓缩设备蒸汽加热假低温存在的上述问题，可满足用户最低蒸发温度（20～25℃）、最小蒸发量（30L/h 水溶液）的要求，在此温度条件下浓缩水溶液，是目前国际上最低温度的浓缩器。

① 组成

设备由蒸发罐、换热器、冷凝器、回收储罐、蒸发循环泵等组成，见图 4-26，根据用户的要求配备不同形式的热源和冷源，具体如下：

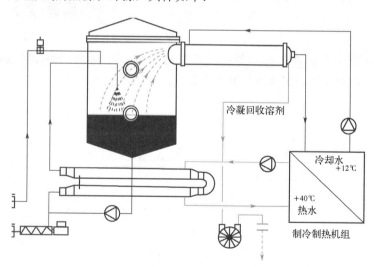

图 4-26　动态循环低温蒸发浓缩器

a. 当蒸发温度≤35℃时，系统需要配备制冷机组来提供热源和冷源，加热温度控制在20～25℃、25～30℃、30～35℃等区段，冷却温度控制在 7～10℃。

b. 本套设备也可用于蒸发温度≥35℃的产品，蒸发量≤500L/h 或≤2000L/h 溶剂，系统的热源采用汽水换热器转换为热水循环加热蒸发，冷却采用冷却塔循环水。该装置型号规格DXNS-50-1，具体配置见表 4-10。

表 4-10　动态循环低温蒸发浓缩器

	组成	规格	个数
浓缩装置	蒸发罐	100L	1
	浓缩循环泵	$Q=15m^3/h$，$H=40m$	1
	变频器	5.5kW	1
	电加热罐	60L	1
	套管式加热器	0.5m^2	1
	冷凝器	2.25m^2	1
	受液罐	30L	1
	热水循环泵	$Q=10m^3/h$，$H=24m$	1
	浓缩液储罐	50L	1
真空装置	真空泵	27m^3/h	1
	级冲罐	30L	1
	循环液储罐	50L	1
	真空系统冷凝器	1m^2	1
	板式换热器	1m^2	1
	溶剂泵	$Q=3m^3/h$，$H=16m$	1

② 特点

a. 低蒸发温度可达 25～30℃，有效地保护了产品的品质。

b. 适合各种药物的蒸发浓缩。

c. 换热效率全程基本保持不变，不随浓度的增大而明显减小，蒸发浓缩的效率提高了 4～10 倍，有效地节约了能耗。

（3）中试机型全自动层析分离机组

自动控制树脂柱成套机组，是将树脂吸附、清洗、解吸、清洗等多工序交叉，多管线阀门操作等复杂的过程，完全实现连续化运行、自动化控制的设备，避免了人为操作容易出现误操作、造成损失的问题。

通过树脂柱的移动来实现吸附、清洗、解吸、清洗等工序的自动切换、连续化运行，通过流量检测、定时控制来实现每一个工序的自动控制。

① 组成。全自动层析分离机组见图 4-27，包括树脂柱、树脂柱移动装置、分配液装置、母液储罐、计量器件、清洗水储罐、计量器件、解吸溶剂（也叫"溶媒"）储罐、计量器件、废液收集储罐、解吸液收集储罐、清洗液收集储罐、树脂再生装置、自动配液装置、废液回收处理装置、清洗液回收循环装置、真空装置、输送泵等。

② 特点

a. 三段吸附：确保第一段达到完全饱和吸附的条件下，不会出现漏料、跑料等有效成分的损失；每次只是清洗、解吸完全饱和吸附的第一段，确保使用最少量的水、解吸溶剂，达到最高效率的清洗、解吸，减少

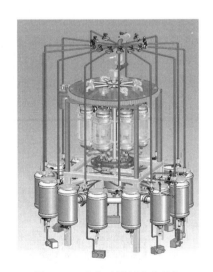

图 4-27　全自动层析分离机组

浪费。

b. PLC 电脑编程控制：自动实时记录全程工艺参数，保证生产过程数据的完整性、准确性、翔实性，达到 GMP 认证的管理要求。

二、工艺虚拟仿真模拟步骤

包括原料萃取，浓缩提纯及层析样品三大步骤。以艾草提取为例：

1. 原料萃取

（1）原料的粉碎与称量

① 将容器放到指定位置，见图 4-28；

② 将准备好的干燥艾草加入粉碎机中；

③ 启动粉碎机，见图 4-29；

④ 粉碎称量 200g 的艾草备用，见图 4-30。

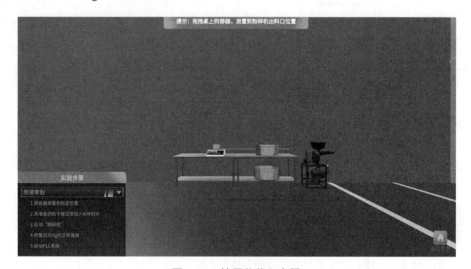

图 4-28　放置艾草和容器

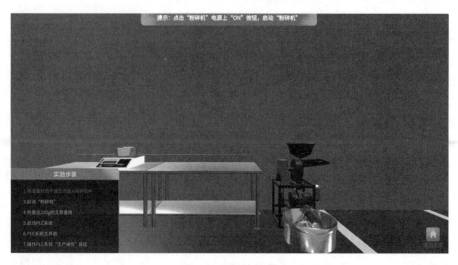

图 4-29　粉碎艾草

（2）PLC 控制系统的开启与参数设置（图 4-31）

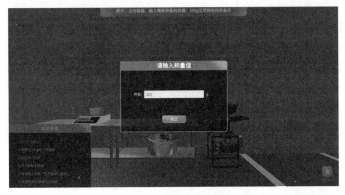

图 4-30　称量艾草图

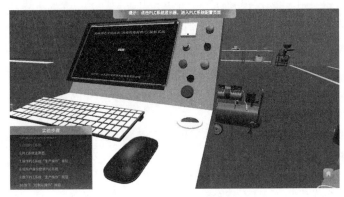

图 4-31　PLC 控制系统

① 启动 PLC 系统操作；
② 进入 PLC 主界面；
③ 以用户身份登录 PLC 系统；
④ 按下 PLC 系统"生产操作按钮"；
⑤ 按下"控制与操作"按钮。

（3）溶剂的配制（图 4-32）

图 4-32　配制溶剂

① 返回操作间；

② 清水罐中添加纯净水，检查清水罐液位；

③ 新解溶剂罐中添加乙醇，检查新解溶剂罐液位；

④ 打开清水罐手动阀门；

⑤ 打开新解溶剂罐手动阀门；

⑥ 打开清水罐电动控制开关；

⑦ 打开新解溶剂罐电动控制开关；

⑧ 设置配液罐参数、配液罐浓度比、配液罐溶剂的量，并保存配液罐参数；

⑨ 打开新解溶剂泵输送开关，开启配液罐搅拌器，设计搅拌倒计时十分钟提示。

（4）溶剂的加热

① 输送溶剂到加热罐；

② 设置电加热罐参数：进入参数设置页面，设置溶剂加热罐温度上限和下限，设置低温发生器温度上限和下限，并保存设置；

③ 返回 PLC 控制系统主界面，进入操作与控制页面，为低温蒸汽发生器加水，观察电加热罐水位达到正常水平；

④ 启动气温发生器开始加热，观察电加热罐水位达到正常水平，观察加热罐温度达到正常水平。

（5）超声萃取

包括过滤检查，选择合适的滤布，原料的添加，溶剂的添加，超声的设置及萃取搅拌，见图 4-33～图 4-35，具体如下：

① 检查过滤器滤布，过滤器中放入滤布；

② 返回 PLC 控制系统主界面，进入编程与参数页面，进入提取机参数页面，设置萃取机超声萃取搅拌电机转速、萃取机超声半管工作时间；

③ 返回 PLC 控制系统主界面，进入操作与控制页面；

④ 提取机设置完毕，开始向提取机中加入溶剂及提取物；

⑤ 开启提取机搅拌功能：按下现场控制开关开始搅拌，显示 15min 倒计时提示；

⑥ 启动超声萃取，设置萃取倒计时 45min 提示，关闭超声萃取，设置萃取倒计时 180min 提示，关闭搅拌。

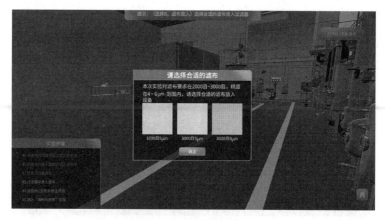

图 4-33　滤布选择

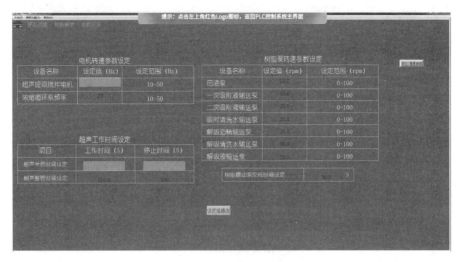

图 4-34　超声参数设置

图 4-35　超声过程

（6）过滤操作

包括冷却塔的开启，真空泵的开启，提取液的过滤等。

① 打开冷却塔进水管，打开冷却塔，提供冷却水；

② 打开真空泵，打开真空泵阀门，打开提取通路阀门；

③ 打开提取排液阀，手动打开提取机上方放空阀；

④ 手动打开提取罐上部抽真空阀，关闭放空阀；

⑤ 打开过滤器进液阀，检查提取液储罐（图 4-36）液位。

2. 浓缩提纯

　　包括真空通路、浓缩通路设置，浓缩循环泵设置等操作，至浓缩程度达标，见图 4-37、图 4-38。

图 4-36　储液罐

图 4-37　浓缩工段蒸汽发生器

图 4-38　浓缩设备

① 打开真空泵管道切换到浓缩通路，打开浓缩通路各处手动阀门，打开浓缩进液阀开关；

② 打开浓缩工段换热器通路及浓缩冷却水通路；

③ 打开浓缩循环泵，启动对提取液的浓缩；

④ 关闭通向换热器的阀门，浓缩程度达标，关闭循环泵；

⑤ 打开放空阀，使浓缩液在真空作用下流入浓缩液暂存罐，查看尾气处理设备。

3. 层析样品

包括吸附树脂准备，吸附罐准备，层析罐准备，一次及二次吸附通路设置，一次、二次吸附，一次解吸等相关步骤，见图4-39、图4-40。

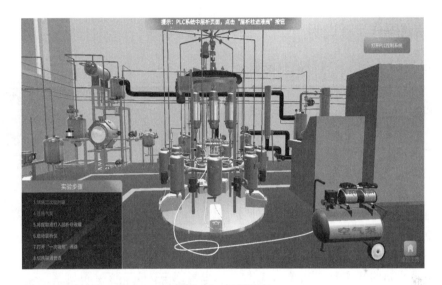

图 4-39　层析设备

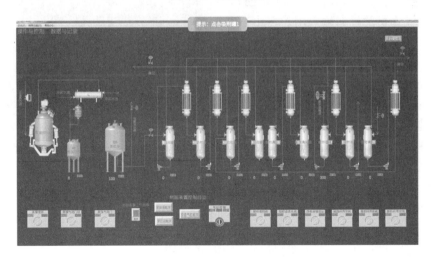

图 4-40　层析流程

① 层析准备，填装一次吸附罐，填装二次吸附罐；

② 连接气泵，将提取液打入层析母液罐；

③ 启动层析仪，打开一次吸附通路，切换连通管道，锁定汽缸，开始一次吸附，完成一次吸附，解锁汽缸；

④ 关闭一次吸附通路，打开二次吸附通路，切换连通管道，锁定汽缸；

⑤ 开始二次吸附，完成二次吸附，解锁汽缸；

⑥ 关闭二次吸附通路，打开解吸一次吸附剂通路，切换联通管道，锁定汽缸；

⑦ 开始解吸一次吸附，完成解吸一次吸附，解锁汽缸；

⑧ 关闭解吸一次吸附柱通路，打开解吸二次吸附剂通路，切换连通管道，锁定汽缸；

⑨ 开始解吸二次吸附，完成解吸二次吸附，解锁汽缸；

⑩ 关闭解吸二次吸附柱通路，导出保存解析液；

⑪ 进行清洗操作，清洗完毕。

三、实训装置操作步骤说明

1. PLC 控制系统的开启与参数设置

（1）启动 PLC 系统操作

进入 PLC 主界面，单击【生产操作】按钮，弹出一个对话窗，如图 4-41 所示。

单击"用户名"一栏右侧的下拉按钮，显示有：工程师、操作工等。操作员根据本人的身份，选取对应的名称，输入口令，然后单击【确定】。

备注说明：在点击【确定】后，并不是直接进入下一个画面（Homepage），而是还在开机画面下，这时还需再一次单击【生产操作】，才能进入下一个画面（Homepage）；用户可以将操作员的姓名输入用户名中，并授权专一口令，这样既方便进入，同时又责任到人。

图 4-41 操作员进入密码对话窗

（2）Homepage（主页）

在 Homepage 画面上（见图 4-42），显示如下控制键：【编程与参数】【控制与操作】【记录与数据】【退出】。单击【退出】键，返回到开机画面。分别单击其他功能键，进入各自操作画面。

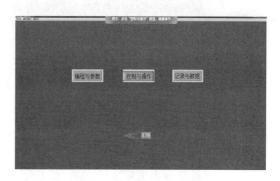

图 4-42 Homepage 画面

（3）【编程与参数】操作

页面自动显示所有的药品品名及主要的工艺参数，点击相应品名的修改链接，弹出该药品的工艺参数修改页面，工艺人员可以修改相应的参数。

① 单击【设定或修改】键，将提取温度上限修改为 101℃，下限修改为 99℃。生产状态实时显示：流程图画面根据组态信息和工艺运行情况，在实时监控过程中动态更新各个动态对象（如动态数据、11 开关、趋势图、动态液位等）。

② 部分开关由"现场"和"屏幕"联合控制。要开启该设备，需把屏幕开关开启到"ON"位置，再到设备现场，单击相应现场开关的绿色按钮，即可启动该设备；若要停止该设备，可以单击相应现场开关的红色按钮，或把屏幕开关开启到"OFF"位置，都可以停止该设备，见图4-43。

图4-43　开关示意图（1）

③ 部分开关有"屏控""OFF"两档。开启到屏控位置，设备直接启动工作。若要停止该设备，把屏幕开关开启到"OFF"位置，就可以直接停止该设备，见图4-44。

图4-44　开关示意图（2）

2. 试运行

（1）开启压缩机使压缩空气达到0.8MPa，然后调整汽缸控制阀门，熟悉阀门的开启、闭合。

（2）检查设备各连接部件、阀门、管件连接是否可靠、紧密。

（3）清洗设备各部件。

（4）关闭渣门及渣门压紧螺栓。

（5）打开提取罐进水阀门，以水袋料进行试运转，加水至提取罐夹层100mm处关闭进水。

（6）打开渣门处蒸汽直接加热阀门，观察直接加热是否正常。

（7）打开夹层加热阀门，调节进汽压力至0.3MPa，观察安全阀是否动作，调节罐内压力至0.09MPa，观察安全阀是否动作。

（8）打开冷凝器、冷却器进水阀门，观察二次蒸汽冷凝，回流是否正常、畅通。

（9）一切正常后关闭蒸汽阀门、冷却水、冷却水阀门，放掉罐内水液。

（10）打开渣门压紧螺栓，汽缸控制打开渣门。

（11）清洗设备内外表面，以备生产。

3. 原料准备

（1）艾草原料的准备

① 粉碎：取新鲜的艾草茎、叶洗净，烘干，用锤式粉碎机将干燥的艾草粉碎至粉末，过筛，备用。

② 称量：称量200g艾草粉末备用。

（2）溶剂的配制

① 打开清水罐手动阀门2（见图4-45）；

② 打开新解溶剂罐手动阀门2（见图4-46）；

③ 打开清水罐和溶剂罐上方的放空阀，使液体正常输送；

图 4-45 清水罐

图 4-46 溶剂罐

④ 打开清水罐电动控制开关，即在 PLC 系统中打开"配液罐输水阀"；

⑤ 打开新解溶剂罐电动控制开关，即在 PLC 系统中打开"新溶剂输送阀""新溶剂输送泵"，打开新鲜溶剂泵输送开关，此步为手动打开；

⑥ 开启配液罐搅拌器，即在 PLC 系统中打开"溶剂配液搅拌"。

（3）溶剂的加热及参数设置

① 溶剂配制完成后，在 PLC 系统中打开溶剂输送泵、溶剂输送阀，提取溶剂经配液罐送至加热罐，根据实验要求设置温度为 40℃进行低温预热；

② 进入参数设置界面→设置溶剂加热罐上限温度为 40℃→设置溶剂加热罐下限温度为 35℃→设置低温蒸汽发生器温度上限为 98℃→设置低温蒸汽发生器温度下限为 60℃→保存设置→返回 PLC 系统界面→进入操作与控制界面；

③ 打开 PLC 系统中加热器输水阀，观察电加热罐水位达到 330mm；

④ 启动低温蒸汽发生器开始加热，手动调节低温蒸汽发生器 PID，输出功率为 91.1W；

⑤ 观察电加热罐水位达到 760mm 正常水平，加热罐温度达到 40℃正常水平。

4. 多功能（超声）提取

（1）准备

① 检查滤布，打开过滤器，将滤布放入过滤器中，左下角所示部件将其压好，关闭过滤器。

② 进入 PLC 控制系统，设置萃取机超声萃取搅拌电机转速，设置萃取机超声工作时间，见图 4-47。

图 4-47 超声萃取设备参数设置

（2）超声提取

① 打开提取机上方投料口，在 PLC 系统中打开"提取管进液阀"，使溶剂进入超声提

取搅拌机，位于超声提取搅拌机 1/2 处时，在 PLC 系统中关闭"提取管进液阀"。

② 在超声提取搅拌机的加料口处加入待提取物，在 PLC 系统中开启"提取搅拌"，并在现场控制开关处开启搅拌，搅拌 15min。

③ 在现场关闭搅拌并在 PLC 系统中关闭"提取搅拌"。

④ 在中控台上打开超声开关，在 PLC 系统中打开"超声半管"，倒计时 45min。

注意：超声操作前应先向超声夹层中加满水。

⑤ 在 PLC 系统中，关闭 PLC 系统中的超声半管，手动关闭中控台上的超声旋钮，继续浸泡，倒计时 180min。

⑥ 提取完毕，关闭提取罐蒸汽阀门放尽药液，然后开启汽缸控制阀，打开渣门，将药渣排尽，并用水清洗。

5. 过滤

提取结束后，系统会开启相应的阀门和设备，每批次提取出来的药液经提取过滤器过滤掉药渣后，再进入下一道工序。

① 开冷却塔：先打开冷却塔进水管，进水至合适液位。在 PLC 系统中，打开冷却塔风机、冷水循环泵，打开真空泵、提取真空阀。

② 打开 PLC 系统中的"提取排液阀"，手动打开提取机上方放空阀，提取液在真空作用下进入过滤器。手动打开提取液罐上部抽真空阀，关闭放空阀，关闭提取液出口阀后，PLC 系统中打开"过滤器进液阀"，滤液进入提取液暂存罐。

③ 观察超声波萃取处理棒里的液体，直至看不到液体流动，表明快开式过滤器中液体全部进入提取罐中，在 PLC 系统中关闭"过滤器进液阀"。

备注：公司特制的快开式过滤器，滤材可选用滤纸、滤布、不锈钢网等材料，过滤精度任选，最高可达 5μm 以上，确保过滤澄清液达到层析上柱的要求。

6. 浓缩装置

采用低温蒸汽加热，加热温度 50～80℃，可调可控，避免高温对热敏性有效成分造成破坏，影响品质。无粘壁、糊层现象，易清洗。

① 准备：检查设备的运行情况、卫生状况。

② 开机：关闭进料管、出料管、回收管等管道阀门和所有排空阀，而后开启真空阀。

③ 待真空负压达到足以将物料快速抽进设备时，开启进料管阀，开始进料。

注意：开启某个进料阀，必须关闭所有的其他相关进料阀；不进料时，不但要关闭相应的进料阀，而且一定要关闭总阀，以防阀门漏液。应特别注意提取罐的开启和关闭。

④ 加热：当料液到达第一个夹套加热环时，缓慢开启该加热环的蒸汽阀门，开下夹层蒸汽阀，开疏水阀，同时开始回收冷却水，随着料液的不断增多，逐步增加蒸汽量，当料液到达第二个加热环时，开启该加热环蒸汽阀和上夹层蒸汽阀进行加热。

⑤ 运行：在设备正常运转过程中，真空度越高，则料液温度越低，越不容易破坏有效成分。

注意：回收的溶剂量不能超过集液器 3/4 容积。当集液器液面将到达一定液位时（可以从液位计中显示出）关闭连通阀，打开排空阀，排尽集液器的真空，放出溶剂。

⑥ 停机：当料液浓缩达到工艺要求后，关闭蒸汽阀、真空阀、冷却水阀，开启排空阀，排尽罐内真空，然后缓慢打开并调节出料管阀，通过回流的形式将罐中料液排到指定的

贮罐中。（视具体情况而定）

⑦ 洗机：每浓缩完一批提取液或浸膏，必须清洗蒸发室内壁和各加热环外壁，挂上状态标识牌。

7. 层析

层析柱是玻璃材质，透明直观，100%耐溶剂，无溶胀问题，工作压力3kPa。通过层析柱的移动来实现吸附、清洗、解吸、清洗等工序的自动切换、连续化运行，通过流量检测、定时控制来实现每一个工序的自动控制。三段吸附确保无有效成分漏料、跑料损失，每次清洗、解吸的层析柱为饱和吸附，使用最少量的水、解析溶剂，达到最佳的清洗、解析效果，减少浪费。

（1）填柱

① 准备：检查设备的运行情况、卫生状况。准备填料。

② 卸掉上法兰，将填料手动装入柱子，再装上上法兰。

③ 压缩填料。

（2）吸附前洗柱子

① 在PLC系统中打开吸附清洗水阀，使吸附清洗水罐（也是解吸后清水罐）充满清洗水。

② 旋盘锁紧状态下，点击PLC系统中"泵排液触发"后，手动打开蠕动泵开关，清洗水进入一次吸附柱进行清洗至柱子无醇味。

③ 打开由一次吸附柱流向一次层析液罐前1号阀门，关闭罐前2号阀门。清洗液进入一次层析液罐，手动打开罐下蠕动泵开关，清洗液继续进入二次吸附柱进行清洗至柱子无醇味。

④ 洗完柱子后废液进入二次层析液罐后，直接打开罐下部阀门放入废水桶倒掉。

（3）吸附

① 松开旋盘，将旋盘旋转，此时一次吸附柱上下通道对准母液罐上下通道。

② 进母液：层析装置处于锁紧状态，点击PLC系统中"树脂真空阀"抽取真空，手动打开浓缩罐上的放空阀及通向母液罐的阀门，点击"层析柱进液阀"，通过真空作用抽取浓缩罐液体至母液罐。

③ 一次吸附：点击PLC系统中"泵排液触发"后，手动打开蠕动泵开关，母液进入柱子进行第一次吸附。

④ 打开由一次吸附柱流向一次层析液罐前1号阀门，关闭罐前2号阀门，层析液进入一次层析液罐，手动打开罐下蠕动泵开关，层析液继续进入二次吸附柱进行吸附。

⑤ 吸附完后废液进入二次层析液罐后，直接打开罐下部阀门放入废水桶倒掉。

（4）解吸

① 在PLC系统中打开解吸乙醇阀，使解吸乙醇罐充满95%乙醇。

② 松开旋盘，将旋盘旋转至一次吸附柱上下通道对准解吸乙醇罐上下通道。

③ 一次吸附柱解析：点击PLC系统中"泵排液触发"后，手动打开蠕动泵开关，乙醇进入一次吸附柱子进行解吸，解吸液流入解吸液罐。

④ 松开旋盘，将旋盘旋转至二次吸附柱上下通道对准解吸乙醇罐上下通道。

⑤ 二次吸附柱解析：点击PLC系统中"泵排液触发"后，手动打开蠕动泵开关，乙醇进入二次吸附柱进行解吸，解吸液流入解吸液罐。

⑥ 解吸液进入旋转蒸发液浓缩罐，即得产品。

（5）吸附后清洗

① 向清水罐加满清洗水。

② 松开旋盘，将旋盘旋转至二次吸附柱上下通道对准清水罐上下通道。

③ 一次吸附柱解析：点击 PLC 系统中"泵排液触发"后，手动打开蠕动泵开关，清洗水液进入一次吸附柱子进行清洗，废液流入废液罐。

④ 松开旋盘，将旋盘旋转至一次吸附柱上下通道对准清水罐上下通道。

⑤ 二次吸附柱清洗：点击 PLC 系统中"泵排液触发"后，手动打开蠕动泵开关，清洗水液进入二次吸附柱子进行清洗，废液流入废液罐。

8. 自控介绍

（1）纯净水自水储罐经泵分成 3 支路，一支路管线设置自控阀接入搅拌罐，可电脑控制自控阀调节加入水量；二支路管线设置自控阀后接入溶剂罐后管线，对管线进行清洗，可通过电脑控制自控阀，完成清洗；三支路管线设置自控阀，接入电加热罐（蒸汽发生器），通过电脑根据加热罐液位控制加入水量。纯净水储罐设置液位计，通过联锁接入泵，当液位过低直接停泵，同时电脑显示液位，低液位报警。

（2）溶剂罐溶剂经泵加入分成 2 支路，一支路管线设置自动阀加入搅拌罐，电脑控制自动阀开关；二支路管线设置自动阀加入加热罐，对溶剂进行加热，电脑控制自动阀开关。溶剂罐设置液位计，电脑显示液位，低液位报警，同时停泵。

（3）搅拌罐中溶剂经泵后分成 2 支路，一支路管线设置自控阀，接入加热罐，电脑控制加入溶剂量；另一支路管线设置自控阀，接入层析储罐，电脑控制溶剂加入量。搅拌罐设置浓度计，电脑在线实时显示搅拌罐中溶剂浓度，同时搅拌罐设置液位计，电脑显示液位，低液位报警，同时停泵。

（4）搅拌罐设置气阀门，电脑控制开启及关闭出渣口。搅拌罐设置远传温度计，同时加热蒸汽入口设置防爆涡街流量计，电脑根据搅拌罐内温度自动控制蒸汽加入量。

（5）储罐设置液位计，电脑实时显示液位。

（6）热溶剂自加热罐经管线加入，管线设置自控阀，电脑控制热溶剂加入量；提取液经坡度管进入过滤器中，管线设置自控阀，电脑控制阀门开启及提取液加入量；清洗水管线设置自控阀，电脑根据超声提取管中液位控制清洗水加入量；电脑控制中试超声提取管超声及加热开启与关闭。

（7）过滤器中提取液经管线被真空产生的负压吸入提取液储罐，管线设置自控阀，电脑控制阀门开启及提取液加入量。

（8）提取液储罐抽真空管线设置自控阀，电脑控制阀门开启及调节抽真空速率。提取罐出液分为 2 支路，根据实验需要选取去向。一支路储罐中提取液经管线被真空产生的负压吸入自动控制层析装置；二支路储罐中提取液经管线被真空产生的负压吸入蒸发罐。

（9）自动控制层析装置采取压缩空气为动力，电脑通过电磁阀控制层析柱进行旋转。7 台泵每台电机加控制器，电脑控制泵开启、关闭。9 个罐每个罐加液位计，电脑实时显示液位，同时低液位停泵。9 个罐抽真空总管设置自控阀，电脑控制阀门开启及调节抽真空速率；9 个罐放空总管设置自控阀，电脑控制阀门开启及调节放空速率。

（10）电加热罐（21-蒸汽发生器）设置液位计，电脑实时显示液位，低液位报警，电脑自动打开进水管线自控阀进行补水，若补水不成功，电脑自动停止加热。

（11）蒸发罐设置液位计，电脑实时显示液位，并且联锁控制提取液吸入管线自控阀，控制提取液吸入量。设置温度计，电脑实时显示蒸发罐内温度，同时联锁控制蒸汽进入列管式换热器。清洗水管线设置自控阀，电脑控制自控阀开启及清洗水加入量。

（12）防爆磁力泵设置变频器，电脑控制蒸发罐溶液进入列管加热器速率。

（13）搅拌罐设置液位计，电脑实时显示液位，低液位报警。

（14）回收液储罐设置液位计，电脑实时显示液位。

（15）防爆卫生级离心泵出口设置自控阀，电脑控制阀门开启。

（16）缓冲罐抽真空管线分 2 支管，分别设置自控阀，电脑控制阀门开启，抽取冷凝器及蒸发罐真空或自动控制层析装置、提取液储罐、电加热罐、搅拌罐真空。

（17）防爆水环式真空泵管线设置自控阀，电脑控制开启，抽取缓冲罐真空。

（18）循环液储罐设置液位计，电脑实时显示液位，低液位报警。

9. 其他说明

（1）加热剂冷却剂去向

夹套内的饱和蒸汽在使用后经管道运输汇集到蒸汽冷凝水管道，再运输到动力车间重新利用。冷却水经过循环冷却水回收管道运输到循环水泵房再利用。

（2）药渣处理

启动气动装置，利用压缩空气的压力打开提取罐底部的气动阀门将罐内剩余的药渣排出并处理。

（3）设备清洗

经常检查设备各连接部位是否紧密牢靠。

禁止强酸、强碱清洗、接触设备、管道。

清洗水必须是软水，不得使用含有氯离子的化学试剂，如盐酸及氯的化合物。

碱清洗剂：NaOH 溶剂（1%～3%）

酸清洗剂：HNO_3 溶剂（1%～2%）

清洗温度：40～65℃

清洗设备的操作方法与工作状态的操作方法相同，在清洗效果的检查中，适当增加人工清洗，其清洗程序为：水清洗 20min→化学清洗（碱 30min、酸 30min）→水清洗 20min→关机→检查人工清洗。

四、思考题

1. 超声波提取技术在天然产物提取中相比传统方法有哪些优越性？

2. 在艾草精油提取实验中，如何合理设置提取温度、超声频率、搅拌速率等工艺参数？

3. PLC 控制系统在设备操作中扮演什么角色？

4. 动态循环低温蒸发浓缩器和中试机型全自动层析分离机组的特点和操作要点是什么？

5. 浓缩提纯过程中需要注意哪些操作要点？

6. 层析样品处理中，一次吸附和二次吸附的目的是什么？如何确保吸附效果？

7. 在整个提取与分离过程中，如何确保产品质量和安全性？有哪些关键的质量控制点？

第五章
拼装式桌面工厂仿真实训

一、实训背景

　　精馏是一种属于传质分离的单元操作，广泛应用于炼油、化工、轻工等领域。其原理是加热料液使其部分汽化，易挥发组分在蒸汽中得到增浓，难挥发组分在剩余液中也得到增浓，这就在一定程度上实现了两组分的分离，两组分的挥发能力相差越大，上述的增浓程度也越大。

　　甲醇是一种应用广泛的化工产品及基础化工原料，但现有合成工艺合成的粗甲醇中含有水和多种有机杂质，需作精制处理，例如甲醇中如果含有烷烃，在甲醇氧化、脱氢反应时由于没有过量的空气，便会生成炭黑覆盖于银催化剂的表面，影响催化作用；高级醇可使甲醇生产产品中酸值过高；即使性质稳定的水，由于在甲醇蒸发汽化时不易挥发，在蒸发器中浓缩积累，也会使甲醇浓度降低，引起原料配比失衡而发生爆炸。所以甲醇精制是甲醇化工生产中至关重要的一个环节，而精馏是粗甲醇精制的主要方法，因此，对甲醇精馏工艺流程的研究具有重要意义。

　　本章实验工艺截取了典型三塔精馏的前两塔，第一个塔为预精馏塔，主要脱离的组分为副反应生成的二氧化碳等不凝性气体，第二个塔对甲醇进行浓缩，并从侧线采出精制甲醇，未展现的第三个塔主要是进一步脱离乙醇等重组分。

二、实训目的

　　1. 熟悉甲醇精馏工艺设备的空间布局，了解设备外观结构特征；

　　2. 认识化工管道的特点，能够根据管路布置图安装化工管路，完成甲醇精馏整个工艺的搭建；

　　3. 掌握甲醇精馏开停车的操作方法与步骤，通过操作掌握工艺原理；

4. 了解精馏塔操作中的可变因素（回流比、进料量、进料温度、料液浓度等）对精馏塔性能的影响；

5. 培养学生团队协作意识；培养学生耐心、细致、认真的习惯；培养学生创新意识、环保意识、成本意识。

三、实训内容

1. 学习并熟悉桌面工厂各个设备的位号命名方法，以及各类设备的用途；
2. 用桌面工厂设备搭建甲醇精馏工艺，并用管道将每个设备连接起来；
3. 学习甲醇精馏中甲醇精制的原理，完成甲醇精馏开停车完整操作练习。

四、实训设备

1. 设备种类及数量

甲醇精馏主要设备见表 5-1 和图 5-1。

表 5-1 甲醇精馏主要设备一览表

设备名称	设备数量	设备名称	设备数量
精馏塔	2	三通	3
阀门	14	管栏架	5
换热器	4	智能通信底板（主底板）	1
加热器	1	智能通信底板（扩展底板）	1
立式设备	2	二层平台中底板	2
泵	3	通信电脑	1

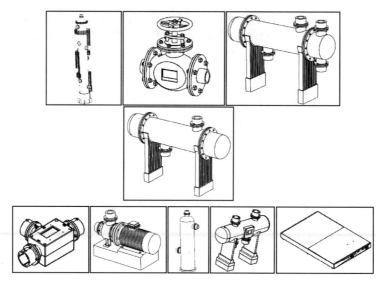

图 5-1 主要设备图

2. 设备的用途介绍

（1）精馏塔（T1101、T1102） 对精馏过程来说，精馏塔是使过程得以进行的重要条件。性能良好的精馏设备，为精馏过程的进行创造了良好的条件，它直接影响到生产装置的产品质量、生产能力、产品的收率、消耗定额、三废处理及环境保护等方面。

预精馏塔（T1101）的主要作用是脱除粗甲醇中的轻组分等有机杂质，主精馏塔（T1102）的作用是将甲醇组分与水、重组分分离，得到产品精甲醇，并尽量降低其他有机杂质的含量，排出系统外。

（2）阀门（MV1101～MV1114）　用来开闭管路、控制流向、调节和控制输送介质的参数（温度、压力和流量）的管路附件。根据其功能，可分为关断阀（截止阀）、止回阀、调节阀等。

（3）换热器（E1101、E1102、E1104、E1105）　包括再沸器和冷凝器。再沸器通常采用固定管板式换热器，置于精馏塔底部，用管道与塔底液相相连，液体依靠静压，在再沸器中维持一定高度的液位，管道通以蒸汽或其他热源，使甲醇汽化，气体从再沸器顶部进入精馏塔内。

冷凝器置于精馏塔顶部，精馏塔塔顶蒸出的甲醇蒸气在冷凝器中被冷凝成液体，作为回流液或成品甲醇采出。

（4）加热器（E1103）　为管道电加热器，其发热元件采用不锈钢钢管作保护套管，内部由高温电阻合金丝与结晶氧化镁粉构成，经压缩工艺成型。

（5）泵（P1101～P1103）　作用是提供机械能，用于流体的输送或加压。

（6）立式设备（D1101、D1102）　主要指回流储罐设备，蒸汽在冷凝器中被冷凝成液体，流入回流储罐内。

（7）三通　又叫管件三通、三通管件或三通接头，用在主管道的分支管处。

（8）管栏架　管廊中用于支撑管道的结构。

（9）智能通信底板　内置通信功能和智能运算功能，智能通信底板上面可灵活、稳固地安置各类型的工艺积木装置。每块底板上都有航空插头接口，用于连接多块底板，使得多块底板都有通信功能。

（10）管道　提供多种颜色分类，用于表示不同类型的走管物料，例如：银白（可燃液体）、绿色（上水、下水）、红色（蒸汽）、紫色（可燃气体）。

五、甲醇精馏流程介绍

1. 工艺流程图

煤制甲醇精馏工艺流程见图 5-2。

2. 搭建流程（同时适用于第五章实训二～实训八）

（1）从包装箱中取出底板，置于目标桌上。将有 RJ11（电话线插口）的一面置于背面，将主底板置于右手侧，将扩展底板置于左手侧，并将两块底板平移拼接成一块大底板，如图 5-3 所示。

（2）连接电源线，供电（见图 5-4）。

（3）使用双头 USB 的导线连接电脑 USB 口与底板 USB 口，此步操作用来传输电脑端软件与智能底板间的数据。

（4）连接两块底板间的航空插头，使得两块底板都能通信（见图 5-5）。

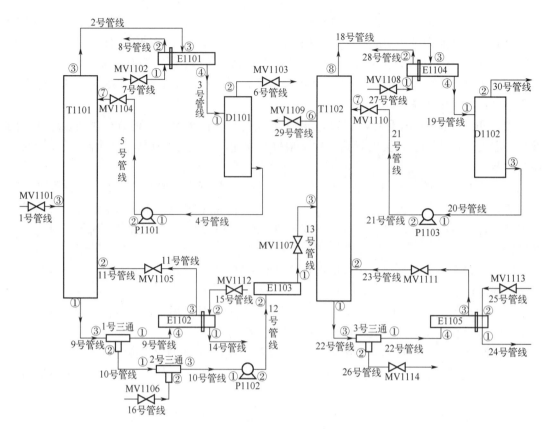

图 5-2　甲醇精馏工艺流程图

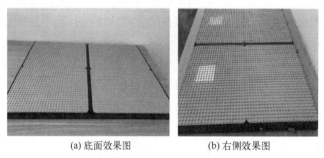

(a) 底面效果图　　　　(b) 右侧效果图

图 5-3　底板效果图

图 5-4　电源线连接底板

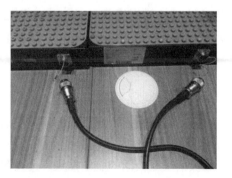

图 5-5　使用航空插头连接两块底板

（5）连接设备与底板 RJ11 的技巧说明。

底板上 RJ11 口为通信口。为保证设备的正常通信和供电，可选择主底板上任意设备的任意一口接入主底板的通信口，选择上就近选择。可选择副底板上任意设备的任意一口接入副底板的通信口，就近选择（见图 5-6）。

图 5-6　选择未用接口与通信接口相连

3. 搭建效果图

搭建效果见图 5-7。

(a) 正面　　　　　　　　　　(b) 左侧　　　　　　　　　　(c) 右侧

图 5-7　搭建效果图

4. 流程叙述

甲醇合成系统的粗甲醇进入粗甲醇贮槽，用粗甲醇泵将粗甲醇原料送至精馏界区的预精馏塔。预塔的作用是除去粗甲醇中残余溶解气体以及二甲醚、甲酸甲酯等为代表的轻于甲醇的低沸点物质。塔顶蒸气（0.07MPa，77.6℃）先进入预塔塔顶冷凝器（空冷器）冷却至60℃，将塔内上升气中的甲醇大部分冷凝下来，产生的气液混合物在预塔塔顶回流罐中被分离。气体部分即未冷凝的甲醇蒸气、不凝气及轻组分进入塔顶不凝气冷凝器被冷却至40℃，其中绝大部分的甲醇冷凝回收，不凝气则通过压力调节阀控制，排至火炬总管焚烧处理或作为燃料使用。在预塔回流槽中，还加入少量的精馏废水，对甲醇的共沸物进行萃取。

来自预塔塔顶回流罐的液体绝大部分经预塔回流泵加压后回流至预塔的顶部，为防止轻组分在系统中累积，其中一小股液流被采出送至甲醇储罐。预塔塔底的富甲醇液经预后甲醇泵送往低压甲醇精馏塔。

在低压甲醇精馏塔中，塔顶的甲醇蒸气经低压塔塔顶冷凝器冷却至63.6℃后进入低压塔回流槽。顶部的产品是甲醇，低压甲醇精馏塔塔底的产品是甲醇和水的混合物。

塔底产品用中压甲醇精馏塔原料泵送往中压甲醇精馏塔。低压塔侧线采出的产品甲醇，经低压塔产品冷却器冷却至40℃以下作为精甲醇产品送至精甲醇中间槽。

中压甲醇精馏塔塔顶甲醇蒸气进入冷凝器/再沸器，作为低压塔的热源，甲醇蒸气被冷凝后进入中压塔回流槽，一部分由中压塔回流泵升压后送至中压塔顶部作为回流液，其余部分经中压塔产品冷却器冷却到40℃以下作为精甲醇产品送至精甲醇中间槽。

六、软件使用说明

注：同时适用于第五章实训二～实训八。

（1）打开电脑开关并登录系统，系统未设密码。

（2）点击桌面上软件图标。

（3）选择精馏工艺进入工艺列表（见图5-8）。

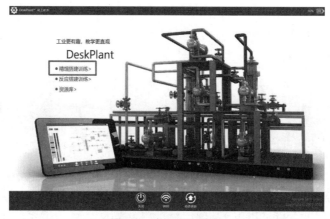

图5-8　桌面工厂界面

（4）点击选择具体工艺，点击进入（见图5-9）。

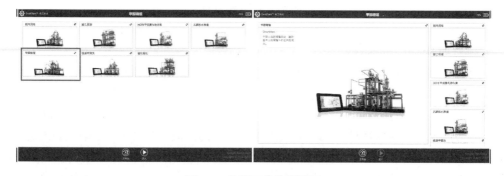

图5-9　精馏工艺选择界面

（5）观察设备是否全部点亮，如果全部点亮即可点击运行按钮，进行操作。此处须注意，设备管道没有正确连接，则设备间的连线为灰，否则为绿，但此处为灰，仍能继续运行后续的软件。具体情况参见图5-10～图5-14。

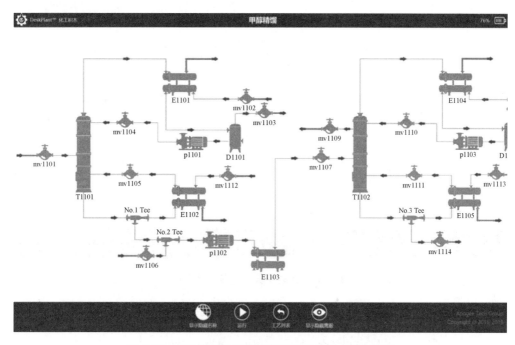

图5-10　电源未打开或电脑和设备通信线未接好界面

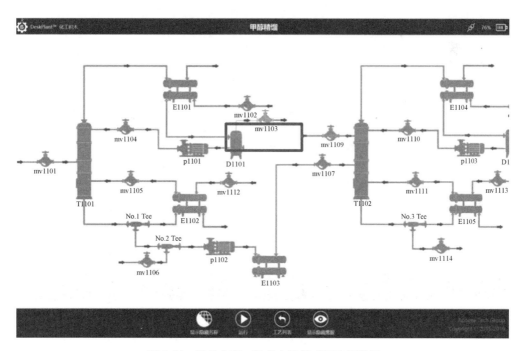

图5-11　设备未亮：设备未连接或通信线损坏

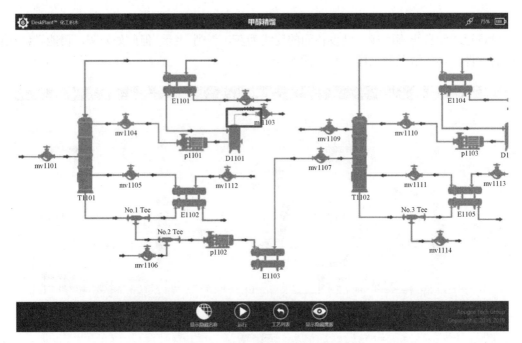

图 5-12　连线未亮：设备位置接错

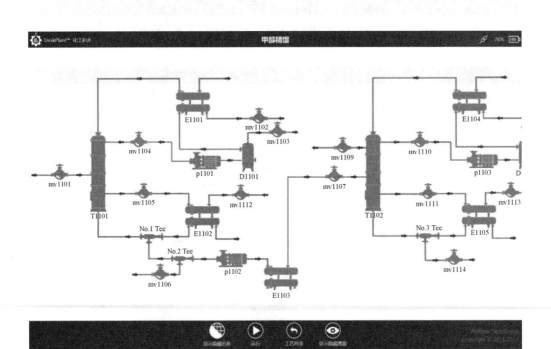

图 5-13　正常状态：所有设备和线均为绿色

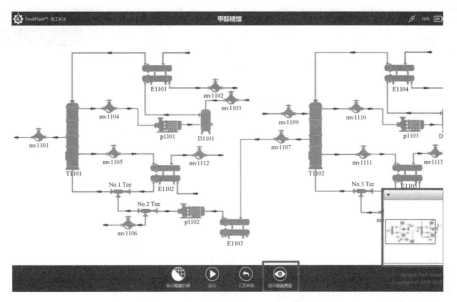

图 5-14　点击鹰眼可移动视图

（6）点击运行，选择操作模式，默认为练习模式，该模式下在软件的右上方有气泡式的提示操作步骤，根据提示操作实验设备。可点击查看练习按钮，确认当前操作处于所有操作中的进度，具体参见图 5-15～图 5-21。

图 5-15　启动后设备屏幕初始化参数

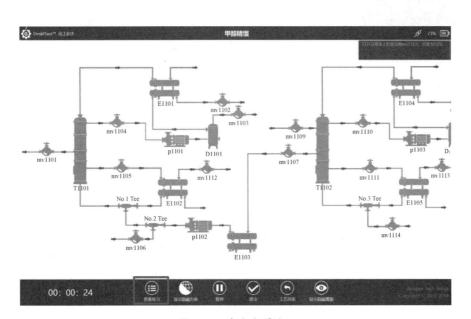

图 5-16　点击查看练习

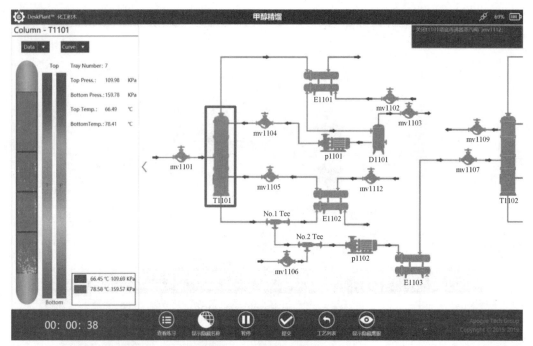

图 5-17　点击精馏塔设备

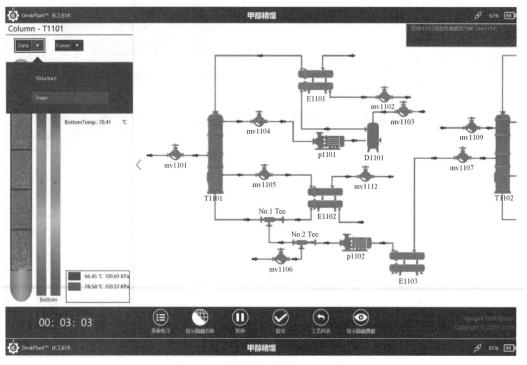

图 5-18　查看精馏塔设备运行情况

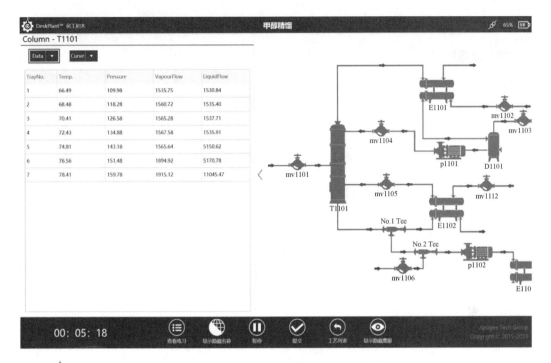

图 5-19 相关功能：点击塔查看精馏塔相关参数

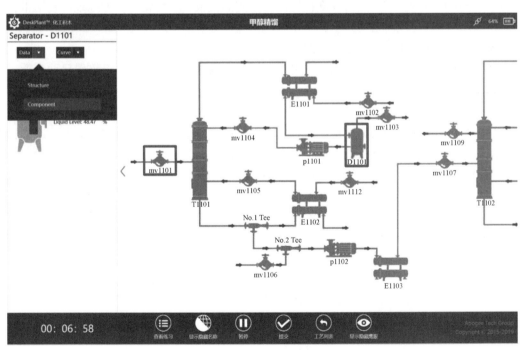

图 5-20 点击阀门或储罐设备

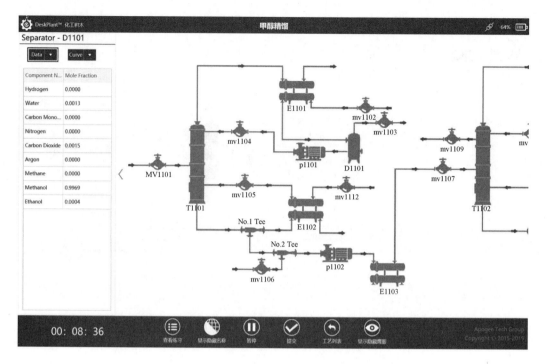

图 5-21　相关功能：点击阀门或储罐查看物料组成

（注：储罐内组成默认显示液相组成）

（7）当所有步骤做完，点击提交按钮，可得到测试报告。可输入邮件地址，发送报告到该邮箱（发送邮件功能需要实验室有 WiFi 可上互联网）。

（8）退出软件系统，关闭底板电源，结束实验。

（9）软件更新，点击主界面的检查更新按钮，在确保联网的情况下，软件启动更新。

七、开车步骤

精馏塔是一个圆形的筒体，里面装有很多层塔板或是填料，塔顶设有冷凝器，塔底设有再沸器，在塔体的中间适宜位置选择一块塔板进料，称为进料板。

甲醇精馏开车时，首先进行预精馏塔 T1101 的开车操作，打开预精馏塔的放空阀排气，原料由进料板加入塔釜，先开塔顶冷凝器的开关，当塔釜内的料液建立起适当的液位时，再开塔底再沸器的开关进行加热，塔底液体一部分经过再沸器产生气相回到塔里，提供蒸汽热源，气相沿塔逐渐上升，液相沿塔逐渐下降，它们逆流接触传质传热；含易挥发组分比较纯的蒸气进入塔顶冷凝器，冷凝以后进入回流罐中暂存，未冷凝的不凝气以及轻组分则由压力调节阀控制，排放至火炬总管焚烧处理或作为燃料使用。当回流罐中的甲醇回流液到达适当的高度后，经回流泵回到塔顶，此时关闭进料口进行全回流，通过一段时间全回流操作，使整个塔稳定运行起来，塔顶达到分离要求时，打开阀门和泵将富甲醇液输送到主精馏塔 T1102，再次进行一次精制过程。

（1）打开分离塔上的放空阀 MV1103，开度为 50%（目的是将空气等不凝气排放掉，因为空气的传热系数大大低于冷凝水冷却蒸汽，打开放空阀将空气等不凝气排出，进而提高蒸汽侧的传热系数）；

（2）打开预精馏塔进料阀门 MV1101，开度设为 30%，向塔釜进料；

（3）打开塔顶冷凝器 E1101 冷侧阀门 MV1102，开度可设为 70%（塔顶蒸汽经过冷凝器，绝大部分甲醇经冷凝成液相进入 D1101 储罐，以甲酸甲酯为代表的低沸点轻组分和 CO_2 等不凝气被分离从 MV1103 排出）；

（4）观察精馏塔塔釜液位变化，当精馏塔液位上升至 45% 以上时，缓慢打开再沸器蒸汽阀门 MV1112，注意精馏塔压力变化，慢慢增加开度为 50%，调节进料阀门 MV1101 开度，控制塔釜液位稳定在 30%～70% 区间（预塔所需的热量由塔底再沸器 E1102 的低压蒸汽来提供，预塔塔底的富甲醇液中主要包含甲醇、水和少量的乙醇以及其他的高级醇）；

（5）当预精馏塔回流罐 D1101 液位到达 45%，打开泵 P1101，并调节 MV1104 的开度，可调节开度为 57%，使塔釜液位和 D1101 的液位在一个稳定的范围；

（6）缓慢减小 MV1101 开度为 0，进行全回流操作；

（7）全回流一段时间后，缓慢开启进料阀门 MV1101，开度设为 30%，当观察到塔釜液位开始上升后，打开 P1102，同时缓慢开启 MV1107，慢慢调大 MV1101 和 MV1107 开度控制 T1101 塔釜液位（将塔底含有甲醇、水、乙醇及高级醇的富甲醇液经预塔后甲醇泵 P1102 送往低压甲醇精馏塔 T1102）；

（8）观察 T1102 塔釜高度，并打开精馏塔塔顶冷凝器冷侧阀门 MV1108，开度设为 50%；

（9）当塔釜液位上升至 45% 时，缓慢开启再沸器蒸汽，注意不要开太大，以免塔釜液位快速蒸干，MV1113 开度可先设为 20%，并缓慢增大，同时注意调整 MV1101 和 MV1107 开度控制两个塔的液位；

（10）当 D1102 液位到达 45% 时，打开 P1103，并且打开 MV1110，开度 44% 左右，并将 MV1113 开度设为 50%；

（11）缓慢关闭 MV1107 和 MV1101，并关闭 P1102，对两个塔进行全回流；

（12）当两个塔的回流罐都能得到浓度 0.995 的甲醇时，缓慢打开 MV1101，当预精馏塔塔釜液位上升，打开 P1102，并缓慢打开 MV1107，将两个阀门慢慢增至开度 50%，然后打开 E1103；

（13）当精馏塔 T1102 的塔釜液位缓慢上升时，缓慢打开侧线出料阀门 MV1109 并打开塔釜出料阀 MV1114，开度均设为 50%（甲醇产品在比塔顶塔板低几块塔板的地方 MV1109 以液态采出，因为在此位置挥发物杂质的浓度更低。低压甲醇塔塔底 MV1114 采出的产品是甲醇和水的混合物，但也含有少量的比甲醇更难挥发的副产重组分，塔底产品用原料泵送往第三个精馏塔中压甲醇精馏塔，进行进一步的精馏提纯）；

（14）将 T1101 和 T1102 的塔顶冷凝器阀门 MV1102、MV1108 的开度设为 50% 左右，并将回流阀门 MV1104 和 MV1110 的开度设为 50%，等待精馏体系达到稳定状态，稳定状态下的预精馏塔 T1101 塔顶压力为 9kPa（表压）左右，塔顶温度在 66℃ 左右，塔底温度在 80℃ 左右；T1102 塔顶压力在 12kPa 左右，塔顶温度在 66℃ 左右，塔底温度在 80℃ 左右。

八、停车步骤

甲醇精馏停车时，一般依次关闭进料口、再沸器、回流过程、冷凝器、出料口。

（1）缓慢关闭进料阀门 MV1101 至全关；

（2）关闭 T1101 塔底再沸器蒸汽阀门 MV1112；

（3）当 D1101 液位下降至 5%以下时，关闭预精馏塔 T1101 回流阀门 MV1104，并关闭 P1101；

（4）观察 T1101 塔釜液位变化，当塔釜液位下降至 10%时，关闭 E1103，当下降至 5% 以下，关闭 MV1107 然后关闭 P1102；

（5）关闭 T1101 塔顶冷凝器冷侧阀门 MV1102；

（6）关闭精馏塔 T1102 塔底再沸器加热蒸汽阀门 MV1113；

（7）关闭产品出料阀门 MV1109；

（8）将 MV1114 开至最大，即开度 100%；

（9）当 D1102 液位下降至 5%，关闭回流阀门 MV1110 并且关闭 P1103；

（10）关闭 T1102 塔顶冷凝器冷侧阀门 MV1108；

（11）当 T1102 塔釜液位下降至 5%以下，关闭 MV1114。

九、思考题

1. 何为粗甲醇？其主要成分有哪些？

2. 粗甲醇为何要精制？简述精馏原理。

实训二　气体分馏——脱乙烷塔工艺

一、实训背景

脱乙烷塔是乙烯装置分离系统的主要分离设备，其运行状况直接影响乙烯、丙烯产品的质量和收率。脱乙烷塔是乙烯装置的重要精馏塔之一，它的作用是使来自脱甲烷塔塔底的出料进行分离，脱乙烷塔效率的提高可以提高乙烯的产量。工艺采用双塔精馏，从第一脱乙烷塔蒸出的物料经过部分冷凝后送入第二脱乙烷塔最后一块塔板。第二脱乙烷塔顶部蒸出的物料部分冷凝至零下温度，冷凝的物料在分离器内气液分离。液相回流至二塔，气相与第二脱丙烷塔底出料进行热交换，冷却的塔底出料作为回流液打入一塔。第二塔塔顶气相出料主要是乙烷、乙烯及其更轻的组分，该物料加氢脱乙炔后分离得到乙烯产品，剩余的乙烷返回乙烷裂解炉；而第一塔塔底出料为脱除乙烷的物料，可送入后续的丙烯分离系统，分离出丙烯产品。这是目前较为常见、具有节能特点的精馏工艺之一。

二、实训目的

1. 熟悉乙烯装置中气体分馏-脱乙烷塔工艺设备的空间布局，了解设备外观结构特征；

2. 认识化工管道的特点，能够根据管路布置图安装化工管路，完成气体分馏-脱乙烷塔整个工艺的搭建；

3. 掌握气体分馏-脱乙烷塔开停车的操作方法与步骤，通过操作掌握工艺原理；

4. 培养学生团队协作意识；培养学生耐心、细致、认真的习惯；培养学生创新意识、环保意识、成本意识。

三、实训内容

1. 学习并熟悉桌面工厂各个设备的位号命名方法，以及各类设备的用途；
2. 用桌面工厂设备搭建气体分馏-脱乙烷塔工艺，并用管道将每个设备连接起来；
3. 完成气体分馏-脱乙烷塔工艺开停车完整操作练习，了解每个操作步骤的工作原理。

四、实训设备

气体分馏-脱乙烷塔工艺主要设备见表 5-2。

表 5-2　脱乙烷塔工艺主要设备一览表

设备名称	设备数量	设备名称	设备数量
精馏塔	2	三通	2
阀门	8	管栏架	5
换热器	3	智能通信底板（主底板）	1
卧式设备	1	二层平台中底板	2
加热器	1	通信电脑	1
泵	2		

各设备的用途介绍参见第五章实训一中甲醇精馏的设备介绍。

五、气体分馏-脱乙烷塔工艺流程介绍

1. 工艺流程图

气体分馏-脱乙烷塔工艺流程见图 5-22。

2. 搭建效果图

搭建效果见图 5-23。

3. 流程叙述

本工艺采用双塔精馏，脱乙烷塔进料为富含丙烯及少量乙烯。从第一脱乙烷塔蒸出的物料经过冷却器部分冷凝后送入第二脱乙烷塔最后一块塔板，通过塔釜再沸器 E1103 加热，第二脱乙烷塔顶部蒸出的物料部分冷凝至零下温度，冷凝的物料在分离器内气液分离。液相回流至二塔，气相与第二脱丙烷塔底出料进行热交换，冷却的塔底出料作为回流液打入一塔。第二塔塔顶气相出料主要是乙烷、乙烯及其更轻的组分，该物料加氢脱乙炔后分离得到乙烯产品，剩余的乙烷返回乙烷裂解炉；而第一塔塔底出料为脱除乙烷的物料，可送入后序的丙烯分离系统，分离出丙烯产品。不凝气经过 E1102 加热，去反应部分燃料气预处理部分。精馏段塔底物料经过 P1102 升压，通过 E1102 又打回到一塔顶部作为回流。正常运行时 MV1104 常关，塔开工时为了更快提升塔压，可打开 MV1104 减少冷凝量。

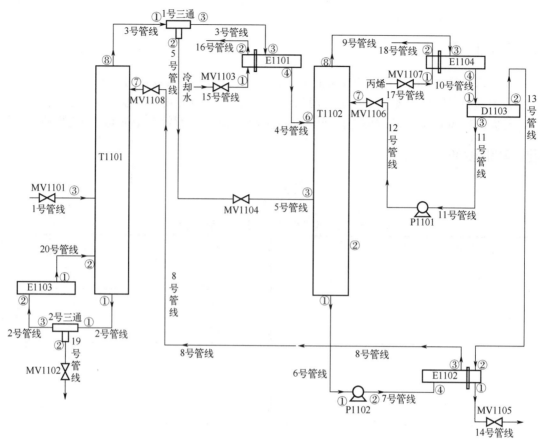

图 5-22　气体分馏-脱乙烷塔工艺流程图

(a) 正面　　　　　　　(b) 左侧　　　　　　　(c) 右侧

图 5-23　搭建效果图

六、开车步骤

（1）打开 MV1103，开度 50%，投用冷凝器 E1101；

（2）打开 MV1107，开度 50%，投用冷凝器 E1104；

（3）打开 MV1101 向 T1101 进料，开度 40%左右，使进料不大于 $2.0 \times 10^5 kg/h$；

（4）打开 D1103 气相出口阀门 MV1105，开度 50%，并在后续步骤中通过调节 MV1105 使 D1103 压力稳定在 2800kPa；

（5）当 T1101 塔釜液位大于 42%时，打开加热器 E1103；

（6）当塔开始升压时，注意调节 MV1101 开度使进料流量保持在 $1.983 \times 10^5 kg/h$ 左右；

（7）当 T1102 塔釜液位大于 45%时，打开 P1102 并打开 MV1108，MV1108 开度 50%左右并随液位变化调节；

（8）当 T1101 塔釜液位大于 50%时，打开 MV1102，开度 50%左右并适当调节维持塔釜液位稳定；

（9）当 D1103 液位达到 30%时，打开 P1101 并打开 MV1106，调节开度以维持 D1103 液位不小于 30%；

（10）持续通过 MV1105 控制 D1103 压力在 2800kPa 左右，当塔底出料乙烷等轻组分浓度接近为 0，则开车完成。

七、停车步骤

（1）关闭进料阀门 MV1101；

（2）当 T1101 液位下降至 20%时关闭 E1103；

（3）将 MV1106 开度开至最大，当 D1103 液位小于 2%时，关闭 MV1106，并关闭 P1101；

（4）当 T1102 塔釜液位小于 5%时，关闭 MV1108，并关闭泵 P1102；

（5）将 MV1102 开至最大，当 T1101 塔釜液位小于 5%时，关闭塔釜出料阀门 MV1102；

（6）关闭 E1101 和 E1104 冷侧阀门，即 MV1103 和 MV1107；

（7）当各塔压力在 2600kPa 左右时，关闭 MV1105。

八、思考题

1. 简述分馏和蒸馏的区别。
2. 简述气体分馏-脱乙烷工艺的流程及其特点。
3. 简述气体分馏-脱乙烷工艺的任务和操作条件。

实训三　HCl 与甲烷氯化物分离

一、实训背景

甲烷氯化物是有机产品中仅次于氯乙烯的大宗氯系产品，为重要的化工原料和有机溶剂。甲醇法为生产甲烷氯化物的主流工艺，经反应、水洗、冷却、干燥、压缩冷凝等处理后得到产品。本实训截取其中甲烷氯化物与 HCl 精馏分离工艺，塔顶精馏出的 HCl 可返回作为反应物。该工艺塔顶冷凝器的冷凝介质为氟利昂，冷却温度低，为较有特色的精馏工艺之一。

二、实训目的

1. 学习常压下利用精馏塔进行 HCl 和甲烷氯化物分离的工艺，初步掌握工艺流程各部件现场开启及运行等操作，从而掌握操作流程；

2. 认识化工管道的特点，能够根据管路布置图安装化工管路，完成 HCl 与甲烷氯化物分离整个工艺的搭建；

3. 掌握开停车的操作方法与步骤，通过操作掌握工艺原理，认识仪表及各个操作参数的控制调节器；

4. 培养学生团队协作意识；培养学生耐心、细致、认真的习惯；培养学生创新意识、环保意识、成本意识。

三、实训内容

1. 学习并熟悉桌面工厂各个设备的位号命名方法，以及各类设备的用途；
2. 用桌面工厂设备搭建 HCl 与甲烷氯化物分离工艺，并用管道将每台设备连接起来；
3. 完成 HCl 与甲烷氯化物分离开停车完整操作练习。

四、实训设备

设备种类及数量

HCl 与甲烷氯化物分离工艺主要设备见表 5-3。

表 5-3　HCl 与甲烷氯化物分离工艺主要设备一览表

设备名称	设备数量	设备名称	设备数量
精馏塔	1	三通	1
阀门	8	管栏架	5
换热器	1	智能通信底板（主底板）	1
加热器	1	二层平台小底板	1
立式设备	1	通信电脑	1
泵	1		

各设备的用途介绍见第五章实训一中甲醇精馏的设备介绍。

五、HCl 与甲烷氯化物分离流程介绍

1. 工艺流程图

HCl 与甲烷氯化物分离工艺流程见图 5-24。

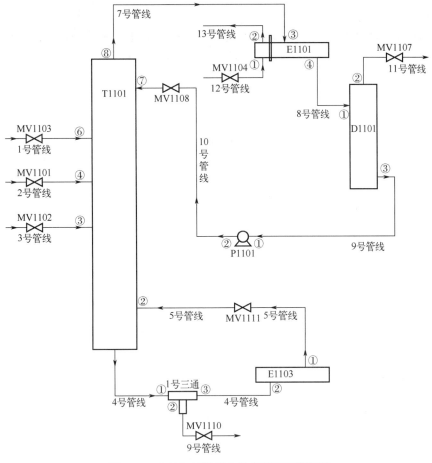

图 5-24　HCl 与甲烷氯化物分离工艺流程图

2. 搭建效果图

搭建效果见图 5-25。

(a) 正面　　　　　　　　　　(b) 侧面(左侧)

图 5-25　搭建效果图

3. 流程叙述

液氯和中间产品 CH_3Cl、CH_2Cl_2 及催化剂溶液进入氯化反应器进行反应，反应后的反应物质分别以液相、气相进入塔 T1101 分离 HCl，HCl 自回流槽送至氢氯化反应器反应和盐酸吸收单元制酸，T1101 塔釜物料进入脱氯甲烷塔分离 CH_3Cl。

六、开车步骤

（1）打开精馏塔的液相进料阀门 MV1102，开度设为 50%；

（2）当精馏塔塔釜液位到达 50% 时，打开 MV1111，开度设为 100%，并打开 E1103；

（3）打开 MV1107 排出塔内的中性惰性气体，当惰性气体排出后调节 MV1107 使精馏塔压力控制在 0.1～0.3MPa（G），MV1107 可完全关闭；

（4）打开换热器冷侧阀门 MV1104，调节开度控制 CH_2Cl_2 全部冷凝，可设为 20%；

（5）当回流罐液位到达 40% 时，打开泵 P1101，并打开回流阀门 MV1108，调节开度保持回流罐液位相对稳定，开度可设为 12%～15%；

（6）调节 MV1102 开度，缓慢关小，保持塔釜液位稳定，最后关闭 MV1102 进行全回流；

（7）当塔顶产品含水量小于 50μL/L，缓慢打开 MV1101 进气相料，开度先设为 30%，并打开 MV1102 进液相料，开度先设为 30%；

（8）增大 MV1104 开度为 50%；

（9）当塔釜液位大于 70% 时，则打开 MV1110 排塔釜液，控制釜液稳定；

（10）将 MV1111 开度设为 50%，并将 MV1108 开度设为 50% 左右；

（11）将 MV1101 和 MV1102 缓慢增大至 50%；

（12）观察精馏塔塔顶压力变化，当增大至 1300kPa 时，打开 MV1107，控制塔顶压力为 1300kPa，当塔顶 HCl 的浓度为 0.99 时开车完成。

七、停车步骤

（1）关闭阀门 MV1101 和阀门 MV1102；

（2）关闭加热器 E1103；

（3）当回流罐 D1101 液位下降至 5% 时，关闭回流阀门 MV1108，然后关闭 P1101；

（4）当塔釜液位下降至 5% 以下时，关闭塔釜出料阀 MV1110 和阀门 MV1111；

（5）关闭冷凝装置冷侧阀门 MV1104；

（6）打开氮气阀门 MV1103 对塔内残余组分进行吹扫置换（此时间较长）；

（7）置换完毕后关闭阀门 MV1103，并关闭气相出口阀 MV1107。

八、思考题

1. 此工艺为什么先进液相料再进气相料？
2. 常见的精馏塔有哪几种？分别简述这几种精馏塔的结构及其优缺点。

实训四　气体分馏——脱丙烷塔工艺

一、实训背景

气体分馏装置是炼油化工行业一个具有代表性的装置，它是利用各组分之间相对挥发度的不同而将各组分分离的精密分馏过程。脱丙烷塔是气体分馏装置的重要生产设备之一，它是通过控制塔顶回流量和塔底再沸量来控制塔顶轻组分 C_2、C_3 的收率，它具有非线性、大时滞、多变量等特点，同时它对产品纯度要求高。脱丙烷塔工艺采用双塔分离模式，即采用高压脱丙烷塔和低压脱丙烷塔进行分离，将裂解气进料中的 C_4 及其以上组分脱除，使其不进入后续的深冷分离系统，采用双塔脱丙烷系统分离 C_3 和 C_4 组分，不仅可以大大降低冷量消耗，还可以缓解单塔脱丙烷系统中塔釜再沸器易结焦、堵塞塔盘等问题。但脱丙烷塔对塔顶产品纯度要求较高，两塔耦合程度较大，有一定操作难度。

二、实训目的

1. 熟悉气体分馏-脱丙烷塔工艺设备的空间布局，了解设备外观结构特征；
2. 认识化工管道的特点，能够根据管路布置图安装化工管路，完成气体分馏-脱丙烷塔整个工艺的搭建；
3. 掌握开停车的操作方法与步骤，通过操作掌握工艺原理；
4. 培养学生团队协作意识；培养学生耐心、细致、认真的习惯；培养学生创新意识、环保意识、成本意识。

三、实训内容

1. 学习并熟悉桌面工厂各个设备的位号命名方法，以及各类设备的用途；
2. 用桌面工厂设备搭建气体分馏-脱丙烷塔工艺，并用管道将每个设备连接起来；
3. 完成气体分馏-脱丙烷塔开停车完整操作练习。

四、实训设备

设备种类及数量

气体分馏-脱丙烷塔工艺主要设备见表 5-4。

表 5-4　气体分馏-脱丙烷塔工艺主要设备一览表

设备名称	设备数量	设备名称	设备数量
精馏塔	2	管栏架	5
阀门	10	智能通信底板（主底板）	1
换热器	3	智能通信底板（扩展底板）	1
三通	4	二层平台中底板	1
卧式设备	1	通信电脑	1
泵	2		

各设备的用途介绍见甲醇精馏的设备介绍。

五、气体分馏-脱丙烷塔工艺流程介绍

1. 工艺流程图

气体分馏-脱丙烷塔工艺流程见图5-26。

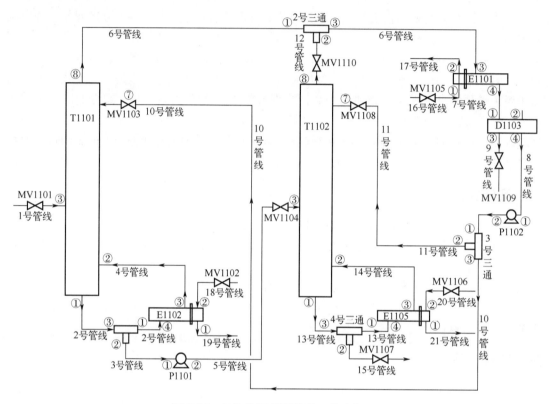

图5-26 气体分馏-脱丙烷塔工艺流程图

2. 搭建效果图

搭建效果见图5-27。

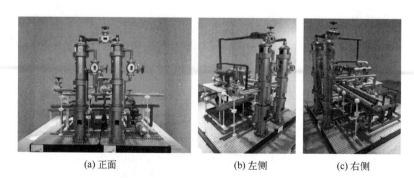

(a) 正面　　　　　　　(b) 左侧　　　　　(c) 右侧

图5-27 脱丙烷塔搭建效果图

3. 流程叙述

来自脱氢反应单元的反应产物与粗原料丙烷混合进入第一脱丙烷塔 T1101，90%的丙烷产品从第一脱丙烷塔顶蒸出。剩余的丙烷和 C_{4+} 等较重组分从第一脱丙烷塔底部采出送入第二脱丙烷塔 T1102。第一脱丙烷塔和第二脱丙烷塔的塔顶蒸气汇合，经过塔顶冷凝器冷凝后进入脱丙烷塔回流罐中，从脱丙烷塔回流罐采出精制的丙烷产品。第二脱丙烷塔底部采出 C_{4+} 等重组分进入下游设备。

六、开车步骤

气体分馏-脱丙烷塔开车时，首先进行第一脱丙烷塔 T1101 的开车操作，打开塔顶冷凝水开关，打开进料阀门进料，待塔釜内的料液建立起适当的液位时，再开塔底再沸器的开关进行加热，大部分丙烷以及少量其他轻组分物质从第一脱丙烷塔顶蒸出，冷凝以后进入到回流罐中暂存，待液位上升到45%时，开启第一脱丙烷塔全回流操作，通过一段时间全回流操作，使整个塔稳定运行起来。接着将剩余的丙烷和 C_{4+} 等较重组分从第一脱丙烷塔底部采出送入第二脱丙烷塔 T1102，打开 T1102 塔顶气相采出阀门 MV1110、塔底再沸器阀门开关以及回流阀门，待回流罐液位达到65%时，就可以从阀门 MV1109 采出精制的丙烷产品，塔底采出 C_{4+} 等重组分进入下游设备。

（1）打开冷凝器 E1101 冷却水阀门 MV1105，开度50%；

（2）打开 MV1101 进料，开度50%左右；

（3）当 T1101 塔釜液位到达50%以上时，打开蒸汽阀门 MV1102，开度50%，并调节 MV1101 开度控制塔釜液位，可按80%～85%调节；

（4）当 D1103 液位大于45%时，打开 P1102，然后打开 T1101 的回流阀门 MV1103，开度设为25%；

（5）缓慢减小 MV1101 开度为0，并把 MV1103 开度调节为40%～45%，进行全回流操作，注意控制塔釜液位稳定；

（6）当塔底温度升至57℃时，打开 MV1101 开度50%，同时调节 MV1103 开度为25%；

（7）打开 P1101 和 MV1104 向 T1102 进料，MV1104 开度50%左右，控制 MV1101 和 MV1104 开度使 T1101 液位稳定；

（8）打开 MV1110，开度50%，当 T1102 塔釜液位到达50%时，打开 MV1106，开度50%；

（9）打开回流阀门 MV1108，开度50%；

（10）当 D1103 液位到达65%时，打开 MV1109，开度40%～50%；

（11）注意调节 MV1101 和 MV1104 控制塔釜液位，当塔釜丙烷浓度小于2%，则可打开 MV1107 进行塔底采出，开度50%左右。

七、停车步骤

（1）逐步关闭进料阀门 MV1101 至全关，观察到塔釜液位缓慢下降；

（2）待 T1101 塔釜液位下降至30%时，关闭 MV1103；

（3）待 T1101 釜液小于10%，关闭蒸汽加热阀门 MV1102；

（4）当 T1101 塔釜液位下降至5%以下时，关闭 MV1104，并关闭 P1101；

（5）当 T1102 塔釜液位小于30%时，关闭回流阀门 MV1108 并关闭 P1102；

（6）当 T1102 塔釜液位小于 10%时，关闭加热蒸汽阀门 MV1106；

（7）当 T1102 液位小于 5%时，关闭阀门 MV1107；

（8）调节 MV1109 的开度，当 D1103 液位小于 5%时，关闭 MV1109；

（9）缓慢关闭冷凝器 E1101 冷侧阀门 MV1105。

八、思考题

1. 脱丙烷塔塔底温度为什么不能超过 100℃？

2. 简述脱丙烷塔的工艺特点。

实训五　低温甲醇洗——主吸收塔

一、实训背景

低温甲醇洗属于煤化工净化工段，其主要任务是利用甲醇在低温下对酸性气体溶解度极大的优良特性，将变换气中的 H_2S、CO_2 等对甲醇合成有害的气体脱除掉，以满足甲醇合成的要求；低温甲醇洗流程一般包含一个吸收塔和多个解吸塔，吸收塔吸收酸性气体，解吸塔解吸出酸性气体并将贫液甲醇返回吸收塔，达到循环利用甲醇的目的。吸收塔与精馏塔的基本原理不同，但在操作和模拟中有很多的类似之处，本工艺包只截取了低温甲醇洗主吸收塔的工艺流程，能够帮助学生掌握吸收塔的相关原理和操作。富甲醇液经换热温度降至 −55.8℃ 左右送入主吸收塔上段吸收 CO_2，使由塔顶出来的净化气 CO_2 含量在 2.75%（体积分数）左右，总硫含量在 $0.1\mu L/L$ 一下。下塔主要用来脱硫，由于 H_2S 的溶解度大于 CO_2 溶解度，且硫组分在气体中含量要低于 CO_2，因此进入下塔的吸收了 CO_2 的甲醇液只需一部分作为洗涤剂吸收 H_2S。

二、实训目的

1. 熟悉低温甲醇洗-主吸收塔工艺设备的空间布局，了解设备外观结构特征；

2. 认识化工管道的特点，能够根据管路布置图安装化工管路，完成低温甲醇洗-主吸收塔整个工艺的搭建；

3. 掌握低温甲醇洗-主吸收塔开停车的操作方法与步骤，通过操作掌握工艺原理；

4. 培养学生团队协作意识；培养学生耐心、细致、认真的习惯；培养学生创新意识、环保意识、成本意识。

三、实训内容

1. 学习并熟悉桌面工厂各个设备的位号命名方法，以及各类设备的用途；

2. 用桌面工厂设备搭建低温甲醇洗-主吸收塔工艺，并用管道将每个设备连接起来；

3. 完成低温甲醇洗-主吸收塔开停车完整操作练习，掌握每步的工艺原理。

四、实训设备

设备种类及数量

低温甲醇洗主要设备见表 5-5。

表 5-5　低温甲醇洗主要设备一览表

设备名称	设备数量	设备名称	设备数量
精馏塔	1	管栏架	5
阀门	9	智能通信底板（主底板）	1
换热器	4	智能通信底板（扩展底板）	1
泵	2	二层平台中底板	2
三通	1	通信电脑	1

各设备的用途介绍见第五章实训一中甲醇精馏的设备介绍。

五、低温甲醇洗-主吸收塔工艺流程介绍

1. 工艺流程图

低温甲醇洗工艺流程见图 5-28。

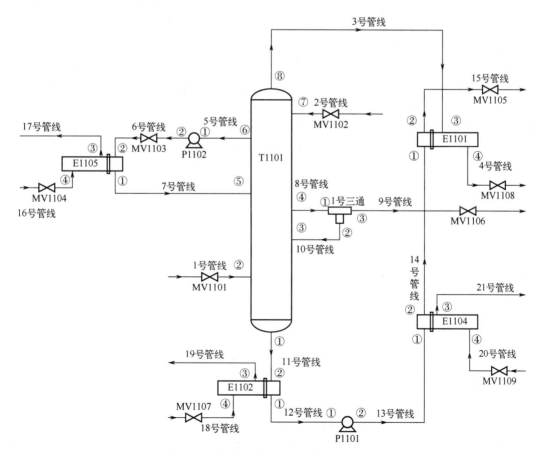

图 5-28　低温甲醇洗-主吸收塔工艺流程图

2. 搭建效果图

低温甲醇洗—主吸收塔搭建效果见图 5-29。

(a) 正面   (b) 左侧   (c) 右侧

图 5-29 低温甲醇洗—主吸收塔搭建效果图

3. 流程叙述

原料气首先进入洗氨塔，在洗氨塔中，变换气经高压锅炉给水洗涤，其中气体中所含的氨溶于水中，这部分含氨废水排出界区进入废水处理工序。由洗氨塔塔顶出来的原料气与循环闪蒸气混合，再与喷射的甲醇混合以除去原料气中的水分。然后原料气进入进料气冷却器被合成气、尾气冷却到$-14.7℃$，在水分离罐中将冷凝下来的水、甲醇混合物分离，分离后的气体进入甲醇吸收塔。甲醇吸收塔分为上塔和下塔。上塔共分三段。来自贫甲醇泵的贫甲醇液经水冷器、甲醇换热器、丙烯冷却器分别冷却后，与甲醇泵抽出的富甲醇液经换热器换热，温度降至$-55.8℃$送入甲醇吸收塔上塔上段吸收 CO_2。由塔顶出来的净化气，经换热器回收冷量后，进入原料气冷却器继续回收冷量，温度提高到 31℃左右进入合成工段。下塔主要用来脱硫，由于 H_2S 的溶解度大于 CO_2 溶解度，且硫组分在气体中含量要低于 CO_2，因此进入下塔的吸收了 CO_2 的甲醇液只需一部分作为洗涤剂吸收 H_2S。

六、开车步骤

阀门 MV1102 为甲醇进料阀门，低温甲醇洗-主吸收塔开车首先打开甲醇进料阀门进贫甲醇液，当塔底出现液位，就打开塔顶 E1105 冷却器开关，阀门 MV1106 为甲醇液出料口开关，由于 H_2S 和 CO_2 等气体在甲醇中的溶解热很大，因此在吸收过程中溶液温度不断升高，使吸收能力下降。为了维持吸收塔的操作温度，在吸收大量 CO_2 的中部将甲醇溶液引出塔外进行冷却，然后再打入塔内。溶液循环至下塔第 31 块塔板用以吸收 H_2S，打开塔底 E1102 和 E1104 两个冷却器开关，甲醇液经冷却后流向 E1101，作为塔顶蒸出的原料气的低温冷源，最后打开塔顶气相出口和进口阀门，待塔顶出口物料 CO_2 和 H_2S 物质的量浓度接近为 0 则开车完成。

具体步骤如下：

（1）打开塔顶甲醇进料阀门 MV1102，开度 50%；

（2）当塔底出现液位，则打开泵 P1102，然后打开 MV1103；

（3）打开中间冷却器 E1105 丙烯进料阀门 MV1104，开度 50%；

（4）打开精馏塔下段出料阀门 MV1106，开度 50%；

（5）打开 E1102 冷侧阀门 MV1107，开度 50%；

（6）打开 E1104 冷侧阀门 MV1109，开度 50%；

（7）当吸收塔塔釜液位到达 45%时，打开 P1101，然后打开 MV1105，调节开度 50%左右维持液位稳定；

（8）打开塔顶气相出口阀门 MV1108，开度 50%左右；

（9）打开塔底气相进料阀门 MV1101，缓慢增大开度至 50%，若塔顶出口物料 CO_2 和 H_2S 物质的量浓度接近为 0 则开车完成。

七、停车步骤

（1）关闭吸收塔塔底原料气进料阀门 MV1101；

（2）关闭塔顶液相甲醇进料阀门 MV1102；

（3）关闭 MV1103，并关闭泵 P1102；

（4）关闭 E1105 丙烯冷剂进料阀门 MV1104；

（5）关闭吸收塔下半段抽出阀门 MV1106；

（6）当塔釜液位排空，关闭阀门 MV1105，并关闭 P1101；

（7）关闭 E1102 冷侧阀门 MV1107；

（8）关闭 E1104 冷侧阀门 MV1109；

（9）关闭 MV1108。

八、思考题

1. 富甲醇液和贫甲醇液的区别是什么？
2. 简述低温甲醇洗的工艺特点。
3. 系统甲醇冷却时，应注意些什么问题？
4. 简述低温甲醇洗操作要点。

实训六　乙醇和水的分离

一、实训背景

无水乙醇是一种极其重要的有机化工原料，广泛用于乙醛、乙酸乙酯、乙酸等的生产中，并在医药、农药、油漆、食品、橡胶、化妆品等行业均有所应用。

对于不同的分离对象，精馏方法也会有所差异。分离乙醇和水的二元物系，由于乙醇和水可以形成共沸物，而且常压下的共沸温度和乙醇的沸点温度极为相近，所以采用普通精馏方法只能得到乙醇和水的混合物（常压下共沸乙醇的组成为 95.57%质量分数乙醇），而无法得到无水乙醇，要想得到无水乙醇常采用加共沸剂的共沸精馏。但普通精馏工艺的原料和反应条件较为温和，所以是学校较为常用的展示内容，可帮助学生建立对精馏相关原理和操作的初步认识。化工厂中精馏操作是在直立圆形的精馏塔内进行的，塔内装有若干层塔板或充填一定高度的填料。为实现精馏分离操作，除精馏塔外，还必须从塔底引入上升蒸汽流和从塔顶引入下降液。本工艺在接近常压状态下模拟采用实验室装置回流工业废乙醇，采用单塔精馏，在提高产品乙醇含量的同时注重乙醇的回收率。

二、实训目的

1. 熟悉乙醇和水分离工艺设备的空间布局，了解设备外观结构特征；

2. 认识化工管道的特点，能够根据管路布置图安装化工管路，完成乙醇和水分离整个工艺的搭建；

3. 掌握乙醇和水分离开停车的操作方法与步骤，通过操作掌握工艺原理；

4. 了解精馏塔操作中的可变因素（回流比、进料量、进料温度、料液浓度等）对精馏塔性能的影响；

5. 培养学生团队协作意识；培养学生耐心、细致、认真的习惯；培养学生创新意识、环保意识、成本意识。

三、实训内容

1. 学习并熟悉桌面工厂各个设备的位号命名方法，以及各类设备的用途；
2. 用桌面工厂设备搭建乙醇和水分离工艺，并用管道将每个设备连接起来；
3. 学习乙醇和水分离中乙醇精制的原理，完成开停车完整操作练习。

四、实训设备

设备种类及数量

乙醇和水的分离主要设备见表 5-6。

表 5-6　乙醇和水的分离主要设备一览表

设备名称	设备数量	设备名称	设备数量
精馏塔	1	三通	2
阀门	7	管栏架	5
换热器	2	智能通信底板（主底板）	1
立式设备	1	二层平台小底板	1
泵	1	通信电脑	1

各设备的用途介绍见第五章实训一中甲醇精馏的设备介绍。

五、乙醇和水的分离流程介绍

1. 工艺流程图

乙醇和水的分离工艺流程见图 5-30。

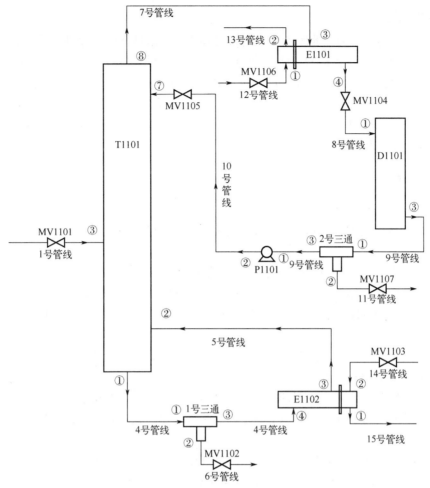

图 5-30　乙醇和水的分离工艺流程图

2. 搭建效果图

搭建效果见图 5-31。

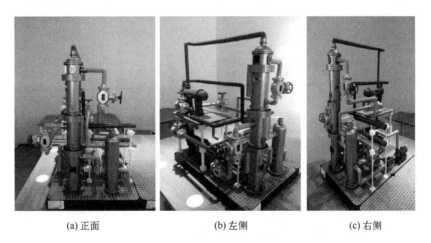

(a) 正面　　　　　　　(b) 左侧　　　　　　　(c) 右侧

图 5-31　乙醇和水的分离搭建效果

3. 流程叙述

将乙醇含量为60%的工业废乙醇经过阀门MV1101由精馏塔中部进入精馏塔T1101，由塔底再沸器E1102加热至87℃以上后送至精馏塔，进行精馏操作，从塔顶出来的即为质量分数为95%的高浓度乙醇液。78℃的塔顶产物经冷凝器E1101冷却后温度降至58℃，进入冷凝液槽D1101，一部分经泵P1101送至精馏塔作回流用；另一部分经阀门MV1107作产品采出。塔釜产物大部分为水，温度在110℃左右。一部分塔釜产物由阀门MV1102直接排出，另一部分通过再沸器进入塔底加热。

六、开车步骤

（1）打开MV1104，开度为50%；

（2）打开MV1101进料，开度设为65%，在后续过程注意塔釜液位，适当调节MV1101；

（3）打开塔顶冷凝器阀门MV1106，开度设为50%；

（4）当塔釜液位到达50%，打开塔底蒸汽阀门MV1103，开度设为50%；

（5）观察到D1101液位上涨，当D1101液位大于50%时，开P1101并且打开MV1105，开度87%；

（6）一段时间后，当每块塔板都被润湿（可观察面板上的液相流量不为零），即有液相流量，缓慢关闭MV1101至全关；

（7）调节加热蒸汽阀门MV1103开度至40%左右，控制塔釜液位；

（8）全回流一段时间，当D1101液相乙醇摩尔浓度到达0.818以上，即质量浓度92%以上，打开MV1101，开至50%；

（9）将回流阀门MV1105调节至50%，并将蒸汽阀门MV1103调大至50%；

（10）当塔釜液位到达65%，并打开MV1102进行塔底出料，开度25%左右，适当调节各个阀门开度保持体系稳定。

七、停车步骤

乙醇-水精馏停车时，一般依次关闭进料口、再沸器、回流过程、冷凝器、出料口。

（1）缓慢关闭进料阀门MV1101；

（2）同时缓慢关闭塔釜再沸器蒸汽阀门MV1103；

（3）当D1101的液位到达5%以下，或者乙醇浓度小于0.818，关闭MV1107；

（4）与此同时关闭泵P1101，并关闭阀门MV1105；

（5）开大阀门MV1102，开至100%，进行塔釜排液；

（6）当塔釜液位到达5%以下，关闭MV1102；

（7）关闭冷却水阀门MV1106。

八、思考题

1. 什么是全回流？全回流操作有哪些特点，在生产中有什么实际意义？

2. 本实验如何才能做到搭建的实物及管道横平竖直？

3. 如何保证液位等操作参数的稳定变化？

实训七　甲醇合成——固定床反应器

一、实训背景

甲醇是一种具有多种用途的基本有机化工产品，甲醇合成大多采用填充铜基催化剂的固定床反应器。在反应器中合成气与氢气反应生成甲醇，整个反应体系放热，因采用不同的催化剂，不同工艺中操作压力和操作温度等级不同。反应后的产物则进入后续多塔精馏工段。

二、实训目的

1. 熟悉甲醇合成工艺设备的空间布局，了解设备外观结构特征；

2. 认识化工管道的特点，能够根据管路布置图安装化工管路，完成甲醇合成整个工艺的搭建；

3. 掌握甲醇合成工艺开停车的操作方法与步骤，通过操作掌握工艺原理；

4. 了解精馏塔操作中的可变因素（回流比、进料量、进料温度、料液浓度等）对精馏塔性能的影响；

5. 培养学生团队协作意识；培养学生耐心、细致、认真的习惯；培养学生创新意识、环保意识、成本意识。

三、实训内容

1. 学习并熟悉桌面工厂各个设备的位号命名方法，以及各类设备的用途；

2. 用桌面工厂设备搭建甲醇合成工艺，并用管道将每个设备连接起来；

3. 学习甲醇合成工艺的原理，完成开停车完整操作练习。

四、甲醇合成流程介绍

1. 甲醇合成工艺流程图

甲醇合成工艺流程见图5-32。

2. 搭建效果图

甲醇合成工艺搭建效果见图5-33。

3. 工艺详细介绍

净化气温度为180℃，流量为94976kg/h，组成见表5-7。

净化气与后续反应中未转化的原料（主要是氢气）混合经反应器产品出料预热至202℃左右后送至固定床反应器，整个反应体系通过压缩机循环生压，并通过开工蒸汽对固定床内的催化剂进行激活使反应发生。

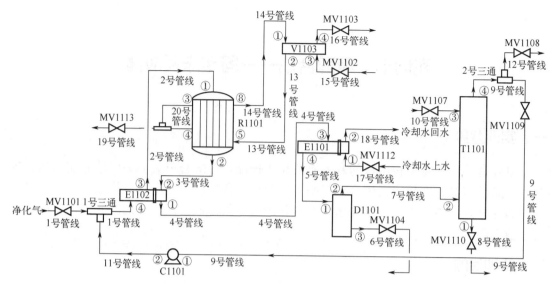

图 5-32　甲醇合成工艺流程图

(a) 正面　　　　　　　　　(b) 左侧　　　　　　　　　(c) 右侧

图 5-33　甲醇合成工艺搭建效果图

表 5-7　净化气组成

组分	质量分数/%	组分	质量分数/%
甲烷	0.20178	COS	0
CO	74.9792	H_2	12.64479
CO_2	11.3969	H_2O	0

主反应：

$$2H_2+CO \longrightarrow CH_3OH \tag{5-1}$$

副反应：

$$3H_2+CO_2 \longrightarrow CH_3OH+H_2O \tag{5-2}$$

$$9H_2+4CO \longrightarrow 2C_2H_6OH+2H_2O \tag{5-3}$$

　　反应温度为 237℃，压力为 8525kPa，反应的生成热由与固定床相连的汽包循环带走热量并副产蒸汽。生成的甲醇经冷凝后由分离塔液相采出送至精馏工段，流量为 89970kg/h 左右，组成见表 5-8。

表 5-8 精馏工段物料组成

组分	质量分数/%	组分	质量分数/%
CH_4	0.12402	O_2	2.3103×10^{-10}
CO	0.11798	C_2H_5OH	0.10321
CO_2	1.26052	CH_3OH	89.08196
COS	0	HCl	0
H_2	1.07600	$CaCl_2$	0
H_2O	8.11070	C_6H_6	0
SO_2	0	C	0
H_2S	0	$CaCO_3$	0
N_2	0.12562	S	0

分离塔顶部气体经吸收塔洗涤后约 192000kg/h 的气体通过压缩机循环与原料气混合后送至反应器，剩余送至火炬系统。

五、开车步骤

（1）打开吸收塔液相进料阀门 MV1107，开度 50%；

（2）当 T1101 液位到达 45%，调节 MV1110 维持液位稳定在 50%；

（3）打开 E1101 冷侧阀门 MV1112，开度 50%；

（4）打开 MV1109，开度 35%左右，并启动循环压缩机 C1101，并调节 MV1109 开度使循环量维持在 180000～220000kg/h 之间；

（5）打开 MV1102 对汽包进行注水；

（6）当 V1103 液位到达 50%，关闭阀门 MV1102；

（7）打开中压蒸汽进气阀门 MV1113，开度 10%，对反应器进行升温；

（8）当 V1103 压力升至 2000kPa，R1101 的出口温度稳定在 225℃左右（达不到则开大中压蒸汽进料阀），打开净化气入口阀门 MV1101，开度 10%；

（9）将中压蒸汽进料阀门 MV1113 关小至 5%；

（10）当 R1101 出口压力升至 4000kPa，开大 MV1101 至 15%；

（11）完全关闭中压蒸汽进料阀门 MV1113；

（12）当净化气流量低于 100000kg/h，将 MV1101 缓慢开大至 50%；

（13）当循环气流量低于 180000kg/h，将 MV1109 开大至 50%；

（14）当 D1101 液位到达 50%，开 MV1104；

（15）当反应器压力大于 8200kPa，打开 MV1108，控制精馏塔压力在 8300kPa 左右；

（16）打开副产蒸汽阀门 MV1103，调节开度使 V1103 压力在 2500kPa 左右。

六、停车步骤

（1）关闭副产蒸汽阀门 MV1103，并关闭锅炉水进料阀 MV1102；

（2）关闭净化气进气阀 MV1101；

（3）将中压蒸汽进气阀门 MV1113 打开，开度 15%；

（4）将 MV1104 开度设为 100%；

（5）观察 T1101 塔顶出气口的组成，当 CO 和 CO_2 之和不大于 0.5% 时，关闭 MV1113；

（6）关闭 T1101 塔顶液相入口阀 MV1107；

（7）将 MV1110 开至 100%；

（8）关闭 MV1109，关闭循环压缩机 C1101；

（9）待液体排干净，关闭 MV1104、MV1110；

（10）完全打开 MV1108 对吸收塔进行泄压；

（11）当吸收塔塔顶压力降至 301.3kPa 以下，关闭 MV1108；

（12）关闭 E1101 冷侧阀门 MV1112。

七、思考题

1. 简述甲醇合成工艺操作要点。

2. 本实验如何才能做到搭建的实物及管道横平竖直？

实训八　PTA 氧化工艺——搅拌釜反应器

一、实训背景

原料对二甲苯与催化剂溶液混合后，经过泵加压进入氧化反应器，空气通过两根对称的进料管进入反应器。反应器在恒定的温度下操作，反应温度由反应器的气相压力间接调节。氧化反应放出的热量由溶剂蒸发而移走，蒸发出的溶剂蒸气经过多级冷凝，冷凝液被送回反应器及进料准备系统，尾气则进入洗涤塔经过洗涤后排放。PTA（对苯二甲酸）氧化反应器属于釜式反应器。对二甲苯的氧化反应为气液固相反应，该反应器具体为搅拌釜式浆态反应器，操作类型为连续操作。

二、实训目的

1. 熟悉 PTA 氧化工艺设备的空间布局，了解设备外观结构特征；

2. 认识化工管道的特点，能够根据管路布置图安装化工管路，完成 PTA 氧化整个工艺的搭建；

3. 掌握 PTA 氧化工艺开停车的操作方法与步骤，通过操作掌握工艺原理；

4. 了解精馏塔操作中的可变因素（回流比、进料量、进料温度、料液浓度等）对精馏塔性能的影响；

5. 培养学生团队协作意识；培养学生耐心、细致、认真的习惯；培养学生创新意识、环保意识、成本意识。

三、实训内容

1. 学习并熟悉桌面工厂各个设备的位号命名方法，以及各类设备的用途；
2. 用桌面工厂设备搭建 PTA 氧化工艺，并用管道将每个设备连接起来；
3. 学习 PTA 氧化工艺的原理，完成开停车完整操作练习。

四、PTA 氧化工艺流程介绍

1. PTA 氧化工艺流程图

PTA 氧化工艺流程见图 5-34。

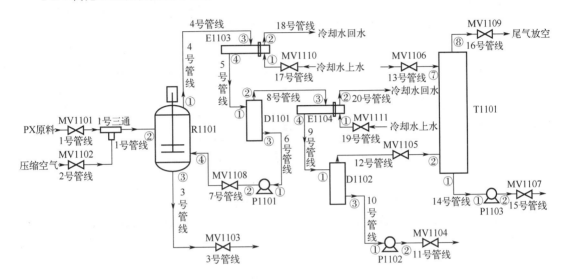

图 5-34　PTA 氧化工艺流程图

2. 搭建效果图

PTA 氧化工艺搭建效果见图 5-35。

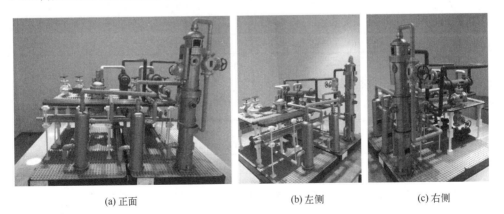

(a) 正面　　　　　　　　(b) 左侧　　　　　　　　(c) 右侧

图 5-35　搭建效果图

3. 工艺详细介绍

59℃的 PTA 原料溶液通入氧化反应器，组成见表 5-9。

表 5-9　氧化反应器中原料溶液组成

组分	质量分数/%	组分	质量分数/%
对二甲苯	20.91894	氧气	0
乙酸	69.67839	氮气	0
水	6.86444	一氧化碳	0
对苯二甲酸	0.37416	二氧化碳	0
乙酸甲酯	2.16406	苯甲酸	0

其中的乙酸为对二甲苯（PX）的溶剂。

压缩空气经加热至 116℃后通入反应器，流量为 118320kg/h 左右，反应温度在 197℃左右，生成物由塔底出料，流量为 93331kg/h，组成见表 5-10。

表 5-10　塔底出料组成

组分	质量分数/%	组分	质量分数/%
对二甲苯	0.20738	氧气	5.85636×10^{-3}
乙酸	57.92642	氮气	0.035313
水	8.23188	一氧化碳	0
对苯二甲酸	33.08010	二氧化碳	0
乙酸甲酯	0.51304	苯甲酸	0

蒸发出的溶剂经过一级冷凝、分离塔分离后送至反应器，流量为 220000kg/h，组成见表 5-11。

表 5-11　送反应器液体组成

组分	质量分数/%	组分	质量分数/%
对二甲苯	0.05791	氧气	0.01778
乙酸	52.45259	氮气	0.11618
水	46.2950044	一氧化碳	0
对苯二甲酸	6.28256×10^{-3}	二氧化碳	0
乙酸甲酯	1.0542581	苯甲酸	0

分离出的气体送至二级冷凝，冷凝后经过第二个分离塔分离后液体送至进料准备系统，流量为 17062kg/h 左右，组成见表 5-12。

表 5-12　送进料准备系统液体组成

组分	质量分数/%	组分	质量分数/%
对二甲苯	0.07301	氧气	0.015088
乙酸	38.04432	氮气	0.0918484
水	58.5269	一氧化碳	0
对苯二甲酸	1.30623×10^{-5}	二氧化碳	0
乙酸甲酯	3.24876	苯甲酸	0

剩余尾气进入吸收塔洗涤后排放。

五、开车步骤

（1）打开吸收塔塔顶的放空阀 MV1109，开度 50%；

（2）打开吸收塔 T1101 液相进料 MV1106，开度 100%；

（3）打开 E1103 和 E1104 冷侧阀门 MV1110 和 MV1111，开度均为 50%；

（4）打开吸收塔气相进料阀 MV1105，开度 50%；

（5）当 T1101 塔釜出现液位上升，调节 MV1106 开度为 50%；

（6）当 T1101 塔釜液位到达 45%，打开 P1103 并打开 MV1107 控制液位；

（7）缓慢打开 PX 进料阀门 MV1101，初始开度 20%；

（8）当 R1101 液位到达 40% 时，打开搅拌器按钮，微开空气进料阀门 MV1102，并缓慢打开 MV1103；

（9）缓慢将 MV1101 调节至 50%，并缓慢开大 MV1102 使 R1101 反应温度稳定在 197℃左右；

（10）当 D1101 液位到达 45%，打开 P1101 并调节 MV1108 开度，同时调节 MV1103，使 R1101 和 D1101 液位稳定在 50%左右；

（11）当 D1102 液位到达 45%，打开 P1102 并调节 MV1104 开度使 D1102 液位稳定在 50%左右。

六、停车步骤

（1）将 PX 进料阀门 MV1101 逐步关小至 30%，并将空气进料阀门 MV1102 同步关小至 30%；

（2）完全关闭 PX 进料阀门 MV1101，并把 MV1108 调小至 30%左右；

（3）当 D1101 液体完全排空，关闭 MV1108 并关闭 P1101，并将换热器 E1103 冷侧阀门 MV1110 调至 30%；

（4）当反应器 R1101 液体完全排空，关闭 MV1103，并关闭搅拌按钮；

（5）当 D1102 液体完全排空，关闭 MV1104，并关闭 P1102；

（6）关闭换热器阀门 MV1110 和 MV1111；

（7）完全关闭压缩空气进料阀门 MV1102；

（8）关闭吸收塔气相进料阀门 MV1105，并关闭塔顶液体进料阀门 MV1106；

（9）将塔底排出阀 MV1107 全开，等待液体排尽后关闭 MV1107 并关闭泵 P1103；

（10）关闭塔顶放空阀门 MV1109。

七、思考题

1. 简述 PTA 氧化工艺操作要点。

2. 简述该工艺的操作条件。

主要参考文献

[1] 居沈贵，夏毅，武文良.化工原理实验[M].2 版.北京：化学工业出版社，2020.

[2] 张博阳，尹晓红.化工原理实验与工程实训[M].天津：天津大学出版社，2021.

[3] 陈群.化工仿真操作实训[M].4 版.北京：化学工业出版社，2024.

[4] 张亚婷.化工仿真实训教程[M].北京：化学工业出版社，2022.

[5] 赵宜江，褚效中.化工生产实训[M].南京：南京大学出版社，2018.

[6] 李丽霞.化工专业综合实训[M].呼和浩特：内蒙古农业大学出版社，2018.

[7] 中石化上海工程有限公司.化工工艺设计手册　上册[M].5 版.北京：化学工业出版社，2018.

[8] 中石化上海工程有限公司.化工工艺设计手册　下册[M].5 版.北京：化学工业出版社，2018.

[9] 厉玉鸣.化工仪表及自动化[M].7 版.北京：化学工业出版社，2024.

[10] 佘媛媛，童孟良，刘绚艳.化工单元操作实训[M].3 版.北京：化学工业出版社，2021.

[11] 刘峥，孔翔飞，蒋光彬.化工综合实验实训教程[M].北京：化学工业出版社，2022.

[12] 刘景良.化工安全技术[M].4 版.北京：化学工业出版社，2019.